高晓燕

李晓萍

林之林

李 霞

晋红芬

李东玲

帆

马艳玲

李晓红

申红磊

杨利丹

刘菊香

邵美丽

许俊花

张靖婕

张凤敏

张伟红

张艳丽

张丽萍

张晓珍

张梓岩

赵艳红

周冬梅

郑丹婷

朱春霞

『女人经』系列

周虹 林之林 毛帆 等◎著

家庭财富

气象出版社
China Meteorological Press

图书在版编目（CIP）数据

家庭财富／周虹等著. -- 北京：气象出版社，
2016.12

　　ISBN 978-7-5029-6498-6

　　Ⅰ.①家…　Ⅱ.①周…　Ⅲ.①家庭管理-财务管理
Ⅳ.①TS976.15

中国版本图书馆 CIP 数据核字（2016）第 284471 号

家庭财富
Jiating Caifu

出版发行：气象出版社
地　　　址：北京市海淀区中关村南大街 46 号　　邮政编码：100081
电　　　话：010-68407112（总编室）　010-68409198（发行部）
网　　　址：http://www.qxcbs.com　　**E-m a i l**：qxcbs@cma.gov.cn
责任编辑：殷　淼　　　　　　　　　终　　审：邵俊年
责任校对：王丽梅　　　　　　　　　责任技编：赵相宁
封面设计：符　赋
印　　刷：北京京科印刷有限公司
开　　本：710 mm×1000 mm　1/16　　印　张：19.25
字　　数：260 千字　　　　　　　　彩　插：2
版　　次：2016 年 12 月第 1 版　　　印　次：2016 年 12 月第 1 次印刷
定　　价：45.00 元

《家庭财富》编委会

序

如果用通常的社会标准来衡量,我大概从上高中选了文科那一刻起,就被死死地吊在了那个叫作"文人"的旗杆之上。那旗杆高耸入云,千百年来,似乎都是被仰望的对象,所以,很多文人习惯活在云里雾里,脚都不敢着地,一着地就觉得自己俗了。当然,对于"钱"这种俗得不能再俗的东西,文人们更是用尽了各种招式,立下了各种牌坊。

李白那句"天生我材必有用,千金散尽还复来"最是令人陶醉,就连伟大的《圣经》都教导我们:贪财是万恶之源。于是,作为文人的我,书读得越多,心就离钱越远。那么多先辈都告诉我们,要"视金钱为粪土",于是我们也就很理直气壮地把钱踩在了脚下。而几十年如一日吊在"文人"旗杆上的我当然也是这样——谈什么钱,谈钱多没节操!

大学毕业,我进入报社当了记者,从此又被戴上了一顶高帽子——无冕之王。全世界的新闻教材都写着:严禁有偿新闻!当然,这个职业禁忌是没有错的,但无形之中,再次让我们和金钱刻意保持了距离——我们要追求崇高的新闻理想,做时代的记录者、正义的伸张者,谈什么钱?!谈什么钱?!

我不知道国外的同行是什么样的心境,至少中国同行除了有天生的优越感之外,普遍对金钱"仇视"。

近年来,"新媒体"如洪水猛兽来势汹涌,传统纸媒受到巨大冲击。一年前,自视为"弄潮儿"的我毅然辞职,投身于新媒体的泱泱大军之

1

中,同我一起被"逼"下海的还有很多同行。于是,在某个节点,我和我的同行们发现,不为挣钱的新媒体都是"耍流氓",但"就算是耍流氓也挣不到钱",成了中国所有新媒体的一大难关,那么多内容做得特别好、拥有数十万甚至上百万粉丝的新媒体竟然都挣不到钱!

当然,原因有多种多样,但整个从业群体对于金钱的态度是非常重要的一个因素。前不久,我还和几个处于困境的前同事唏嘘:我们对于钱的态度,成为了我们最大的一块绊脚石——多么痛的领悟!但是,这是几十年融于血的观念,根深蒂固、坚如顽石,很难说改就改,所以,大多数人还困在墙角里挣扎,没能找到一扇逃出去的门。

相比于他们,我要幸运得多。

我从报社辞职半年后,又从一家新媒体创业公司辞职,创办了"妈乐"这个互联网平台和品牌。期间,我遇到了生命中的一位贵人,她将我从墙角领到了一个门口,告诉我:走进去,你身上的那些"臭毛病"就全没了!然后,我就走了进去,于是,妈乐从诞生的第10天就开始盈利,一直到现在。

这位贵人叫周虹,是虹汇(女性身心灵成长社区化组织)的创始人和掌舵人。她不是财神,但是她能够,抑或说,已经为无数人与财神牵了线、搭了桥。

今年妈乐创立之初,神奇的缘分让我结识了周虹老师和她身后那能量无比强大的团队:某个寻常的午后,我在朋友开的茶馆见到了传说中的周虹老师。那天,她刚运动完,一身运动装束,我们礼节性地握手聊天,一个多小时后,我们就成了合作者,很快,她就住进了我的心里,成为我决心追随一生的老师。

在随后的每个因为她的教化而令我深感人生顿然不同的时刻,我都会想起那个看似平凡的午后,想到周虹老师,她就像是《西游记》里素身下凡的观世音菩萨,轻舞柳枝,便帮孙悟空走出了困局……

她是此生第一个教我如何面对金钱的老师,她帮我放下了背负了几十年的清高,学会了尊重金钱,敞开怀抱去喜乐地迎接金钱。她还指出了我人生的症结,教我去和父亲和解,和祖先链接,和金钱链接。

虽然修身之路漫漫,但是我也坚信:走进这扇门,我的人生就会因此而不同。

慢慢地,随着对虹汇日渐深入的了解,我才发现:原来,我只是无数被周虹老师"解救"的人之一,那么多困在人生和金钱"困局"的人,都在走进她为人们慷慨敞开的大门之后变得不同。

今年夏天的某个深夜,我有幸看到了二十多个"被解救者"的真实故事。她们绝大多数都是普遍意义上的"有钱人",但是却无一例外地困在"钱局"里苦苦挣扎。我看到了她们的痛苦、她们的病症、她们的顿悟,也见证了在周虹老师的帮助下,她们的成长、她们的蜕变、她们的欣喜和幸福……

每一个故事都令我深深感动,令我感知生命的力量和金钱的灵性,让我看到了女人的伟大和女性力量的强大,看到了什么样的人才是真正富有的人。每一个故事,都像是一扇全新的大门,让我欣喜,让我走上一个又一个台阶,看到一个又一个全新的风景……

我所看到的故事,就是你们现在看到的这本书里的故事,能遇到这本书,读到这些故事,是我们的幸运!

我们很多人,听过、懂得很多道理,却依然过不好这一生。所以,我们不需要太多的大道理,我们更需要现实的启示,需要师者的引领,需要在苦痛挣扎中找到人生的真谛,在乌云密布和狂风暴雨后看到天边的彩虹。而这本书,这些故事,就包含了这所有的一切……

看完这些故事之后的某个温暖的午后,我向周虹老师描述了我看

到这些故事后的震撼和感悟，她笑着说："那你给这本书写个序吧……"

我诚惶诚恐地接过这个任务，又诚惶诚恐地写下这些苍白的文字。

我不敢谈及太多关于虹汇的理论和价值体系，因为我深知自己"道行"太浅，深恐言不达意，误人子弟。事实上，根本不需要我去总结什么，你们读完这些故事就全明白了。

不管贫穷还是富有，我们某种程度上面对的人生命题和苦痛都是相同的。尤其是人至中年，大多数人都是负重艰难前行，来到一个貌似无路可走的墙角，和是否有钱没有关系。这时候，为自己打开一扇门很重要，有些人会找到这扇门，而有些人可能下半辈子都会活在这个墙角。

现在，周虹老师和虹汇为墙角的你，打开了一扇全新的大门，只要你愿意带着一颗虔诚的心走进来，你就一定会有收获！

而我，只是一个小小的门迎，脸带笑意，双手合十，低头俯身，真诚地对每个来到门口的人说一声"欢迎光临"。至于你是欣然走进门，还是转身而去，我知道，不需要强拉硬拽，一切都靠缘分。

妈乐创始人　陶辉

2016 年 10 月 8 日凌晨

目 录

告别"减价"生活

我爱"大减价"

我一直觉得自己是一个能够让金钱实现最大价值的人。

什么？您不信？

这不，老朋友又来电话了："那家的裤子又开始大减价了！厂家直销的，还是老价钱，一条80元，两条150元。还有上衣，品种特别多。"

"好，咱们一定要拿下！"

晚上，我穿着"淘"来的裤子让老公看："怎么样？太值了！这条裤子在店里没300元根本买不来，你猜我多少钱买的？还有这条，弹性特别好，虽然没有我穿的号，小一码也是可以的，等我瘦了再穿。"

老公抬头看了一眼，"嗯嗯"了两声，继续喝茶。

我心里特美，问老公："你老婆我是不是持家有道呀？"

在超市里，女儿对我说："妈妈，我想买这个酸奶。"

我看了看，把女儿拉到另一个柜台前："买这个吧，现在做活动，买一送一。划算啊！"再看看保质期，在过期之前喝完没问题。

学会网上购物后，我有事儿没事儿就爱去"聚划算"上看看。哇！这个牌子的洗发水今天买就送护发膜，先加入"购物车"。

还有这个床上用品四件套比平常便宜了100块，我两眼放光，两个女儿一人一套，加入"购物车"。

还有这个零食，销量这么好，大家一起团购价格肯定不会贵，加入

"购物车"。

老公说需要一条裤子，找了半天没有做活动的，先不买，再等等。

我像一只小蜜蜂一样为家里的衣食住行的实惠而战斗着……

看着购物车里的东西，我又发愁了——都买吧？从小老人就告诉我，不要见到什么就买什么。对，买自己需要的！洗发水什么时候都少不了，床上用品两套一个都不能少，零食经再三考虑不买了……

看到快递小哥往家里送包裹，老公说："裤子到货了？"我一边拆包装一边说："裤子我看了，没有合适的，这是我买的其他东西。"

哼！老公就是个典型的"只选贵的，不选对的"——男人怎么会懂得过日子呢？

我一直对大笔金钱不屑一顾，老公挣钱拿回来交给我，我看都不看地说："放到抽屉里就好了。"老公说："你数数。"还用一种期盼的眼神看着我。我不数也不去看老公，顺手把钱放到一边，继续做我的事。心想：要不是我在家照顾孩子，也一样能挣钱，你有什么了不起的？

和朋友聊天，只要说到谁家特别有钱，我有一句话就会顺嘴冒出来："有钱不一定幸福。表面上这些有钱人风风光光的，谁知道他们的日子过得怎么样？有钱人有几个不是吃喝嫖赌？没准他们还羡慕咱们这样的小日子呢……那家的房子盖得又高又漂亮，整天自以为是，你看有人理他们吗？整天开宝马的那个老板，离婚了，看来孩子们要有后妈了。还有那家做钢材生意的有钱吧？儿子脑子有问题……"

只要是谁家有钱，我总能挑出他们的不幸、不美满。对我来说，成为有钱人，那就是灾难。

2011年，周边所有的人都在讨论"城中村"的改造，因为它就要在我们村实行了，朋友羡慕地说我是富婆，这辈子衣食无忧。我成了朋友心目中的有钱人了，可我的生活状态却糟糕透了：大女儿5岁，小女儿不到 3 岁,全家老老小小十几口人在一起生活。大女儿哭着闹着不想去幼儿园,我经常怀里抱着一个,背上背一个,腰疼、肩疼、颈椎疼,最严重的时候疼得无法入睡。

老公下班回到家,我像是抓住了救命稻草,"你咋这样呀?回来就往沙发上一坐,你看我还有一堆衣服要洗,屋里又脏又乱需要收拾,我颈椎疼得不得了,你也不帮帮我?"老公疲惫地看了我一眼说:"有些活儿可以放一放,我也有点累。"我的火立马上来了:"我又不是没有上过班,再累也比不上带孩子,我能指望谁呀?还不是指望你!""看你说的,咱妈不是在家吗?"这话对我来说更是火上浇油,我一向觉得婆家人重男轻女,不帮我带孩子:"你也太抬举我了,我在你们家算什么?"老公听出我话里有话,就沉默了。可我就像打开了话匣子,抱怨这个,指责那个,心里有说不完的委屈。说着说着,泪水止不住地往下流。我多想老公走过来轻轻抱我入怀,给我一些安慰和温暖。可是剧情并没有像我想象的那样发展下去,我和他生活在一起,就从来没有出现过电视剧中那样的默契,唉!

他什么也没说,夺门而逃。留下我一个人承受这撕心裂肺的痛苦,我愤怒、无助,抓住身边的瓶子摔得粉碎,像一头发疯的野兽狂躁不安起来。

历尽艰难的"花钱作业"

朋友了解我的情况后,就介绍我听虹汇电台的节目,在节目里,我认识了周虹老师。我很崇拜周虹老师,对她教育孩子的观点都很认同。

我一直觉得买大减价的物品是勤俭持家,可我如此节俭却没有持

好家,也没有过好自己的小日子。我不明白,我这是怎么了?带着疑问,我走进了虹汇,拜了当初打电话的那位虹汇导师——刘文英为师傅,自此,我有了自己的"心理医生"。上课听不懂或回家遇上难题,就请教师傅,心里有苦恼也会向师傅倾诉,任何问题到了师傅那儿都迎刃而解。

我把写好的家谱交给周虹老师,老师看完对我说:"你老公家里简简单单,问题都出在你这边。他们的族群很忠诚,你要懂得珍惜。"

周虹老师说要珍惜这个男人?难道我不珍惜他吗?洗衣、做饭、接送孩子、打理家务,样样都是我一个人做的,是他不珍惜我吧?周虹老师却说我是"自以为是"的付出!师傅说:"你做的是任何一个保姆都能做的工作!"

天哪!我委屈呀!可是越学习,我就越发现,老公的想法和虹汇的理念竟然出奇的一致。周虹老师说让我闭嘴,这一点老公做得就很好,平时他就是一个沉默寡言的人,我以前总觉得这是个缺点。老公买东西只看是不是喜欢,从不纠结价格。老公本来就很好?我还是不相信。

姐妹们在学习两性关系时,用得最多的方法就是给老公洗脚。我也硬着头皮去做:会费这么高,我可舍不得浪费。端上一盆温水,把老公的脚轻轻地放在水里,忽然感到整颗心变得柔软起来。他的脚不大,却撑起了整个家。一次一次给老公洗脚,孩子们看着也乐开了花。我自从怀了二女儿就没有再工作过,而老公经常去工地上,夏天烈日暴晒,冬天寒风刺骨。原来我最讨厌给他刷鞋洗袜子了,洗得再干净,只要从工地上回来就面目全非了,因为这事,我没少给他脸色看。老公从来没有像我一样抱怨过,他总是说:"我挣钱不就是为了给老婆孩子花的吗?"

　　可我呢？自己该承担的，把它当作负担，妻子做不到位，妈妈也做不好，还整天抱怨。大女儿出生后，母乳一直都不够吃，她3个月的时候，我决定断奶，那天女儿从早哭到晚，整整8个小时不喝奶粉，不睡觉。她5个月时，我去上班，直到她两岁半我怀了二女儿辞职在家，这期间白天她都跟着奶奶。怀二女儿期间，我虽然近在咫尺，但是大女儿想要我抱抱，我就会觉得很烦。她想要我陪伴，我也只是人在心不在。生了二女儿，大女儿变得执拗、不听话，整天我说向东，她偏向西，招来我劈头盖脸的教训。到了5岁左右，训她也没用了，我把她的种种"恶习"告诉老公，结果那天她迎来了也许是这辈子都难以忘怀的"男女混合双打"。

　　是怎样一个母亲因为一份可有可无的工作而放下自己的女儿不管？是怎样一个母亲连一个"抱抱"都要把孩子骂哭？是怎样一个母亲自己无能、无知到极点，在小女儿出生后，连大女儿想得到更多的关注都看不到，反而打了她一顿……

　　对老公，我既想让他挣钱养家，又希望他回来后带孩子，外加哄老婆开心。周虹老师常说："男人如果要求女人把煤气罐从一楼扛到三楼会怎样？"我自己不知道怎么做一个妻子和妈妈，把家里搅得不得安生，还标榜自己为了家付出了一切。

　　我自己过不好，也不希望别人能过好。看到身边的富人，死拉硬拽也要说人家有钱也没有好日子过，这是典型的"仇富不羡富"的心理。

　　再次抚摸着老公的脚，我思绪万千，我一直把他当作挣钱的机器，没有感恩，没有尊重。老公下了班，我把自己所有的压力都扔给他，让他痛苦不堪，他却不忍心把情绪发泄到家里。我就是家里那个不断折腾的女人，又怎么能守住财富呢？

而且，他娶的这个女人，连花钱都不会。我有一件短旗袍，是我所有夏天衣服中最能穿得出去的衣服，上课时我经常穿，周虹老师说裙子太短了，最起码也得过膝盖。于是我就买了一条新裙子，上课时我穿着这件衣服自信地上台问老师问题，周虹老师问："你这件衣服多少钱？"我说："200元。"这件衣服可不是大减价买的，我心想。"你能穿多长时间？"老师问，"如果一件衣服上千元，你会穿多长时间？它的品质会怎么样？"

您瞧，做人还真难，好不容易买了件正价的衣服，周虹老师一眼就看到品质需要提升。当时，周虹老师就给我布置了一项作业，从现在起到过年大概4个月的时间，花一万元给自己买衣服。

啊？天哪！简直是晴天霹雳！这不是教我败家吗？这对于一个喜欢买特价衣服的人来说，太难了！非得买这么贵的衣服吗？我虽然喜欢大减价买东西，但有些衣服的品质并不低呀，好多都是知名品牌。正价就好吗？快换季的时候，说不准我五折就能拿下，明年还可以穿。早就知道周虹老师布置作业独特，可为什么偏偏给我布置这项作业呢？

没有办法，面对不能讨价还价的作业，不能理解也要执行啊！

还是从我为孩子们买裙子说起吧。儿童节时，我为孩子们每人买了一件公主长裙，虽然价格不菲，但穿在女儿身上真是宛若天仙，我拍下照片一遍遍地看，还忍不住在网上晒了图。可后来我心中又莫名有种失落感——孩子们这么美，我和她们走在一起像个保姆，哪里像她们的妈妈？甚至有种情绪升起——嫉妒！我竟然嫉妒我的孩子！我把这件事告诉了周虹老师："一个连自己都不爱的人，怎么会有好情绪对待老公和孩子呢？"周虹老师总是一针见血。

我真的要一辈子只能大减价时买衣服吗？凭什么我的人生只有

大减价？纠结了半个多月，拉着两个朋友花了1200元，给自己买了一条长裙和一条披肩。穿到课堂上，有的姐妹问我衣服在哪儿买的，还有一个姐妹买了一条同款裙子，我终于有了一点信心。然而接下来并没有我想的那么顺利。要买一件几千块钱的大衣比杀了我还难——款式不喜欢、没有适合我的颜色……反正我总有理由说服自己。我几乎每天都在受煎熬，老公并不反对，钱也是我自己拿着，可钱就是花不出去。我交会费已经花了一大笔钱，还要花这么多钱买衣服，不是周虹老师疯了，就是我疯了，反正我觉得这不是正常人干的事。周虹老师经常说要盲从，我自认为一直都是一个好学生，那段时间，我几乎天天逛商场，试衣服，就是下不了手。上课时战战兢兢，害怕别人问我钱花了多少了，最近买了什么衣服。还好，姐妹们一般只关注你做到的部分，可我这颗悬着的心还是落不了地，上课时没有能穿得出去的衣服，感觉自己和她们格格不入，这让我感到很自卑。小时候，我总是羡慕班里穿着漂亮的女生，长大了经济不是问题了，却习惯了衣服干净整洁就好。我把自己的愿望深深地埋藏，可情绪却越来越糟糕。

一天，老师邀请大家去参观她的家。我印象最深的是，周虹老师有那么多的衣服，五颜六色，收纳整齐。打开我的衣柜，黑压压一片。老公也多次表达过，买些带点颜色的衣服，我根本没放在心上，没想到，周虹老师和老公的想法一样，男人好"色"，女人要多"色"。

我开始整理衣柜了：不经常穿的扔掉、黑色的扔掉，轻轻松松好几包衣服被清理了出去，整个衣柜没有剩下几件衣服。令我没有想到的是，有条蓝色的裤子还带着价签，根本没穿过。还有一条黑色的裤子，因为太瘦了穿着不舒服，我记得只穿过一次。

我还发现，清理出去的衣服几乎都是大减价时购买的。虽然价格便宜，但穿的次数屈指可数，也没有让它们体现出自己的价值。如果

用这些钱买自己喜欢又适合自己的,岂不两全其美？我终于可以行动起来了,第一次在商场里买了有史以来我最贵的一件衣服——849元。我穿着它参加了虹汇电台开播第一期节目的录制。如今,打开"喜马拉雅FM、蜻蜓FM"等就能听到我的声音。从听众到嘉宾,因为一件衣服变得不再遥远。

接下来是不是就能轻松地花钱了呢？那对于我来说还是太难了,这只是个开始。我像挤牙膏一样,每天都想着买衣服给自己,内衣、保暖衣、拖鞋、睡衣、毛衣、大衣,坚决不买减价的。慢慢地,我终于有了一点感觉,就这样到了过年的时候,我为自己买了一件红色的大衣,不知道多少年都没有穿过这么亮丽的颜色了,老公和孩子们都说好看,我在家里一遍一遍地试穿,左看看,右瞅瞅。这颜色也太引人注目了,穿不出去呀！可我又想:大减价是人生的选择,正价也是人生的选择,如果明天我不幸死了,后悔吗？难道我就这样过完我的"折扣人生"吗？我拿出了视死如归的劲儿去买一件衣服,又好笑,又心痛。我没想到我如此享受穿这件衣服的感觉,大年三十,我一个人走在洒满阳光的街道上,风儿轻轻吹起衣角,但我感觉自己如此温暖又真实地存在着。这一万块的"花钱作业"总算在经历了一番艰难后完成了。

花了这一万块钱,再去花钱就轻松了许多。有一段时间,我花钱如流水,买菜买水果不再像以前问价、比价,直奔品质最好的。给孩子们买衣服经常在一家店全部搞定。我越发感觉自己是个沉稳的有钱人了。

不知不觉半年过去了,以前的朋友叫我去买衣服,我们还是像以前一样,直接去大减价的店铺"淘宝贝",虽然我不想去买大减价的衣服,但毕竟这是我们俩一直以来的习惯,我没有拒绝。进了店,我看都看不下去,更不用说下手买了。朋友在一家店里买了一条打折的裙子,然后说:"你也买一条吧。"以前我们总是买一样的衣服,我犹豫了一下,最终没有买。

我的"正价"人生

我曾问自己,为什么以前的我买到大减价的衣服会很愉悦呢?因为我是穷人家的孩子,穷人家的孩子怎么能花那么多钱给自己买衣服呢?能用更少的钱买到衣服,占到便宜,能不高兴吗?而且,我对金钱和富人有敌对的心态,而自己则穷得理直气壮!买车时,我反对,理由是:孩子们上学,我骑电动车接送就可以了,现在交通状况这么差,不是堵车就是修路。其实,我就是嫌养车贵嘛。房子拆迁后,我跟老公说:"以前咱们住的房子太大,要租就租一套小一点的房子,打扫卫生方便。"其实就是想少交房租嘛,还好老公没有听我的。买手机时,我总是挑最经济实惠的,心想:再贵的手机还不都是为了打电话,区别有多大?

"喜欢大减价"让我的人生大打折扣,而且让我的生活偏离了正常的轨道。金钱仿佛是一个小精灵,我经常恐惧它丢了。然而在我这里,它的价值太低了,它感到主人不喜欢它,嫌弃它,于是它真的走了。难道我宁愿失去它,也不对它好一点吗?我还有两个孩子,她们的妈妈这样,她们的未来怎么办?

我不舍得花钱的习惯已经有30年了,稍不注意又会原形毕露,周虹老师的建议是"跟随"。

初夏,家里原有的电风扇坏了,我打算再买一台。我翻看着手机,挑来挑去选中了两款。其中一款和家里原来用的差不多,黑色的,现在做活动只要99元。另一款是白色的,新款299元。这下我又不知

所措了,是坚持我的大减价呢? 还是告别大减价呢? 我正犹豫着,小女儿来到了我身边,"宝贝,妈妈想买台风扇,你帮我挑挑好吗?"我拿着手机让女儿看。

"这个,这个好看。"小女儿只用了三秒钟就选好了,她选了白色的那款,我立马跟随孩子的选择下了单。

选择了跟随这条路,生活变得更轻松了。一家人出去逛街,老公负责试衣服、鞋子,孩子们说哪件好看就买哪件。孩子们自己的衣服,出去旅行的箱包,都是她们自己做主挑选,甚至我出门要穿什么衣服,她们也乐此不疲地给予指导。生活中的摩擦少了,我的脾气也小多了,生活变得越来越轻松快乐。

一年一次的性教育课要开讲了,周虹老师强调一定要带着孩子们去上课。

"孩子们,周六有性教育课,跟妈妈一起去吧,机会难得,一年一次呦。"

"妈,我去。发多少钱?"大女儿单刀直入。

"一人100元。"我也直接回应。

"150元。"女儿跟我谈条件。

"好! 成交!"

两个女儿高兴地和我一起来到现场,我们到得早,坐到了第一排。讲课老师刚走上台就宣布,和她互动的每个小朋友都有奖励,下课找妈妈领奖金。刚开始的时候,大女儿一边听一边画画,随着老师抛出的一个个问题,她不知道什么时候停下了画笔,不管回答对错,她跟着课堂的思路不断地举起手来。因为坐得靠前,她有很多站起来回答问题的机会,还4次跑到舞台上参加互动活动。下午两个半小时的课程里,她全身心投入,这就是周虹老师说的,把课堂变成自己的。那一天,她回答一个问题挣15元,上台一次30元,最后一共挣了400元。我的目的达到了,孩子们也知道了如何保护自己,同时觉得挣钱是轻松快乐的事情。回去后,两个人都为自己选了一个粉色的上百元的钱包。她们一个不到10岁,一个年仅7岁,要是以前,我坚决不会同意,连哄带骗也不能让她们买这么贵的钱包。现在,我看到她们在花钱的时候很享受,却觉得开心,这不正是我要的吗?

后来,我带着她们把压岁钱和平时挣的钱存到银行,这些钱怎么用,全都取决于她们自己。平时有零花钱,过年有压岁钱,孩子们都觉得自己是有钱人,她们是富足的。

一天吃过晚饭,一家人边吃水果边聊天。我问孩子们当富人有什么好处?

"想吃什么就买什么,好有口福!"

"想穿什么就买什么,把自己打扮得漂漂亮亮的!"

"想去哪儿玩就去哪儿玩,飞到全世界看日出!"

哇!有钱这么好呀!

"有钱了,父母就有更多的时间陪伴孩子,不用花更多的时间想着挣钱养家!"

"很多能挣钱的人都有自己的优势,活得特别自信!"

"有钱人经历过大场面,处理生活中的小事得心应手!"

……

这些话都出自我的两个宝贝女儿!她们的妈妈在一年前还站在穷人的位置上仇恨富人,坚决不羡慕富人呢。

我的生日到了,上午,给自己买了两套衣服,中午和孩子们享受美食,下午订蛋糕准备晚上在家庆祝。可能对于您来说,这算不上什么,可对于我来说,走过36个春秋,我第一次坦然地爱自己,没有不舍得,尽情享受金钱带给我的喜悦。同时,我在心中默默地感谢父母给予我生命。父母常说:"你现在是我们一大家子中最富有的。"以前的我哪里能看到这些? 感恩父母对我的祝福!

有房,有车,有不离不弃的老公,有两个可爱的女儿,双方父母身体健康。告别了大减价,我终于发现自己也是富有的人。

富有是一种体会,内心真正富有的人,无论遇到什么事,都能保持自信、从容与喜乐。

富有,是我的人生态度!

坚守价值,是我的人生选择!

"战争与和平"

"战斗机"毁了我的家

我和前夫刚结婚时，家里经济很拮据。我从来都舍不得给自己买一个贵点的品质好的东西，觉得东西只要能用就行。勉强买回来的东西往往没几天就不满意又想买新的了。如此循环，钱没有存下多少，生活也毫无品质可言。

随着时间的推移，家中的矛盾也不断积累、升级。比如，老公的同学、亲戚、朋友，只要是来郑州的，就都挤在我们两室一厅的房子里，沙发也行、随便搭个折叠床也行，我们的卧室也可以随便出入。孩子上幼儿园后，婆婆回老家去了，我就想给孩子买一套儿童房的家具，老公不同意，说这破房子不值得，还说我想换家具的目的就是想把这个房间占起来，再也不让他家亲戚来住。可是，我想做的事谁也别想拦着，咬紧牙关抗战到底。

那些年，不管跟谁，我都寸步不让，摔东西砸板凳，从来不会好好说话。有女儿在场，我也是毫不收敛，还振振有词：每个孩子都得接受这样的磨练，谁家里不是这样过的？我每天都像个战斗机——与天斗与地斗，与老公斗，而且所有的争吵几乎都跟钱有关系。我经常挂在嘴上的话是："我是不会让你有钱的，有多少我都会给你花光。而且我从来花的都是我自己挣的钱，你就没钱，你挣不来钱……"就这样，在不断的"家庭大会战"下，我的小家被我摧毁了，灰飞烟灭。

我想不明白：

为什么老公不再像父亲般地包容我？

为什么他看我的眼神满是气愤？

为什么我的婚姻最终走到了尽头？

是谁让我毁了我的家、我的生活？

放下武器 寻找出路

2014年1月1日，我来到了周虹老师演唱会的现场，看着台上身着旗袍光彩照人的十几位伴舞的女人，我顿时心生疑惑：那些美女是老师的学生还是专门找来的演员啊？普通女人能美成那样吗？带着这样的疑问，我开始追着老师的公益课堂跑。

我问周虹老师："我没法集中注意力做事情，怎么办？"老师看着我的眼睛说："有多久没有人这样看着你的眼睛跟你说话了？"我呆住了，是的，没有人看我，没有人关心我。

周虹老师一眼就看懂了我，我非常想跟随老师学习，但是，学费对我来说像个天文数字。2014年4月19日，我走进了周虹老师的《幸福力密码》课堂，因为这个课的学费还在我的承受范围之内。两天的课程下来，我没有像打鸡血似的兴奋，但是就是感觉不一样了，我认识到了自己的虚弱、掩盖，脱下了厚厚的一层"受害者外衣"。

回到家，我按照课堂上对老师承诺的9条要求做起来，首先建起了优势墙，每天贴孩子的优势，孩子竟然也开始张贴我的优势，每天晚上睡觉前，我会盘腿静坐20分钟，感受腰腿的疼痛和麻木。我也开始有意识地控制自己发火的频率和强度……

后来，我攒够了学费，却没有跟随周虹老师学习，因为那时候单位正在组织团购房子，钱被我拿去交了订金，也觉得自己慢慢摸索着学，好像也可以过日子了，还是买房子比较重要。但是成为"虹汇女人"始终是我的一个梦想。

2015年10月，虹汇"家排（家庭系统排列，简称家排）季"开始了，我看见微信平台上推出了季卡，想试试，却发现自己连买季卡的钱都拿不出来。就在上个月，我还借了女儿银行卡上的钱还信用卡，我突然意识到自己与财富的关系也出了问题。再仔细想想，生活中竟然没有一件事可以理得出头绪，难道我这一辈子就这样过去了吗？

我不想再这样过日子了，我要找到生活的出路，想到这里，我下定决心，刷信用卡交了学费。

来到了虹汇，我只想着自己花了那么一大笔学费，什么时候能有所改变呢？一年的会期可是很快就会过去的，于是忐忑不安起来，心想：这一群有钱有闲的女人们哪有什么要紧的问题？不过是打发时间罢了。还是我的问题最要紧，周虹老师应该先帮我解决问题。可是老师不紧不慢的，根本不怎么管我。是她看不见我吧？还是她看我穷，不想管我？大脑像陀螺一样停不下来，谁知道这些全都逃不过老师的法眼。

一次课堂上，我又急冲冲地发问，周虹老师说："每次有新会员进来就得折腾一段，而你是最能折腾的……你的眼里没人啊，人际关系注定困难啊……"我猛然愣在了那里，我有吗？老师说的是我吗？几十个人在场啊，哪有个地缝让我钻进去啊？那一刻，我简直体会到了手术不给麻药的滋味。我不承认，那就回去折腾师傅吧。师傅刘艳丽说："你赚大了啊，一来就让老师来了个手术。"天哪！师傅竟然也不帮我！痛了一个星期之后，我终于肯低下头颅，是的，我就是这样的人——不断折腾，求得关注，有人关注就能安静几天，一旦感觉不到别

人的善意,就立刻端起枪准备战斗。几十年了,一直都是这样,怪不得不招人待见。

我发现自己有了畏惧的感觉,这是以前少有的。以前说话做事不计后果,只图个痛快,什么伤人的话都会毫无顾忌地说出口,最终肆无忌惮的我成了"孤家寡人"。

我心里开始害怕周虹老师了,见了她就躲着,免得她又给我难堪。但同时,我也深深爱上了这个课堂,下定决心好好踏实学习成长。

每次课我都按时去上,每次都有震撼。看着一个一个家族的苦难,伴随着每次泪水的冲刷,我终于看见了,姐妹们的痛苦与迷茫都不少。我在微信群里跟大家道歉忏悔:"我冒犯大家了,我要跟着老师踏踏实实学习成长。"

冬天来了,由于家里没有暖气,我开始考虑买个带暖气的房子让自己生活舒服一些。粗略算了算,用住房公积金贷款买个小房子没太大问题。咦? 以前只会为没有钱抱怨、哭泣、指责和战斗的我怎么突然有钱了呢? 莫非我开始"与钱共舞"了?

趁热打铁说干就干,不到一周的时间,找房子、签合同,一切顺利得像是早就为我准备好的,当我真正想要钱的时候,它们就悄悄来到我身边了。

真有些不可思议呢,3 个月的时间,我不但成了"虹汇女人",还买了舒适的房子,公司还发了一个大红包,第二年的学费也有着落了。

时间来到了 2015 年底,虹汇一年一度的演唱会就要开始了。周虹老师要求每个人都要上台唱歌、表演,而且要尝试跟自己完全相反的风格,我是个悲情战士,竟然让我演唱《快乐老家》,还要在台上风情万种! 天哪!

小时候,我一直被告诫:女孩要文静,不能笑得前仰后合、不能轻易扭动臀部，所以这次演出对我来说太挑战了！彩排现场，我扭起来就像一根棍子，棍子上半截还有点弯——有些驼背，简直像个老太太。看着别人柔美性感的动作，感觉自己好丢人哪，老师为什么就喜欢让我出丑呢？我对刘艳丽师傅说："我退出吧。"她说："你在台上，孩子就在台上；你上台撒欢儿，孩子也会跟着脱壳儿；你活成什么样，孩子就活成什么样。"我不想把自己不成长的部分传承给孩子，于是硬着头皮上！师傅发给我一段周虹老师跳肚皮舞的视频，说："自己照着练吧"。从那天起，每天晚上下班，我就对着视频努力练习。没有几天时间，我竟然感到身躯真的稍稍软下来了。看着我紧锣密鼓地准备，女儿也报名参加小主持人，为演唱会报幕！我给女儿挑选演出服装，还买了一个特别闪亮的皇冠。正式演出那天，女儿落落大方地报幕，我柔软自然地摇摆身躯，最后大家一起在台上尽情舞动释放。那一刻，无所顾忌、没有杂念，只有酣畅淋漓、恣意欢悦，原来我也可以这样！我喜欢我性感的样子，这个样子要比做个战斗机美丽得多！

　　故事写到这里，似乎可以完美结局了，然而，生活并不总像童话故事那般美好！

　　在虹汇学习，我明白了女人要为世界带来美丽；要买新衣服，还得打扮自己，得舍得给自己花钱；要富养女儿，舍得给孩子花钱，甚至连孩子写个作业也可以通过"给钱"来激励，干什么都是拿钱说话。哎，像我这种对花钱有着极度恐惧的人，对这样的方式太陌生了！

　　有一次买了几件裙子，我就忍不住向女儿嘟囔："又花了这么多钱！"女儿说："你承认这些衣服确实漂亮、品质也好吧？你穿着，别人也许会跑过来说，'你在哪买的？好漂亮啊。'你是不是心里美滋滋的？要是不美，会有人来赞叹你吗？"我能理解女儿爱美的小心思，我小时候不也是会在心里羡慕那些头戴蝴蝶结的漂亮小姑娘吗？可是，自己

每月收入就是那么多,怎么有富足感? 这不是画个饼就能充饥的。

于是我又去折腾师傅,师傅又布置作业:写《金钱十问》,其中一问是"你知道如何使用金钱才可以吸引更多的金钱吗?"钱当然要用在刀刃上啊,多少人都是这么告诉我的。师傅说:"钱喜欢用在喜乐的事情上,买好吃的、买漂亮衣服、旅游等,花钱的时候要感到喜乐和享受。""阶层是会遗传的,穷人的孩子会传承'穷的模式',过穷日子;富人的孩子会传承'富的模式',过富裕的日子。"——这种观点我还是第一次听说! 对于虹汇的理念,我就是信、认,我要去实践、体验、验证。

我开始带着女儿吃喝玩乐,看电影、下馆子、买玩具、奖励红包……每当买单的时候,女儿就小心翼翼地看着我的眼睛,问:"妈妈,你又不高兴了吗?""你没有不高兴吧?"问得我脸红脖子粗、心惊肉跳的,如果女儿一直带着花钱的罪恶感,长大后会怎样啊? 我还想十几年以后,看着她风风光光出嫁呢,可不想让她跟我一样在破旧的房子里为了柴米油盐不停算计、争吵。痛定思痛,我果断决定:富养女儿!

寒假结束之后,女儿完成了寒假作业,我履约带她去商场买了个价格不菲的娃娃,她小心翼翼地拆开娃娃,稍微用力拉扯一下就说着"对不起,对不起,弄疼你了。"她说:"妈妈,我想想你小时候书包都是姥姥给你做的,就很同情你,我也骗自己说做的书包已经很好了。不过那些都已经过去了,现在我有了这么好的娃娃,我觉得自己是亿万富翁。你放心吧,我们以后一定会很有钱的。"那一刻,我没有感慨伤怀,只是乐开了花——这就是我想要的日子啊!

平时,师傅在群里总是发她练习的柔美动作,还发她跳肚皮舞的小视频。肢体语言课上,看着老师的身体像条蛇一样扭来扭去,我眼睛都直了。师傅说:"周虹老师可比你大十多岁呢,我也比你大几岁噢,想不想几年以后也成我们这个样子?"我真的好想啊,于是下定决心,练了起来。每周一、三、五下班后接上孩子,我就马不停蹄地赶往舞蹈班,她练她的、我练我的,母女俩搭档完美! 一周,仅一周啊,腿细了、直了,从每天气喘吁吁到爱上被教练"虐",教练竟然夸我有天分,还说女儿也是舞蹈班里学得最快最好的,肯定是遗传我的。什么? 我没有听错吧,说的是我吗? 我不是一根棍子吗? 我这辈子还能干得了这活儿? 我感觉遇见了一个不认识的人——一个未知的、绽放的、喜乐的、有价值的自己。让更好的自己陪伴女儿成长是多么美好的一件事啊!

成功占领财富的高地

转眼春暖花开了,我很顺利地办理着房子的过户手续,到最后一道手续的时候出现了一些问题,我告诉自己接纳、从容,一切都是最好的安排。果然,第二天,问题就解决了,还省下来一大笔钱,我果断奖励自己,去买了副珍珠耳环戴上,感受下珠光宝气!

很快,房子贷款又下来了,比预想的多贷了几万块。咦? 这不正是给我准备的装修的钱吗?

钥匙到手,我迫不及待去看我的新家,一进去就觉得好小啊,而且空空如也,跟我预期的温馨小天地有差距。出来后,我又发现车找不到了,赶忙拨打"110"咨询一下,原来是被警察拖走了。第二天,我请假跑了一天,花了几百块才把车领回来。向周虹老师述说这件事时,老师就回了俩字:"活该。"老师说:"看,你的房子都不帮你,因为你嫌弃它。我问你,这个房子比你现在住的,是好还是坏?"我答:"好,可是那里面什么都没有。""那是你的房子对不对? 是不是需要你自己动手把它布置起来?"

一语惊醒梦中人,这就是我的习性啊,遇到事情就退缩、抱怨、不想承担。新房子刚拿到手不都是毛坯房吗？不都得自己用心定风格、搞设计、选材料、选家居装饰吗？房子的装修就是主人的内涵，我需要丰富自己的内涵，不能再像一个简单的战斗机了。

我迅速买了卷尺随身携带，去量尺寸，设计布局，添置有品质的家具、家电、窗帘、餐具，找个小本本做开支预算，既要让我的新家温馨、舒适、整洁、有序，又不能盲目花钱。快40岁了，我终于给了自己一个有品质的家，终于愿意去独立承担点事情了。

催眠课上，我看见了地下室里有一堆大元宝，但是它不在我手里。周虹老师问大家："你们是穷人还是富人？"我闭嘴不言。老师笑着大声说："承认自己是富人就这么难吗？外面流行一句话，说虹汇里都是富人啊，外面的人都在给虹汇女人定归属，你们可都是富婆啊。要做穷人还是富人，是一个归属问题，看你自己的决定。大家都闭上眼睛，看看你眼前的是什么。看见金山了吗？它就存在于你的生命里！"这次催眠中看到的，意味着我是有钱的，但我却不能实实在在地感受金钱。今后，我要触摸金钱，享受金钱。

下课的时候，我听见一个学生对周虹老师说："我总觉得自己穷。"老师答："你有稳定的职业，有房有车有爱的人，还有健康的身体，还穷吗？"我心里不禁又和自己对号入座——我也有房有车有很多啊，难道我不穷？难道我也是富人？我不再坚定地认为自己是个穷人了。

嘻嘻，不仅如此，我还想更坚定一下自己是个富人的念头。

周虹老师说，女人的财富与母亲的关系好坏有关。接纳母亲认可自己，人生丰盈富足，这个女人就保有财富，与母亲关系不好意味着否定自我，对金钱和财富有很大的破坏力。

是啊，父母是生命的源头，一个人如果与父母亲链接不好，财富、事业、家庭都不会好，对自己的生命力有着强大的破坏力。我离家千里,已经习惯了独自生活,与父母很少有交集了。

今年的母亲节,妈妈主动打电话说要来我家,以便治疗她的颈椎病。以前,我妈妈可是请都请不来的,这是千载难逢的好机会啊!

妈妈来到家里那天,我把自己的珍珠项链给她戴上,搂着她说:"妈妈,母亲节快乐,谢谢您生我养我。"她高兴地笑起来。妈妈要走的那天,我接好洗脚水,把她的脚放进去,说:"妈妈,走之前让我给您洗洗脚吧。"洗完之后又说,"您先泡着,我再给您磕三个头。"妈妈笑着问:"你这是跟谁学的?"我答:"您收了我这三个头,保证您长命百岁!"妈妈哈哈大笑起来。亲爱的母亲,我要去过我想要的好日子,谢谢您允许我转身,允许我过得跟您不一样!

一个周六的早上,睁开眼就发现有来自父亲的未接来电,我赶忙回过去,他说:"嘿嘿,忘了今天周六,你一般都睡懒觉了,我都干了俩小时活儿了。"我不禁大笑:"哈哈哈哈,老爸,你晚上几点睡的啊?""7点多。"我说:"我们可是11点才睡。""噢,这样啊。我没事,就想跟你聊聊,房子弄得咋样了啊?住得下吗?""住得下啊,你和妈来了也住得下呢。""好好好,到冬天没事了,我们去你那待几天。"挂掉电话,我心里无比轻松快乐。我尊重他们的生活,不再评判、嫌弃和怨恨,我拥有了更大的力量,也感受到了内在的富足!

我是如此感恩,如今,我经常勇敢地报名参加虹汇电台的节目,在《虹汇女人有多色》的录播间——一个我只在电影里见过的神秘地方,做了多期有关财富的节目,如《追求成长的人更富有》等。我的声音通过电波传到大江南北:"在我需要的时候,我的钱总是能及时出现,不曾为难过我,我感谢财富对我的不离不弃,尽管我曾经对它视而不见,现在,我承认自己其实很富足……"节目录制过程中,老师、姐妹们始终用温柔而充满信任的目光看着我,给予我鼓励,赋予我自信和力量,

我是多么的幸运和幸福啊！后来，我还成了虹汇电台的工作人员，亲手在"蜻蜓FM、喜马拉雅FM、荔枝FM"等电台终端上传虹汇电台的节目，做着功德无量的善事，挣"功德钱"，感受到无限的荣耀和自豪！

现在，我在花钱的时候会先和钱链接。一次，在加油站加油时，我双手合十默念："亲爱的钱，我现在要用你加油，让我和女儿的出行更舒适，谢谢你。也请你流向更需要你的人，发挥更多的价值。"为我加油的大姐就在车窗外一直笑眯眯地等着我，那个时刻，我感受到从未有过的平静和喜悦！

现在再想起前夫，我唯有感激，感激共同度过的那段岁月，也感激他给了我一个如此美好的女儿。我对他不再有任何要求，女儿每次见过爸爸回来，讲起爸爸带她吃好吃的、给她买新衣服、给她零花钱，我都会对女儿说："宝贝好幸福啊，爸爸妈妈都很爱你！"女儿偶尔嘟囔爸爸很忙，没时间陪她，我会说："爸爸妈妈分工不同，妈妈负责照顾和陪你长大，爸爸负责赚钱给你花啊。"女儿就会露出满足的笑容。女儿不再分裂自己，她可以爱爸爸，也可以爱妈妈，拥有爸爸妈妈爱的孩子长大了一定是个喜乐富足的人！

当初来到虹汇，我本来只是想得到一缕春风，没想到却收获了整个春天：我在这里主持、写书、做节目、做电台、做师傅，既开心、充实，又小有收入。

更重要的是，我看见了自己挣钱的能力，看见了内心"和平"的力量，看见了平静生活之后财富的靠近。

我要把富足与和平传承下去，我要祝福我的财富，祝福我的女儿、祝福孩子爸爸、祝福我的爸爸妈妈、祝福亲人朋友、祝福帮助过我的所有人。也祝福我自己的和平生活、财富人生！

此生，是穷人还是富人

2015 年，我有幸和周虹老师一起走进郑州广播电台直播间。

我：我的妈妈从不倒剩饭剩菜，买菜买水果都是选最便宜的，特别节俭。而老公家里却大手大脚，经常把吃不完的东西扔掉，很浪费。两家的生活习惯差异很大，互相看不惯，造成了很多家庭矛盾。

主持人：从来不倒吗？馊了变味了也不倒吗？很难想象！

周虹老师：是的，可以热一热吃掉啊！红磊，你在婆家是不是也会像妈妈一样，把剩饭菜尽力吃掉。

我：是啊！尽量吃啊。实在吃不完再说。

主持人沉默了。

我接着说：一年之中，我最不喜欢 12 月份，因为家里有三个人要过生日，放在一起过不就好了？分开过太浪费了。

主持人：别人都特别喜欢过生日过节什么的，可以吃吃喝喝，"嗨"一下，你为什么不喜欢呢？

周虹老师笑着说：多费钱啊，现在一个生日蛋糕差不多要一两百块钱吧，三个蛋糕就要花很多钱……哈哈……

我：别人那样是很好啊！可那不是我的生活。

周虹老师："那不是我的生活"，红磊这句话很重要！为什么红磊认为一个月过三次生日不是她的生活？为什么红磊不允许自己这样

生活？

我：因为我父母从来不过生日，我长这么大也没有过过生日！

主持人：红磊，你这么节俭，是真的因为家里条件不好吗？是不是兄弟姐妹很多啊？

我：我家就姐姐和我两个孩子，但是确实穷啊。我妈妈从小生活在农村，她的兄弟姐妹很多，吃不饱穿不暖，家里很穷，节俭的生活习惯一直延续至今。

周虹老师：所以，今天我们要讲讲《财富与归属》。听众朋友们，请回答我，你是"穷人"还是"富人"？大家来说一说。

……

这是我在2015年9月跟随周虹老师一起录制的郑州广播电台《亲子课堂》现场直播节目。节目中，我还讲起和老公的各种矛盾，各种不幸福。以前，我心里充满了怨气和愤怒，因为我这么省着过日子，老公却铺张浪费存不下来钱，难道是我的错吗？而经过9个多月的学习，我真正看见了自己，看见了习性，看见了家族的传承和动力。

为什么越省越穷

2014年底，在我的第三个本命年，我的家庭和身心健康都陷入了深深的谷底。我无法忍受老公和他的家庭，一次次生气吵架后，我决定结束婚姻。都说"贫贱夫妻百事哀"，一点儿都不错。老公有一份稳定的工作，收入也很稳定，但不算很高。生活中，我处处省，而他却不知道像我一样省着过日子。有了孩子后，我们和公公婆婆住在一起，夫妻关系、婆媳关系都让我焦头烂额。为了时间自由，我索性辞职不再给别人打工，自己尝试做营销，结果差强人意。我对老公不满意，对自己不满意，常常郁闷生气，引发了全身性的皮肤病。现在的医院真是不敢进，花了好多钱还不见效，我快崩溃了！

生活处处需要钱，我感觉钱总是不够花，压力也越来越大。妈妈看到我的生活状况，也常批评指责我不会过日子，我却不知道怎么改变这种窘态，好崩溃啊！我为什么不如别人赚钱多呢？我怎么才能改变现状呢？

2014 年 12 月，我开始跟随周虹老师学习。在《为人父母必修十堂课》中，有堂课是《财商教育》，周虹老师讲课真精彩，没有过多理论和教条，很是生动。

"你是穷人还是富人？如果你认为你是穷人就站在左边这一列，如果你认为你是富人就站在右边一列！"周虹老师说。

这还用问吗？我心里想着，不加思索又有点不好意思地站在了穷人一列。这就是财商教育开始的那一幕——这就是我的归属感！

追根溯源。我的父母都是退休工人，他们小时候生长在农村，那时候家里很穷。特别是我妈妈，家里兄弟姐妹七个，小时候吃不饱穿不暖。妈妈生活异常节俭，买菜从来不敢买贵的，家里剩菜剩饭从来不敢倒掉，穿的都是旧衣服，甚至用水都是"细水长流"。爸爸也很节俭，穿着简单，很少吸烟，要吸也是吸最便宜的烟。爸爸妈妈教育我不要比吃比穿，只要学习好就行。刚上班的时候，我和好友逛商贸城买衣服，我只看门口衣架上处理的、断码的、最便宜的衣服。买了件便宜的新衣服或者包，无论什么样子爸爸只点头不发表意见，妈妈每一次都会指责我又乱花钱。秋冬季节我买回去极普通的护肤水、乳液，妈妈也会说我："不会挣钱还不会省钱！"这句话仿佛成了妈妈的口头禅。好像妈妈见不得我花钱买东西，甚至是生活必需品。妈妈对我的否定，虽然我不认可，却并不争辩，而且会尽力节省一些、再

节省一些。

渐渐地，我发现虽然我不太喜欢我妈妈，可是我竟然活得越来越像她了！

家排课中也同样呈现出了我是穷人。我的财富代表说她不能动，不能自由，很难受！是的，我承认我桎梏着金钱。

结婚前，我从不买贵的衣服，即使冬天的大衣也没有超过 200 元的，因为妈妈教育我不要讲究吃穿！老公最后一次去西安进修的学校办毕业手续，我可以替他的一个女同事去，省了来回路费和住宿费，他想趁此机会带我去西安转转，我说哪里都不去，最后他通过我妈劝我，我才去的。到了西安，我们去了著名的旅游景点游玩，再加上吃喝花费，用钱不少。回来后我就说："看吧，没有一千多块钱下不来吧？"每次出去玩，我都详详细细记下花出去的每一分钱，紧绷着这根弦决不放松。外出游玩本是长见识、益身心的活动，而我却因为精打细算体会不到出游的任何乐趣。现在回想一下，由于我怕花钱，都很少出去旅游，即使有了机会出去玩儿，我还处处算计着，车费花了多少？门票要多少？人家准备的是旅游攻略，在我这里则只有省钱攻略。我上班后，在妈妈家吃住也没有什么大的花销，却更加热衷于存钱，为什么存钱？存钱干什么用？我自己也不知道，反正就是尽可能地多存一些。为了高利息回报，我也会买一些理财产品，可这么多年也没有变富有！

一路回望过来，原来这正是我想要的穷日子啊！

我深深地认为自己是穷人，因为挣钱不多，所以不敢吃、不敢穿、不敢花，必须省着过，才能有点儿积蓄。经过周虹老师的层层解析，我明白了：孩子在潜意识中是忠诚于父母、忠诚于族群的。而我的妈妈站在穷人行列，我是妈妈的女儿，自然而然地和妈妈站在了一起，我忠诚于族群过穷日子的样子。

周虹老师分析了站在穷人行列会有哪些行为：

第一，站在穷人行列里的人，不允许自己有钱，不允许自己买好的、吃好的、用好的。

第二，当一旦有了能够挣更多钱的机会，有了变得富有的机会，穷人就会出现抗拒，意识上会觉得挣钱当然好了，但是却不自觉地做出拒绝的举动，推开这些好机会。

第三，穷人在有钱时会莫名其妙的寝食难安。当把自己手上的钱推开时，确信自己确实穷了的时候，才会觉得心安理得，才会觉得安全、放松。

现在，我才明白为什么我和老公同游西安的时候那么别扭，那是因为逛景点、吃"名吃"怎么能活出我穷人的本色？原来，我忠诚于自己的穷日子啊！我把买衣服、化妆品、旅游看成没有意义的消费，我更愿意存钱、理财去赚取不多的利息。我确实桎梏着金钱，没有让金钱给生活带来喜乐，我根本吸引不来更多财富。

有一次，周虹老师在虹汇布置的一项作业——写出自己的物品清单。以下便是我的物品清单：

父母公婆都有退休工资，有房子有医疗保障，甚至还为我们提供了充足的物质基础——房子一套、家具家电若干、汽车一部、保险单若干、衣物若干、翡翠手镯一个、蜜蜡手串血珀手串各一个……

我拥有这么多有价值的东西，我哪里像个穷人？我有点像捧着金碗去要饭的穷人。学习至此，我知道了为什么我活成这样，因为我太忠诚于我的族群了，我活成了我的父母！

归属感会传给孩子

周虹老师说"归属感"会代代相传,我是怎样的归属,我的孩子们就会把自己归属到哪里。我不想继续当穷人,更不愿意让自己的孩子站在穷人堆儿里。我深切地体会着做穷人的窘迫,不能让我的孩子们也陷入这个灾难的循环中。

我问5岁的女儿:"你是穷人还是富人啊?"女儿回答:"穷人啊!"我大吃一惊!平日里我没少给她花钱啊?玩具、零食没亏待她啊?因为给女儿买东西,妈妈没少批评我。我开始反省在女儿面前自己是怎么表现的。

带孩子去了超市买完必需品,孩子想要买什么,我的第一反应就是"不买! 又乱要东西! 乱花钱!"嘴上不自觉地就会带出来。实在不行了,就跟孩子说:"妈妈的钱花完了。""让你爸回来给你买。"……我是穷人的潜意识无形中已经传递给了女儿。为了改变女儿的认知,我积极参与财商教育的各项活动。

在虹汇的易货市场活动中,我为女儿准备好商品和零钱。这次易货,女儿有了实战经验,我也收获不小。一个小朋友看上了女儿的粉红色毛绒猴子,小朋友拿着一块钱要买,女儿居然愿意卖,我在旁边看着心里着急,怎么不知道等价交换啊?后来听了周虹老师的解析我才恍然大悟:大人不能在孩子易货时认为不公平、不合理,虽然她1块钱卖了那个至少应该卖10块钱的玩具,但是会带给孩子成交的快乐感。在孩子眼里,1块钱买个冰糕远比那个闲置的玩具更有价值。那次的易货活动让我和女儿都收获满满!女儿日后还常说:"我还要去当老板! 让金钱流动起来。"

看见财富看见爱

生活中，老公家里爱吃大鱼大肉，公公和老公买东西也常常大手大脚，经常会把有一点不新鲜的东西扔掉。我埋怨老公不知道省钱，存不下钱，老公则嫌我吃饭太不讲究。我妈妈家过年才有可能吃到大虾之类的海鲜，老公家却经常吃海鲜，虽然味道很好，但我认为他们太不会过日子了。

我问林之林师傅："难道笑话里说的'买两碗，吃一碗倒一碗，我愿意！'就是富人的生活吗？"林师傅说，"这样是'不守富'！而如果是做的多了，把剩的、不新鲜的倒掉，你有没有看见背后的'爱'？一大家子人，最后吃的一点儿不剩，老人们会认为孩子们没吃饱，所以通常会多做一些。你老公家里正是这样。"

我突然又"看见"我潜意识想和妈妈一样——家里穷，不能吃好的。小时候，家里没有可口的饭菜，没有零食解馋，甚至常有饥饿感。公公待人热情大方，生怕我吃不饱，每餐都准备得很丰盛，怕不合我胃口，还经常买些熟食。而我却把公公这样对家人的爱当作浪费，丝毫不知道领情和感恩。

老公花钱买了价值一万多元的实木沙发，我对此耿耿于怀，很长时间后，老公无意中提到，这套实木家具是我最初看上的那套。我想起来了，那时候我纠结着装修后没剩多少钱买家具了，居然忘记了挑选沙发，而当初我确实对这套沙发大加赞赏过，而细心的老公看在眼里记在心里了。我感到非常羞愧。

正如周虹老师说的，大家都在欣赏孔雀开屏的惊艳美丽，我却在孔雀身后纠结于孔雀屁股的丑陋。天天被掩埋在这些坏情绪中，我的

健康问题亮起了红灯。生活不仅是眼前的苟且，更多的是痛苦，看不到所谓的"前方"。要省钱要存钱，竟然是为了"以防万一"。我从不知道金钱是让我们体验和享受生活的美好和品质，不敢对金钱表达我的爱意，无法敞开拥抱财富，我被穷人思维控制着。

2015年9月是我成为富人的转机。我第二次怀孕了！这对我来说太意外了，但是我却没有惊喜——我还没有挣到钱，生活得紧紧巴巴，怎么可能再养一个孩子？确定怀孕的时候，我纠结地告诉周虹老师。周虹老师说："这个宝宝来了，你的财运真的要来了！"

这次怀孕和怀大宝的时候确实不太一样！孕期很平稳，没有像第一次时"见红"保胎，我还依旧可以外出工作。孕后期实在不能跑来跑去做销售了，虹汇里的大咖姐妹服装店里急需人手，竟然第一个想到了我，这次我爽快地答应了，既能挣到一份收入，又能在店里静心养胎，那几个月轻松地拿到劳动报酬，让我觉得财富来到了自己身边。好事不断而来，经常服务的老客户主动打来电话要我去签单，我太高兴了，一个将近万元销售额的单子就这样轻松拿到。以前想得太多，怕被客户拒绝、怕产品不是最好的、怕被客户误解，其实，是源于我和金钱的关系不好，把自己当穷人，不敢去挣钱。

穷人的怪圈是"不致富"，现在我终于有了想致富的动力。

"挣钱就是挣功德"，我在工作上头脑突然简单纯粹了很多。想到致富，工作上有力量了，很多的负性思维不见了，真正看见了自己的优势——诚实可靠的人品。良性积极的思维给我带来不少的业务，我突然觉得原来我可以做好销售工作，这就是我真实的存在！

心态变了，心就松绑了！我以前买衣服都是先看价钱再看款式，现在看到喜欢的先拿来试试，买的衣服越来越有品质了。女儿看到我新买的衣服颜色轻快明丽，长长的裙子飘逸优雅，很开心，对我说："妈妈,你的衣服真漂亮,你真好看! 你能不能等我长大了把它送给我呀?"

以往我穿短衣短裤干活方便,现在穿上长裙,柔和美丽,感觉举手投足、气质谈吐都提升了。以前怀孕的时候,我是不买衣服的,两身衣服就把孕期打发了,现在怀二胎了,我想要美美的,在孕期买了好几身衣服,不再凑合了,每天的心情也美美的!

我深深地改变了以前对金钱的说法,现在我这样表达:"亲爱的金钱,我需要你。感谢您让我和我的家人生活得更好、更幸福! 我爱你! 我感恩!"

2016 年 6 月,我生下了二女儿。月子里,我买来一次性纸尿裤,不用洗那么多的尿布,带孩子轻松多了,金钱的流动使生活更惬意。再想想生大女儿时,我无时无刻不在焦虑四个月产假后怎么上班、怎么带孩子。这次,我全然地活在当下,享受和宝宝亲密的每一天,承担起照顾宝宝的很多事情,没有再把责任推卸给婆婆和老公,家庭关系变得更加和谐了。

不善表达的老公,说很感谢我为他生育了两个孩子。我回应他说:"老公,感谢你工作养家,让我和孩子衣食无忧,辛苦了!"老公去上班的时候,总是看看冰箱里有没有足够的蔬菜和水果。他下了夜班就赶紧回来抱着孩子,让我吃饭休息。写这篇书稿的时候,女儿已经四个月了,特别好带,我知道,这是因为自己这一年半一直跟随周虹老师学习成长,孕期情绪平稳,孩子出生后自己能够成熟和承担,看见家人的爱。老公看到了我的变化,每天乐呵呵地去上班,状态也越来越好。原来,我的老公没有问题,是我以前惶惶不可终日地担忧他的健康、担忧他的能力,现在的我更愿意把最好的祝福真实地送给他。我也要做个在位的女人、在位的妈妈、在位的妻子!

这时,我非常平静,因为我生活的富足。我要带着对老公真诚的祝福,拥抱财富!

　　归属于穷人还是富人,这是我今生最大的课题。回眸这30多年,我看见了根深蒂固做了30多年穷人的我,终于有力量、有觉知去改变命运,正在朝向富人奔跑,开始迎接人生的财富!

德必配位

什么都逃不过周虹老师的眼。

周虹老师第一次走进我家时，四下环顾了一会儿，说："好大气的沙发，海纳百川啊，看这床，简直是龙床呀！这是古代王侯才有资格拥有的。透过家具，我看到了这家男主人的大格局，看到了他背后的'江山'和财富，这是王之风范！"说完又叹了口气，"唉，可惜呀，我也看见家具们并不开心，它们不快乐，女主人不喜欢它们！就像常常生活在妈妈否定中的孩子。"

我疑惑地歪着头，不知道该怎么接腔，思绪一下子飞到了挑选家具的那一刻！

"这套沙发不行，颜色太暗，这床也不行，太低……这都是什么呀！这都逛了4次家具城了，怎么就没有一件称心如意的呢？"我边看，边不停地嘟囔着。老公说："刚才那一套就行。"没等老公说完，我赶紧说："在装修时你就和我对着干，光装修就花了一百多万，现在还想买那么贵的家具，你看那沙发又宽又大能坐十几个人，两边扶手又宽又厚，这么大的沙发放在家里除了占地方还有什么用？"老公听到我喋喋不休的抱怨声，瞥了我一眼气呼呼直奔收银台刷卡走人了。

看着价格不菲的家具摆放在家里，我心里既喜欢又心疼，喜欢的是它的品质，心疼的是它们的价格。在我的心目中，钱就应该花在有

用的地方，而这些都是不实惠的奢侈品。我站在这"高大上"的房子里看着眼前的一切，真不敢相信这是我的家，我是这家的女主人吗？总感觉我和它们不搭，我感到有点恍惚！

后来才知道，我这是：不值得、不配得！

不值得、不配得

我出生在农村，父母靠种地为生，一向省吃俭用的母亲，从小就将"钱省着花，挣钱不容易"的观念输进了我的大脑。我从来都没有过零花钱，也从来没有认真地想过钱的事情。

长大后，我跟随父亲来到了郑州，在那里，我遇到了我的丈夫。在很多人眼里，我是嫁进了"豪门"，不用起早贪黑地挤公交车去上班，不用为养家糊口而奔波劳累，住着高楼大厦，在家有保姆伺候，出门车接车送，过着衣食无忧、舒适幸福的生活。可是这样令他人羡慕的生活，却没有带给我应有的快乐和幸福！

记得 2010 年 8 月，老公从香港旅游回来时，一进家门就兴冲冲地从包里取出给我买的礼物，迫不及待地让我打开。当看到是一块名牌手表时，我心里顿时就感到不舒服了，心想：这手表肯定价格不菲！我顾不上仔细的打量手表，急忙找来发票一看——三万多元，天呀！你还让不让人活了？我怎么可以戴一块价值三万多元的手表呢？这是过日子的人吗？怎么可以这么奢侈呀！三万多元相当于很多人一年的工资了！老公笑笑眯眯地把表戴在我的手腕上，嘴里还说着："这是今年的新款，看，大小正合适……"我一句也没能听进去，只感到手腕上有千斤重，说："你把它退了吧，我不戴，你真会花钱！这东西可有可无，三百元的和三万多元的看时间都是一样的，你这是在浪费钱……"

老公一听愣了："你不感到幸福？一句感谢的话都没有，反而说我在浪费钱？""我不感到幸福，只感到有压力！"我想都没想就脱口而出。听了这话，老公有些生气了，大声说道："请不要把在你娘家时的旧思想、老观念带到我们家，我想让我的老婆、孩子过'品质生活'，去享受'品质生活'给我们带来的幸福、快乐！我尊重我的钱，我把它们都花在有价值的地方，我怎么会是浪费呢？"我们两个谁也说服不了谁，于是，吵架的序幕就此拉开了……

一个星期过去了，那块表就像在心里生了根发了芽，我总会不知不觉地去想它。有一天，我把它戴上去上班，走在路上时，我总是感觉好像有无数只眼睛在盯着我看，心里还有一个声音在指责："真奢侈，这就不是过日子的人，你怎么能戴这么昂贵的东西……"最后，我只好把表摘下来，悄悄地放回包里，仿佛做了贼一样。

我始终觉得节俭才是我真正想要的生活，对此，老公对我非常不满，但又无可奈何。在生活这条道路上，充满了我们的争吵声，我感到越走越难！更糟糕的是，老公的生意也越做越难，一路下滑，又恰逢金融危机，有几笔大投资的项目资金打了水漂！真是"屋漏偏逢连夜雨"啊。生意上接连遭遇的巨大失败，使老公一蹶不振，从此，争吵、抱怨、指责成了我们家的主旋律。

后来才知道，我的所作所为都是对家庭财富的破坏力。

我值得、我配得

直到 2014 年 5 月，我有幸走进虹汇，在周虹老师的课堂上，我说出了我多年的心声："老师，我和老公就不是一类人，每天都因观念不同而吵架，他不理解我，我省着过是为了这个家，我感到我的婚姻就是

一个错误……"我竹筒倒豆子般诉说着自己的痛苦和委屈,周虹老师却只是轻描淡写地说了三个字:"不配得。"我当时很不理解,继续问时,老师却笑而不答,这使我非常疑惑。

一次上课前,我因为到早了些,便在楼下的商店试穿衣服,恰好周虹老师经过,她就帮我挑选了两套一千多元的衣服,并且还是那种柔美飘逸的长裙,我穿上倒是很合身,可就是觉得浑身不自在,便说:"穿上这衣服真不方便!"周虹老师问:"你经常骑三轮车吗?你经常搬运东西吗?"我说:"不呀!"周虹老师问:"那你为什么说不方便呢?"我低头不语,周虹老师看了我一眼走了,我悄悄把衣服放回原处上课去了。

当天上课的内容恰好是金钱,作业是"与金钱的关系",周虹老师说:"今天的作业大家会多少做多少,而红芬是都要做完的,并且必须要交的。"我愣了,问:"为什么呀?"周虹老师说:"因为你和你老公吵架的原因,答案都在这里面。"

看着周虹老师布置的作业,我绞尽脑汁也不知道该怎么做,于是打电话向毛帆师傅求助,夜很深了,我还犹豫要不要打扰毛帆师傅,可能是习惯的原因吧,还是拨打了师傅的电话,师傅接到电话没有生气,还耐心地帮我解答,其中的几句话,我到现在还记忆犹新:"金钱喜欢和谐的家庭,它喜欢喜乐,它应当受人尊重。你们经常为金钱而吵架,这是对金钱最大的冒犯……"师傅的话敲醒了我,从那时起,我才明白金钱是有生命的;我才开始慢慢地去了解金钱,了解它在我生活中的重要意义;我才知道该反省的人是我自己。于是,我开始了一种新的生活方式。

作业的第一项是对金钱忏悔。忏悔不是解决过去,而是创造未来。忏悔不是执着对错。忏悔不是增加头脑的负担,而是减轻心灵的压力,进而增强面对自己的勇气,当下受益。忏悔不是审判你的过去而是释放过去、看到过去、圆满过去;拜访你的过去,是为了更受益于你的过去,让你的过去支持你的未来。这是彻底清理内心负能量,引导夫妻关系、亲子关系、金钱关系等朝着和谐方向前进的直接方法。周虹老师让我通过对金钱的忏悔,来与金钱和解,刚开始,我对这种做法并不理解,可这些是周虹老师留的作业,也只好盲从。我对金钱说:"金钱,因为不了解你,所以我冒犯过你,对不起,请原谅,谢谢你对我的宽容和不离不弃,我爱你!"说完这些,我竟然有如释重负的感觉。

另一项重要作业是清理。通过收拾,整理物品来了解自己,告别自己的混乱!我先从自己的衣柜开始,再到各个房间的角角落落。

一到换季的时候,我就会觉得自己没衣服穿,可衣柜里明明已经塞满了衣服。这就是典型的"明明是已经不会再穿的衣服,可却因为不舍得扔,只能收着",也就是"说有却没有,说没有却有"的状态。我先把衣柜所有衣服全部清空,然后进行筛选:先按季节分类,然后按会穿的次数决定"去留",再按长、中、短款来分位置。刚开始清理时,总感觉这件能穿,那件也可以,来来回回折腾了两三个月也没清理完。儿子看在眼里急在心里,一天,他突然对我说:"妈妈,我帮你清理吧!"在儿子的帮助下,我只用了大半天的时间就完成了。儿子怕我反悔,直接把不要的衣服送给了小区的保洁阿姨。看着整洁有序的衣柜,我突然感觉整个人都轻松了。看着儿子,我也产生了愧疚感,儿子的眼光、品位、果断,让我看到了自己与他的差距,原来自己与这个家那么的不协调。我整天对儿子恶语相加,儿子还默默地陪在我身边,等待妈妈长大。周虹老师常常说"女人引领家庭文化",我现在这种水平能够引领得了吗?这让我更加坚定了要改变的想法,第二天,在儿子的陪同下,我把三件飘逸的价格不菲的美丽长裙请到了我的衣柜。

以前在清理房间时,经常出现这样的场景:本来在书房清理,突然

需要某样放在客房的东西，到了客房，一看那里也好乱，就在客房清理起来；在客房清理到一半，去了一趟客厅，便又在客厅清理起来——无头绪，无计划，到处凌乱不堪！经过周虹老师的点拨，现在我每天集中清理一个房间，先清除死角的灰尘，再清理外面的地板。当打扫陈年封锁的灰尘时，心也感到轻松、畅快了！

忏悔让我的生活越来越和谐高贵，清理让我的生活越来越整洁轻松。直到现在，自省、清理仍然是我每天的必修课。

家庭财富回流

一个星期六的早晨，老公要去南阳公司出差，第二天再回来，儿子也一起去了，谁知晚上八点半，学校的老师突然发信息让学生第二天上午九点之前到校填报志愿表，否则视同自愿放弃考试。以前的我看到这条短信不急疯才怪，接着就会抱怨老公让孩子一起去了，还会指责学校发的信息晚了，一大波负面情绪一拥而上。而现在我看到时只是淡淡一笑。我知道当时老公正在陪客人吃饭，就先把信息转发给儿子，并和儿子商量好我去接他，会几点到。当我坐在车上准备去接儿子时，我突然意识到：这次我没有抱怨，没有生气，更没有直接给老公打电话指责发飙，此刻的心里只有平静和感激！

在接到儿子回来的路上时，儿子对我道歉，说不该跟爸爸去，这么晚了还让我接他。我笑着说："非常感谢学校给妈妈这次机会，让咱们俩可以一起欣赏这美丽的夜晚，让妈妈也感到自己很优秀，晚上也可以开车上高速了！"儿子说："妈妈你真这么想？你不生气？""不生气！"我诚恳地回答。"妈妈你变了！"我们四目相对，会心地笑了。在3个小时的路程里，我们说着、笑着，谈天谈地谈理想……看着稳重、懂事的儿子，我心里充满了对儿子深深的祝福与仰慕！

时间过得真快，转眼就快过年了，大家都陶醉在过新年的气氛中，忙碌而喜悦地置办年货。我们家也不例外，把准备好的年货都放在家中的小仓库里。一天中午，老公打电话说仓库漏水了。当我回到家时，老公已在车位旁等候，抢先对我说："2016 年我们发大财，不管发生什么，一不能发火、二不能吵架，有我在，你什么都不用管。"当我看到仓库里的那一幕：天呀！房顶的下水管爆了，水从上倾泄而下，房里所有的东西都在游泳！看着仓库里的"瀑布"，我想：多想无用，只有接受，这是上天在检验我在虹汇学习的期末试卷吗？我看着物业部 20 多个人都在忙着向外运东西，心中顿时充满了感激！经过 3 个小时的"抢救"，屋里的东西都成了落汤鸡。物业部经理连声道歉，并问老公赔偿的事。老公摆摆手说："首先感谢大家的帮忙，赔偿的事过完年再说，不能因为我自己的事而影响大家过年。"晚上，物业部经理提着礼品去我们家，对老公说："我从没见过遇事这么冷静，这么有胸怀的人。"说着还为老公竖起了大拇指。看到这一幕，我心里也是充满了骄傲和自豪！吃晚饭时，老公对我说："你今天表现得很冷静，别的我不多说了，继续保持啊！"我看着眼前的这位男人，这就是周虹老师讲的胸怀与格局吗？而且，老公居然也夸我了！我不禁想起周虹老师对我说的一句话："该闭嘴时就闭嘴，该沉默时就沉默，该放手时就放手。这样，你才能腾出手来，抓住原本属于你的幸福和财富！"此刻，我看着眼前这位熟悉的陌生人，突然感到，这样一个心胸宽广、体贴入微的优秀男人，我以前怎么没有看见呢？是他用辛苦奔波换来我安逸的舒适生活，是他用包容和爱一直在耐心等待我漂流在外的心回家，我心里深深地感谢老公！现在，我要重新认识老公，重新和老公谈一场轰轰烈烈的恋爱，我带着感恩之心，祝福老公身体健康，事业顺利！

　　去年5月，"虹汇"第二本书《养孩经 女人经》开始撰稿了。当完成初稿时，我有点想退缩，那时候，儿子给了我很大的支持与帮助。他挑灯夜战，利用课外时间一遍遍帮我修改。年底，书成功出版了，老公把我们仓库收拾好，迎接"虹汇书宝宝"在我们仓库安家。今年元月一日的新书签售会上，老公和儿子手捧鲜花为我送上了最甜蜜的祝福！

　　通过写今年这篇关于财富的文章，我才明白，作为一位妈妈，养孩子最主要的是信任和跟随孩子，相信自己的家族是兴旺、富有的，而这个家的女主人也是优秀的。当我站在台上时，才发现孩子为我自豪，他一直在关注自己的妈妈，这是我前所未有的感觉。以前，我看不见自己，对自己没有要求，只是看儿子、要求儿子。那一刻，我才看到更多，看见儿子也在关心我、评价我、模仿我，所以，我一定要做个优秀的妈妈。我觉得这个时候的自己才能配得上他们，配得上这个家族。

　　我不仅写书，还参加虹汇的演唱会，同时是一位优秀的导师，还很荣幸地当上了虹汇电台的副台长，我和我们电台的伙伴们一起把姐妹们的成长经历整理成好听的节目，通过电台传递到千家万户。有很多人曾问过我们，是什么动力在推着我们做这件公益的事呢？在这里，我很骄傲地向大家说："为了老公的事业蒸蒸日上，为了孩子健康的成长，为了吴氏家族发展得更兴旺，为家人们积德积福！"我们把虹汇姐妹养育孩子的经验，成长走过的路，分享到更多的家庭，感谢虹汇这个平台，让我越站越高。现在，我自信是一位优秀的、配得上自己家族的女人。

　　春天是万物复苏的季节，而我们的家庭也随着春天的来临而变得更加温馨、幸福。在以前的生活中，我拼命想从工作中找到价值感，却忽视了自己的位置。在周虹老师的引领下，我回到妈妈位，回到妻子位，回归自己的位置时，说来也奇怪，不仅家中笑声不断，而且老公的生意也蒸蒸日上,连原以为收回无望的那两大笔资金,也回到了我们家中。父母看在眼里,喜在心里,父亲说:"最欣慰的就是看到你们现在的幸福生活,从心里为你们高兴,为你们祝福!"

当我们对父母没有冒犯、评判,迎来的不仅是幸福的生活,还有无尽的财富。现在我才明白,女人要回到"贵位"上,照顾好家,让老公在外没有后顾之忧;在照顾好老公孩子的同时多做公益事,为老公、孩子和整个家族积德积福!

是金钱让我了解自己是谁,遇见了未知的自己。我带着恭敬心、谦卑心和爱去感谢我的金钱,感谢金钱让我成长!感谢金钱一步步推动我回归到吴家女主人的位置上去,助力老公、成就儿子。我喜欢钱,我希望有更多的钱来到我的生命里,去完成我人生的使命。钱是流动的能量,是流动的媒介和工具。就让更多的钱来到我们身边,再经由我们实现财富的价值吧!

如今,再看看家里的家具,我懂得了它们的价值和意义。坐在上面的我与老公一样气定神闲,我和老公与它们在一个能量层级,我们是如此的和谐一致。祝福我和我的家族,兴旺发达,富贵年年!

金钱与背叛

鸡飞狗跳的有钱人家

"喂,是王法官您好,对方又给钱了？一万元？好,我今天就过去找你,太感谢你了……"

电话是法院的王法官打来的,为了我们的一场经济官司,我们已经打了八年交道。

"你这与'八年抗战'有一拼啊!"在一旁的老公又一次说出了既熟悉又无奈的一句话。可是为什么会有这八年之久的官司缠身呢？这要从一桩失败的投资说起。

那是 2007 年,房地产市场开始兴起,我决定投资房产,以期家庭财富能保值升值。当年,我拿出四十几万买了一栋小产权别墅,本来期望可以增值,可在 2008 年,我明显感觉不对:没有产权,房价还一直下跌,就要求退房,遭到了卖家拒绝。之后我起诉了对方,虽然胜诉了,又申请了强制执行,可到如今已经将近 10 年的时间了,还有十几万没有要回来……无独有偶,老公好像也感觉到了什么一样,手里面不能有现钱,仿佛有了现钱就会把持不住自己,所以他也把钱以各种形式投资出去,结果当然不利。2010 年,他在郑州西郊一个村里用 3 万元买了一块宅基地,第二年有人出 6 万元要买我们这块宅基地,我因有了上次投资的教训,不再插手此事,由老公决定。老公却说:"要钱没什么用,都是祸害。这边要不了几年就发展起来了,增值空间很大,不能卖。"到了2012年,老公又决定在那块宅基地上盖三层楼出租出去,就又花了三四十万元,又是盖楼又是装修,可还没有装修好时,因国家规划铁路距离我家房子太近,在我们还没有看上一眼的情况下,楼就又被拆了。

通过这次事件,我也送给老公一句话:"你平时办事速度不是快吗?这次投资失败和你的风格特别符合——短、平、快!一年不到,几十万元就黄鹤一去不复返了吧?"

如果在幸福的家庭里,一是投资肯定要互相商量,二是投资失利要互相安慰。很明显,我们家不一样,取代安慰理解的是讥讽挖苦、落井下石、火上浇油、雪上加霜。是因为投资失利导致我们生活窘迫才恶语相向,在原有的伤口上再撒一把盐的吗?不是的,虽然失去了一部分财富,以我们原来的积累,生活依然很富足。我们住在高档的小区内,夫妇两个各自开着豪车,但这些都掩盖不了夫妻关系疏离恶化的事实。在生活里,我们之间没有沟通信任,更不用说尊重欣赏,有的只是互相角力、牵制、内耗,有的是超强纠错、"五星差评",仿佛只要证明对方错的比自己多,就占有了优势。在这种不良的心理驱使下,我们往往一言不合就直戳对方的心窝,最后都会落实到钱的事情上而互相攻击、指责、伤害。

好好的日子过成这个样子,是因为我心里一直憋着一股气:几年前我发现老公竟然有了外遇,时常夜不归宿。而且老公的兄弟姊妹们都知道,竟不加约束。我自然对他没好气,他脾气越来越暴躁,爱抽烟喝酒,回来也总是伴随着咆哮声。有一次,他在门口喊:"开门,我回来了!"结果没一个孩子去给他开门,于是,他就开始踢,我赶紧去开门。他一进门就瞪着眼,怒气冲冲地对着在书房里的大女儿吼:"我在外面拼死拼活为你们挣钱,你连门都不给我开?"大女儿哭着跑到自己的卧

室,把门反锁住了。老公不解气,又返回客厅,把电视关了,对儿子吼道:"就知道看动画片,有用吗? 看得连给爸爸开门都不知道!"正在看电视的儿子一下把遥控器砸到电视机上:"自己的事情自己做,凭什么让我给你开门?"说着还把茶几上的东西往外扔,正好一个水杯砸到了二女儿,二女儿哭着拿起塑料凳子要去攻击弟弟。老公劈手夺下凳子:"天天在家也不知道干什么的,把孩子教育成这个样子,我在外面挣再多的钱有什么意思!"看着这失控的场面,我本来已经欲哭无泪,闻听此言,一下火冒三丈,说:"你有本事外面使去,回来在老婆孩子面前耍什么威风? 挣那几个臭钱了不起呀? 不是我,你有机会挣钱? 不是被这三个孩子缠住,我一定挣钱比你还多。你少在我面前得意,这会儿你挣钱了,长本事了,当初结婚时还不是穷光蛋一个? 有点儿钱就不是你了,还是到外面风流去吧,滚!"

老公也不示弱:"穷光蛋饿着你了? 你以为现在挣钱就那么容易? 只嫌别人不中用就你中用! 出去胡混也是你逼的,看看你这副强势的样子!"紧接着,大女儿冲出来喊道:"钱、钱、钱,你们都是跟钱一起过的吗?"……

就是这样,老公不回来,三个孩子闹,老公回来,加上两个大人五个人一块儿闹,什么时候是个头儿呀——这煎熬的日子!

我被"虹"绑架了

2013 年,我走投无路误打误撞来到虹汇。发现虹汇的会员个个美若天仙,而我大红的外套一穿就是个俗气粗陋的农村大妈;虹汇的会员心里有爱,脸上有笑,见面拥抱,而我渴望的周虹老师竟然用眼神把想去拥抱她的我逼退,仿佛我的人生状态整个就是"不配";虹汇会员家庭和睦喜乐，而我的家庭问题百出，像一只风雨中飘摇的小舟；就连钱，虹汇的会员也是眉开眼笑吸引金钱享受金钱，而我愁眉苦脸散失金钱。真是"人比人得死，货比货要扔"呀，我为什么就如此惨败呢？于是我求教眼光独到、话语犀利的周虹老师，把埋藏在心中关于感情、关于金钱的痛苦竹筒倒豆子一般都说了出来。但周虹老师不像一般的专家那样去同情我安慰我，她只是告诉我："你才是这一切状况的根源！"我大惑不解，觉得周虹老师在打击我。于是，周虹老师给我提出了几个发人深省的问题：

你想想老公为什么背叛你？

是钱导致的吗？

你整日瞎折腾，是归属于穷人还是富人？

想想身边的关系，和老公、父母、孩子、亲人链接的怎么样，你能否得到他们的祝福成为富人？

我陷入深深的思索中……

回头看我前半生，就是怨恨的半生。

我6岁时父亲因为意外去世，唯一的亲伯父伯母欺负我们孤儿寡母，他们欺负母亲的画面多年后还经常在我脑海里浮现，心中已然种下仇恨的种子。母亲受不了，带着我们兄妹四人改嫁给大她15岁的男人，继父也有一儿一女，加上婚后又生了个女儿，组合家庭中共有7名子女。

家里一群孩子，妈妈只有拼命干活才能养活我们一家人，没有人看小妹，她就让正在读小学二年级的我回家照看小妹。我尽量帮妈妈带孩子、洗衣服、做饭、喂猪……我尽最大的努力去干活儿，想用这种方式去讨好妈妈，可妈妈好像偏偏不领情。有一次我抱着不到1岁的小妹摔了一跤，小妹哭了，妈妈骂我骂得很凶，说我抱个孩子都抱不

好,要我有什么用? 我一个人跑到外面哭了很长时间,心里想:我就是这个家里多余的人,妈妈既然生了我,为什么不爱我? 别的姐妹都能上学,为什么偏让我回来干活儿? 他们不干活儿还能讨得喜欢,我干活还要挨骂? 我是妈妈亲生的吗?

思来想去,我彻底绝望了,从那一刻起,我就开始恨我的妈妈。后来我提出上学,即将高中毕业时,因家中经济困难,妈妈又五次三番要我退学成全妹妹。等到我好不容易靠人资助完成高中和大学学业,因为我姊妹工作都是舅舅安排的,我就求妈妈让她跟舅舅也说一下帮我介绍个工作,没想到妈妈一口回绝了。这件事好像又一次印证了我在妈妈心目中可有可无的地位,所以,我对妈妈,更多的是怨恨。有一次妈妈问我:"你是不是特别希望我死呀?"我没有回答,但是我心里在说:你死了算了,反正你也不爱我。

自父亲去世后,我就把自己的心锁进了牢笼。母亲的不公、姊妹的轻视,让我倍感愤懑和绝望,我只想逃离、远去。遇到我老公的时候,我以为自己得救了,想不到,恨,还在后面……

我和老公是高中同学,他幽默、阳光、帅气,在我最痛苦的高中时代走进了我的心。大学4年热恋,我们的感情逐渐升温,柔情蜜意,毕业后的第一年春节,我们得偿所愿,有情人终成眷属。结婚时一切从简,但我丝毫不觉得寒酸,因为我以为从今以后就有了一个宠爱我的人、一个温馨的小家庭,这对于急于逃离原生家庭冰冷氛围的我来说,简直就是一根救命的稻草。

婚后,夫妻相互扶持相濡以沫。随着感情趋于稳定,我们自己经营的事业也越来越好。我进入行业的时间较早,经过一番努力,掌握了核心技术,老公可以说是我的徒弟,但是这个徒弟聪颖好学,努力上进,迅速青出于蓝,加上过人的沟通能力,局面逐渐打开,形势一片大好。随着事业的蓬勃发展，家庭经济有了保障，三个相继出生的孩子都要人照顾，我不得不回归家庭，以照顾老公孩子为要务，做起了他背后的女人。

但是生活中的"意外灾难"却突如其来、毫无征兆的降临：我发现老公带着情人，由大伯哥、小姑子作陪，在外面吃喝玩乐……我发了疯一般，失去理智地给老公打电话："你和你的混账兄妹、情人去寻欢作乐吧！我们母女三人给你腾位置！"随即关掉手机，住进了酒店。

我自小就生活在恨里，没有感觉到过原生家庭的暖意，老公的爱像是救命稻草一般把我拉向彼岸，所以我很感激，当初裸婚出嫁，不求富贵但求温暖。但想不到，他竟然看不到我的牺牲与付出，一切希望荡然无存！背叛、叛徒、骗子——我的心被这些字眼占满了！

恨，又一次从心底泛滥而出：

我恨父亲早逝，令我童年孤苦；

我恨母亲不公，总是要牺牲我来成全妹妹；

我恨姐妹自私，不考虑我的感受；

我恨公婆不亲，不能像对待自己的孩子一样对待我；

我恨老公的兄妹为虎作伥、助纣为虐；

我恨老公辜负我一腔真爱，背叛和伤害我们的感情；

我还恨钱，因为男人一有钱就变坏，因为是钱导致了婚姻中的背叛。

我越恨，就越想抓住什么，越想抓住爱与金钱，它们就流失得越快！

我恨，我恨自己从来没有被呵护过，恨爸爸、恨妈妈、恨亲戚，看似美好的恋爱、甘愿的裸婚，无一不在诠释着我逃离原生家庭的急迫。我以为进入婚姻，和以前的恨就会一刀两断，满心满意的爱自己的

老公。

在虹汇学习后我才知道,一个恨自己父母的人是不可能去爱别人的,想要在"恨"的根上结出"爱"的果子,只能是畸形的。

如果说是钱导致了恶果,那纯粹是推卸责任,钱何其无辜,难道不是使用钱的人出了问题么?虽然生活富足,但由于夫妻间的不信任,余钱不能在家里停留,流进来就要折腾出去,很显然这得归属于穷人啊!再看看我身边的关系,哪一个不是受我影响,觉得钱是导致我们家矛盾的万恶之源呢?那么,他们又怎么可能去祝福我家财万贯呢?

这样一想,原来我心中的恨真的是一切状况的根源。

感恩父母给予我生命

周虹老师说:"你要放下仇恨,学会爱,钱才能被吸引来。"可是我心里有一棵恨的大树,连根儿拔起,谈何容易呀!这个根儿就是我的母亲。

接下来的几天,我一直在做思想斗争,明摆着是母亲不公、对不起我,我心里这般委屈,却还要主动找她链接,好纠结。但是转念一想周虹老师的话:妈妈给了你生命,就凭这一点,就应该感恩妈妈!是的,我已经恨了母亲这么多年,可是她日渐衰老,还能有多少年让我去恨呢?如果妈妈突然离去,"子欲养而亲不待",而我并未和母亲和解,那该是多么深长的遗憾!所以不能再犹豫了,我必须尽快化解这种恨。几经回转,我终于在一个上午给妈妈打了一个电话,而此时妈妈正在生病住院,看到昔日强大的妈妈缠绵病榻,那么无助那么虚弱,我内心的坚冰融化了,伪装的坚强与恨瞬间土崩瓦解。我的妈妈,她也生计艰难,她也委屈,她也苦难,伸出十指都连着心,可是根根都不一样长,相信她都想周全,可是往日情景——一个女人七个孩子,她怎能顾得周全? 我从来没考虑过她的难处,反而在心里默默地恨了她这么多年,实属不该。我一遍又一遍向妈妈道歉,请求她原谅我。妈妈说:"傻孩子,你不要再自责了,以前的很多事,我都不记得了! 如果你的孩子惹你生气,你会记她一辈子吗? 不会的,孩子,我早已经放下了,我一直爱着你。以后,你一定会过上好日子,挣很多的钱!"

妈妈的心胸让我备受感动,我们母女抱头痛哭,让这些年的恨和怨在眼泪中尽情地流淌吧! 让眼泪洗涤我蒙尘的心灵,重新获得爱的能力吧! 让妈妈的祝福早日实现吧!

与母亲冰释前嫌后,我感到从未有过的轻松、舒服。不久恰逢母亲节,周虹老师讲课别出心裁,给我们上了一次母亲与金钱关系的大课。周虹老师与一众学员上台,在祥和的音乐中想象母亲的样子,没有任何话语,只是想象。各人表现不同,有人哭,有人恼,有人晃悠,有人满不在乎,五分钟后,周虹老师问:"如果台下的你们有一个大单,会签给谁?"姐妹们不约而同地选择了周虹老师,因为只有周虹老师的面部表情是接纳、满足、喜悦的,无形中赢得了大家的信任,钱就是这么容易被周虹老师吸引而去。这堂课让我深深地认识到,要想与金钱链接好,首先要跟母亲链接。被充足母爱滋养的人,内心丰盈,幸福自然流露,财源滚滚而来。此后,我经常给妈妈打电话,每周抽一天时间去陪妈妈吃饭聊天,心在一点点复苏。

有一天,妈妈给我说:"孩子,有你在,妈妈现在感觉很幸福,你也不要挂念我,去好好挣钱,以后无忧无虑地享受生活吧!"终于,妈妈祝福我了,我感觉自己好像被允许了一样,那么幸福,浑身充满了爱,我不再归属于穷人,而是慢慢靠近富人了!

就在这年春节,我们带着孩子重新回到公婆身边过年,我宴请了

自己的父母和兄弟姐妹,邀请了7年未见面的小姑子来家做客,把没有血缘的妹妹接到家里小住,面对这些亲人,我都做到,先向对方道歉,请求原谅过去的无知,然后拥抱他们每一个人!为了与恨告别,我每天都通过"蜻蜓FM"或"喜马拉雅FM"收听虹汇电台的节目,学习如何去爱,直到恨远走,爱来临。我带着爱的觉知专门去录制了一期节目:《如山的继父》。此后,我再也没想到恨,再也没去计较钱,心中充满了感恩和爱。

随着与母亲、公婆和兄妹关系的缓和,老公和我的关系也有松动,很明显,指责少了,也不再各自独立、防备、逼迫、怀疑、把钱转移,相处起来也就轻松了许多。我知道,只要我依旧选择婚姻,就得放下仇恨往前看,向爱靠近。

在虹汇,周虹老师总是说"开发心语胜过千言万语",在和另一半沟通交流的时候,不一定要用语言,很多时候,肢体语言更能传情达意,表达真实想法。我把课程中学到的高招运用到老公身上:晚饭后,我会主动给老公敲打头顶,用中药水给他做头部养发保健按摩;老公经常开车,颈肩疼痛,我就用刮痧板刮遍他颈肩背的每一寸肌肤;每天晚上,我都"狠狠"地给老公洗脚,再用蜂蜜水按摩吸收;我还坚持给老公做面部护理,按摩后用温毛巾清洗干净,再涂上免洗面膜膏。老公在这样的呵护下,微闭双眼,完全沉浸在享受状态中,也经常在我的精心伺候下酣然入睡。在和谐幸福的家庭气氛下,不知道什么时候,老公把烟酒全戒掉了,而我也从公司的财务工作中撤出,安然回到家里照顾老公和孩子。没有"钱来钱去"的争吵,没有愤怒与发泄,我们的日子也呈现出愈发幸福的样子!

原来老公是我的贵人

经过各种努力，我和老公的感情日渐升温，但还是有不敢触碰关键问题，那就是背叛和钱的流失。他的背叛始终是我心头的一根刺，如鲠在喉，不吐不快。

这年七夕，孩子们都在老家陪爷爷奶奶，白天在外忙了一天，眼看夜幕降临，老公打电话让我回家。推开家门映入眼帘的是：餐桌上，摆满了我最爱吃的菜，微微燃烧的带有双喜字的蜡烛，散发着玫瑰香味的自酿葡萄酒。整个一个烛光晚宴呀！惊讶之际，柔美的歌声飘入耳中，是我最爱听的邓丽君的《美酒加咖啡》，一阵阵花香扑面而来，这一切，宛如梦境。朦胧之际，屋里传来了老公的声音："亲爱的，你一直梦想拥有浪漫的生活，我们的洞房花烛夜也太简单太寒酸了，我欠你一个温馨浪漫的新婚之夜，今天给你补上！我们相识相爱23年，从没有好好陪你过过七夕节，从今年开始，以后每年的这一天我都要陪你过，好吗？"我简直不敢相信眼前的这一切！这是我那一向不解风情的背叛伤害我的老公吗？他能做到这样，可见是用心了。我的眼睛里，早已含满了感动幸福的泪水！

我按捺着激动的心情在餐桌旁坐下来，老公揽我入怀，我们互相依偎着私语，试探着谈及最敏感的话题。

我喃喃地问："那一年，你为什么要去背叛？"

老公低下了头："是我对不起你！那时的日子整天鸡飞狗跳、一地鸡毛，心里烦！往往累了一天，在家里得不到放松和温暖，就去用钱买，出去瞎胡闹，但是心里更加烦乱！"

我泪流满面："真的是男人一有钱就变坏吗？"

他若有所思："你错怪钱了，钱没有善恶，可怕的不是钱，是人的贪欲。"

我仰起脸，用询问的表情看着他。

老公长叹一声："我思考过很多遍，我们的生活里，为什么会有仇恨和钱的流失？因为我们对钱没有一个良好的态度。最初，我们一无所有的时候，钱是很重要的，要保障基本的生活，我们只好拼命赚钱，谈不上对它的态度。基本的物质条件满足后，我发现钱一定程度上能买来快乐，可以换来短暂的欢娱、释放、轻松、温存与柔情，我贪恋那些，可那种感觉越来越短，越来越浅，转瞬即逝，就又寻求持久，精神和肉体都有了贪欲，有了所谓的'情人'。被你发现之后，我体会到钱只能带来有限的快乐，却可能带来无限的烦恼，所以我手里不能有钱，一有钱就想把它送走，然后内心就安宁了。盲目地投资出去，自然是不会有收获的。因为贪欲，因为恐惧，这场闹剧没有赢家。"

老公这一番自省，我默默听，细细想，这一路坎坷，关于感情，关于金钱，我又何尝没有犯过错误？当初追求金钱成习惯，天天让自己处于紧张忙碌之势，很少顾及丈夫的感受，等尝到了背叛的滋味，如同对待自己丈夫一样，依赖又怨恨金钱。我又何尝去理解过这个男人：他走过哪些心路历程？他产生了哪些蜕变？他为改变家庭的金钱状况做过哪些努力？

思及此处，我伸出了手，与老公的手紧紧相握，我们的心又相通了……

老公温柔地抚着我的头发："现在还害怕钱吗？"

"有你，有你的心，我就不怕了！现在，我好喜欢钱呐，老公，我要祝福你，祝福你多多挣钱，祝福我们告别精神上的贫瘠，成为真正的富人！就像妈妈祝福我的一样！"

"自从我们感情慢慢复苏以后，公司的业务增长了很多，生产线也扩大了，以后再也不让你和孩子为钱的事操心，给你们一个富足安稳的生活是我的责任！"

这次沟通，才让我真的看到了这个男人的心，这哪里是背叛啊？明明是生命给我的一次警钟啊！

对于金钱，我也有了新的认知：如果我的生命是残缺的，金钱在我的家族的流动方向就是破坏、罪恶、背叛；而如果我的生命是富足的，金钱的流动方向就是价值、至善、忠诚。这都取决于我对待金钱、生活的态度。

过去，我误会了金钱好多年！

那个七夕的促膝长谈、那些满床满地的玫瑰花、那个长长的拥抱……我陶醉在温馨浪漫的氛围中，我陶醉了！仿佛这个世界只有我和他。

周虹老师不断重复一句话：小心你的起心动念，那是真正的物质力量！

以前，由于自己的残缺和仇恨，我对老公的事业持怀疑、否定的态度，对他赚来的金钱也是既欢喜又厌恶。

如今我老公和更高的平台合作，单是成本，我们的公司一年就能节省一百多万。如果是以前，我会恐惧，对老公不相信、不支持甚至扯后腿，而现在，我完全地跟随老公的选择！我相信老公是挣大钱干大事儿的人；我相信老公的项目能谈成，款能及时收回来；我相信老公是成功人士并且会越来越成功；我相信老公能挣好多好多财富；我相信自己的好命，只管静静等待和迎接更多的财富回家即可！

如今，我终于可以心口合一真正地去祝福了。

我祝福我的老公成功、健康、富有！

我祝福我的孩子学业有成,健康成长!

我祝福父母公婆安康喜乐!

我祝福财富世世代代永驻我家!

我祝福自己一辈子都不断成长进步,宽容豁达,爱意浓浓,越来越具有成功母亲的面容!

旺夫的女人

矛盾重重后的转机

过去的我"五毒"俱全——贪、嗔、痴、慢、疑。这是进入虹汇一年后我才发现的。

有了儿子后,先生告诉我要辞职去创业。我一下子急了:"啊?现在家里多了口人,我们的花销更大了,你怎么能放下高薪去创业呢?不要看别人当老板赚钱容易,人家背后付出的辛苦和努力你知道吗?现在这样不是挺好吗?你们公司给你的福利待遇够好了,知足吧!"先生说:"你知道什么,你是没有出去打过工,反正我想好了,这辈子都不会再给别人打工了。""那你有项目、有本钱吗?创业可不是容易的事啊,放着现成的好日子不过非得折腾,你怎么就不能安分一点呢?万一创业失败了,你让我和孩子们怎么生活啊?"我还是万分不情愿。"你就不能盼着我好吗?我在你眼里就那么不堪吗?"先生生气地说。

他在家休息时我会说:"你怎么能守在家里不出去呢?在家里坐着能赚到钱吗?"他起早贪黑忙得团团转时,我又说:"谁家当老板的有你这么忙啊?家都不要了!要都这样,赚钱有什么意思?"先生拿到项目后,要为前期的启动资金去借钱,我愤愤地说:"怎么还借钱呢?没见到赚的钱在哪儿呢,倒是先欠了一屁股债,不知道你这创的哪门子业!""你先忍忍吧,等我最艰难的阶段过去了,以后我们的好日子就来了!""忍、忍、忍,就会让我忍?我忍得还不够吗?我一个人带俩孩子

已经够苦够累了,还要忍耐生活的拮据,我为这个家牺牲、付出了那么多,为什么得不到我应有的回报呢?没有金刚钻就不要揽那瓷器活,真是瞎了眼找了你这个没本事的人。"越说越觉得自己委屈,越说越觉得说什么尖酸刻薄的话都不为过。我变本加厉地痛斥他不思进取、工作不够努力、没有能力给我想要的生活,后悔不该听他的话生二胎丢了工作,没了工资,更不知道离开他后我还能靠什么养活自己。那时候,我武断地认为自己婚姻不幸福、生活不如意,皆因为自己对金钱的欲望得不到满足,金钱真乃万恶之源,我对金钱又恨又爱。

就在我痛苦迷茫的时候,从广播中听到了周虹老师的声音:"生活怎么来,我们怎么过。"是啊,现在这个社会中,越来越多的女人们从职场回归家庭,相夫教子,守好家养好孩子,给男人们打拼奋斗的动力,我为什么就不能做一个这样的女人呢?整整一年,我在家听广播自学,感觉良好,还窃喜省了一笔学费呢。慢慢地,我和先生之间的争吵少了,对女儿的教育问题也不再那么焦虑了,生活开始向我露出笑脸了!

但是,我也知道,还是有什么事情是不对的,令我焦灼不安。夜深人静,总有个声音在向我呼唤。

最后是先生毅然决然地把我送进了虹汇,在众姐妹的羡慕中,我高调进入虹汇学习。2015 年 12 月 26 日,我被第一次见面的周虹老师当头一棒给打醒了:"你认为的'好'是假的,都是装出来的。""啊?"这太让我震惊,太不可思议了!别人看到的我总是面带微笑,如沐春风;别人看到的我每天在网上分享育儿经验、秀恩爱、晒美食,那是多少人羡慕的生活啊!

是的,只有我自己知道,在这一切"美好"的背后,隐藏着我深深的伤痛:我和女儿的关系常常剑拔弩张,我和先生还会时不时地针尖对麦芒,家里的金钱更是常常入不敷出,我自己也时常会困惑、无助,不知道将来何去何从！周虹老师继续说:"回去把你的蝴蝶结发卡、小蓬蓬裙换下来,回归你的妻子位和妈妈位,守好你的贵位,你的先生才能安心赚钱。"我感觉自己站在周虹老师面前就像透明人一样,一眼即被她看穿。

经过一段的学习,我慢慢知道了,不接纳父母,甚至对父母失望的人,会踏上一个旅程——重新寻找理想的父母。他们一旦进入婚姻,婚姻就会变成灾难,因为他们把那些期待投射在伴侣身上,没有一个伴侣可以承受这样的分量,那个关系就破坏了。其实,自己所有的不开心,所有对生活的不满意、对金钱的不满意,都是源于我和父母的关系出了问题。

9岁时,我被父母送养到了姑姑家,从此改成了姑父的姓,成了村子里唯一的"独生女"。姑姑、姑父对我有求必应,要什么给什么,在他们家抽屉里有个小瓷盆,满满的一盆硬币和零钱,我能随意去拿来买冰糕吃,姑父是那种要十块给二十的家长,每次回自己家,父亲、爷爷也都会给我钱,让我乖乖地跟着姑姑走,不再哭闹着要跑回来了。小小年纪的我,已经是全校穿得最漂亮、零花钱最多的孩子。父亲给钱,姑姑、姑父给钱,姐姐、姐夫给钱,亲戚也会给钱,尽管他们的家庭条件都并不富裕,但是依然会尽量满足我,让我从不缺钱花。毕业后,很顺利地进了事业单位,"旱涝保收"一辈子,更是不用担心没钱花了。所以,当我走进婚姻后,面对生活的拮据时,我从来没有想过自己要去怎么改变,只是一味地责怪先生赚钱能力不够,怎么也想不到是因为我的原因,才造成先生不能安心赚钱。

从小到大,我一直是两个家庭的"客人",所有人对我都是小心翼翼,客客气气的,一直生活在虚假的关系里,从来没有成为哪家"真正"

的孩子,也从来未被真诚以待过。为了讨好两个家庭的大人,我"装";为了引起父母的关注,我"装";为了证明自己是善良的、是对的、是孝顺的,我"装";为了让别人说我好,获得别人的认同,我"装"……"装"成了我自己都无法意识的习性,装到最后却是无尽的愤怒和抱怨!原来,在我的内心深处对父母一直有句话要问:"你们为什么要这么对我?你们为什么要把我送出去?是我不够好?是我不够优秀吗?"

30年了,每问自己一次,就多了一份对父母的愤怒和抗拒,同时也给自己制造了很多的恐惧。

30年了,这件事一直被我捂得严严实实的,一直都没敢把这句话问出去,在潜意识里,我和父母一直在对抗着,我以为放下了,其实是在自欺欺人。我把对父母的不满意投射到先生身上,把自己的内在匮乏感用在了对先生工作能力的恐惧和质疑中,我用微笑装出来的自信和勇敢,来掩盖真正的问题。

很幸运,我能够走进虹汇学习,能够被周虹老师一针见血地指出我的症结所在!家排课上,在资深家排师周虹老师的引领下,我终于大胆地向父母的代表喊出了那句话:"你们为什么要把我送出去?"父母的代表和我一样声泪俱下,他们说把我送出去只是为了我好,并不是不要我了!是的,我考上大学,从农村走到了城市。周虹老师引导我去客观地看真相,我一直拥有四位父母的爱,我一直是非常幸运而幸福的人!

接纳父母就是接纳自己生命的源头,更是接纳了财富。母亲节时,我写了《从妈妈身上学到的美德》。父亲生日时,我特意写了《从父亲身上学到的美德》。过年时,我第一次额头贴地长跪父母膝下,感恩父母的养育之恩,我终于逾越了和父母之间那道看不见却一直横在彼此之间的那道坎!看到即穿越,我不再纠缠在童年的伤痛中,我是安全的，我一直被爱着，再也不需要用"装"来讨人欢心。我的心静下来，不烦躁了、不焦虑了、不怀疑了。对待先生，我对他的工作能力深信不疑，不再哭闹着伸手向先生要更多的爱。我不再委屈自己去做个好人，听从自己内心的声音，活出真实的自己，拥有富足、喜乐的生活。

脱去"装"的硬壳

我把头发高高盘起来，换上成熟稳重的长裙，在心中默默地对自己说：你是妈妈、妻子，你要懂得教育孩子，懂得男人。

当女儿写作业慢时，我不再像往常那样急躁催促，而是不声不响地给她送一盘水果，冲她伸个大拇指点赞，我们相视一笑，孩子很快就会写完作业来找我签字。当看到先生坐在沙发上玩手机时，我不会再像以前那样抱怨他什么也不干，我告诉自己他已经为这个家辛苦忙碌一整天了，回到家不就是享受身心放松的愉悦吗？我在厨房里做他们喜欢吃的饭菜，耳边伴随着轻柔的音乐。家里的氛围舒缓而祥和，我们各归其位，饭后一起陪着孩子做游戏、聊天、玩耍。

当我第一次穿上斜襟盘扣复古风的衣服时，先生无限温柔地对我说："真美！你太适合穿这种款式的衣服了，有种说不出的古典美，以后就买这样的衣服穿。""要好看得花钱买呢，我去年给自己囤了好多衣服还没来得及穿呢。"我娇羞地说。"以后不要操心钱的事，有我呢，怕什么！"先生大手一拉，把我搂进了怀里。

衣柜里的新衣服越来越多，客厅的大衣架上也挂满了各色中式的新衣，掐指一算，这也是一笔不小的开支啊，在我不停的"买、买、买"中，先生开心地告诉我："你不是想去青岛禅修吗？报名吧，我在家看着孩子。""真的吗？太好了！"我简直不敢相信自己的耳朵，起初他那

么的反对,现在又如此支持我,立刻给我转账,除了交学费、往返机票钱,还剩余好多,"你拿着吧,出门在外有个备用。"这么多年了,第一次不带孩子出门,全然地和自己在一起,和一群志趣相投的姐妹们在一起,青岛禅修之行对我来说真像是一场犒赏。

可是,家里竟炸开了锅。女儿考试成绩不理想,写作业磨蹭,成了父女俩战争的导火索。最后,先生动手打了女儿一巴掌,女儿反锁屋门不出来,先生又撕掉了女儿的卷子,女儿那天早上差点不去上学……我禅修回来刚进门,先生就把所有的愤怒、指责和抱怨全部撒在了我身上:"都是你给纵容的,她说不上培训班就听她的不上,孩子考试成绩这么差,你就等着孩子长大后恨你吧。"我心想:我才不在家几天啊?连个孩子都管不住,却冲我撒火。但是,话到嘴边,我强忍着咽下了,我想到了周虹老师常警醒我们的话:只会激惹男人的女人是个笨女人!毕竟在虹汇学习了一段时间,岂能做那种笨女人呢?"这些天你在家照顾孩子辛苦了,她的学习和生活还是我来管吧,你只管安心工作。"我轻声说。"少来这一套,从今天起,哪也不准去,好好在家给我看孩子。"先生愤愤说完后,摔门而去。我刚刚感受到的好生活,在我离开家的短短几天里就轰然倒塌了。

为什么我学的东西在我家却不管用呢?为什么我做了这么多却换不来先生的理解和尊重呢?我学的这些真的没用吗?我把这一切倾诉给我的师傅刘文英老师,她说:"你的先生没有错,他没有看到你的学习给家里带来的改变,当然不愿意你再学习了啊,最近一段时间跟随先生,安心在家,不要着急,这一个月只给自己定一个目标,比如:这个月我要学会往后退,从孩子和先生的生活中一点点向后退,不要再大包大揽了,只活好自己,爱好自己,让爱在你的家里流动起来,相信先生会重新支持你的。"

师父的引领让我看清了自己的成长仅停留在了表面,看到了我"装"的习性依然很顽固。感恩先生的简单和纯粹,一次次把我的假惺惺给捅破。看来,想要幸福真的需要勇敢坚持。为此,我专门走进虹汇电台,在周虹老师和各位电台小伙伴的鼓励、引导下,面向广大听众朋友们,我真正敞开自己,录制了《假惺惺地活着好累》这期节目,让我再一次脱下了"装"的硬壳。

从那时候起,我不再以自己所谓的成长和承担而心浮气傲了,沉下心来,听从自己内心的声音,脚踏实地去生活。把女儿的学习和生活完全交给她自己,不再因为不停地催促她而闹得两个人都不舒服,相信她一定能够管理好自己,作业完成后会自己来找我签字,早上会自己定闹铃起床,吃饭会自己掌握好时间……

先生偶尔也会说我给孩子做饭慢了,营养搭配不合理了,以前我会据理力争,条件反射般地和他对抗、争吵,来证明自己的无辜。现在,我接纳所有的发生,不再对抗了。每周二中午,我提前做好饭菜。这时,先生也会提前安排好工作,负责接送孩子上下学,让我专心上课,每次回家后还能吃到先生做的现成饭。"什么是学习?生活的方方面面都是学习。比如咱俩现在好好的,这就是对孩子最好的家教。"先生边看我吃饭,边给我"上课"。神了!先生怎么和周虹老师课堂上讲得一模一样,真是佩服!

我和先生之间越发心有灵犀了:当我拿起电话,正准备打给他时,他的电话就正好打了过来;当我账户余额不多,正准备对他说时,他就把钱转到我卡上了;当我刚看完带孩子爬山好处多多的文章时,他的微信留言显示:这个周末,我们一起带孩子去爬山吧……我们被这无数次的心灵相通引得哈哈大笑。作为妻子,我对先生赚钱的能力也更加的深信不疑!每天为先生祈福是我的必修课:祝福先生身体健康、

财源滚滚来！祝福我们拥有幸福圆满的生活！祝福我的儿女健康、快乐成长！心与心的链接，让我们更能看到彼此的好，更加懂得活在当下就是幸福。当和孩子在一起时，我品质陪伴；当和先生在一起时，我们两情相悦；当我自己独处时，我丰盈自己。

我也被自己震惊了，原来我过去从来没有相信过先生会干成事，没有祝福过孩子会自主生活、自主学习。起心动念，是真正的物质力量。哇，我真正开悟了！

我现在才知道，先生一直都是高能量的人，岂能容我一个小女子来掌控？当他再向我倾诉工作的烦恼时，我会面带微笑地望着他，端杯水或者削个水果递给他，内心有个声音告诉我：你的先生很优秀，他具备独自解决这些困难的能力。他征求我的意见时，我也会温柔地说："你自己决定吧，我相信你！"其实先生只是需要倾诉，真正的决策他早就胸有成竹了。他具备一切成功人士的特质，我相信他一定会成功！

夫妻和睦是对孩子最好的教育，女儿的状态也变得越来越好。她早上自己定闹铃起床，吃过我做的爱心早餐后，兴冲冲地独自骑车去上学，家庭作业高效准时完成，周末更是提前两天完成各项作业，剩余时间自主安排：或去图书馆看书，或在家阅读，或和同学一起去看电影。我和先生对她的安排全力支持。刚上初中，女儿就成功竞选班委委员，第一次月考，她以英语成绩108分的好成绩排名全班第四，而且还作为班级仅有的五名代表之一，参加了全校的语文统考。国庆长假期间，计划全家出游，女儿说她想在家看书、写作业，两天一晚，她自己在家做饭、煮粥、炒菜、写作业、看书、骑车运动，把生活安排得井井有条，让我和先生感叹不已。

先生眉开眼笑地说："咱闺女是要成为学霸的节奏啊！三年后，她一定能考上重点高中！""是啊，咱可是双手长了十个斗的妞啊，生来就带着福气呢。"我一想到女儿气定神闲、沉稳冷静的秉性，更加确信女儿就是享清福的命，不用很辛苦劳累，也能得到想要的一切。所以，即使她一直不上培训班，即使她一直不愿意多做课外练习，我也相信她一样能轻松取得好成绩，将来的学业、工作、婚姻一定都会顺利圆满！深深地祝福你，我亲爱的宝贝女儿！

做旺夫女人

和谐的家庭氛围更是激发着先生的斗志。经常是我和孩子们都睡下后，他还在电脑前做预算、做报表，经常是一夜未眠。终于，在被拒绝第 12 次后，成功签下合同！那一晚，我和先生手拉手，在皎洁的月光下一路畅谈，他说："你为这个家付出了很多，娶到你是我这辈子最大的福气，我一定不会让你失望的。"

先生为人正直，工程做得有品质，因此，在甲方资金周转困难时，依然最先结清我们的工程余款。临近除夕的晚上，我和先生如时如数将现金支付给焦急等待的承包商们，先生说："过年了，银行要放假，咱们不能图省事给人家转账，都是等钱过年呢。"承包商们为先生的诚信大为感动，至今，仍然和我们合作得非常愉快。用他们的话说："就冲赵总的人品，垫钱跟着他干也放心！"

先生也会把资源和信息分享给身边的同学、朋友们，有钱大家一起赚。而他们也会源源不断地给我们提供业务信息和资源。每次回老家，总会有一群同学、朋友力邀先生共商发财之道，他常常兴奋地抱着我说："亲爱的，我们现在有干不完的活，赚不完的钱啊！想吧，使劲想，到时候钱来了，你要什么？""哈哈哈……"我们俩兴奋地拥抱在一

起乐呵着！

越开心，财运也越顺利。今年3月份，先生又重新注册了另一家新公司，开创了新业务。我坦然地接受了新公司财务的职位，先生满心欢喜地说："原来，你多年所学的专业就是为我今天准备的啊！哈哈，用谁也没用你放心，咱们夫妻一条心，黄土变成金啊！"在和先生一起外出办理公司业务后，我们成了令人羡慕的夫妻档。有一次去银行后，已经到了中午饭点，他主动说："今天你辛苦了，我们一起在外边吃饭吧，你也可以早点回家睡一会。"那天，我觉得我们既是上下级，又是爱人，这种感觉真好！我也仿佛看到我们账户上的金钱也和我一样，正在美美地享受着这全新的生活！

先生说："创业必须得有自己的思路，稳扎稳打，不能急。"我笑呵呵地说："亲爱的，我怎么这么有福气啊，嫁了你这个商业奇才，你一定会赚得盆满钵满的！"先生听后激动地抱着我说："这话听着真得劲呢！你老公可是有担当、有责任的男人，我要是干不成就没人能干成了！你就等着享福吧！"他每天的电话和外出考察，我不再像以前那样刨根问底了，我知道，他真的已经准备好了，真的要飞黄腾达了！他说："等北京的项目开始后，你和孩子也一起去，我们就不回来了，我考虑着等孩子大点了，直接出国去。"以前也听到过他说类似的话，我常常讥笑他吹牛、痴人说梦话、哄我开心玩呢，现在，我相信先生说的都是真的，因为我看到了他正在为这些承诺而努力！我也更加相信"相信"的力量！他是我这一辈子最值得信赖和依赖的亲人，我相信他说的都会实现！

现在，我全然地相信先生，就像婆婆相信先生一样，看着我们现在的生活，父亲也相信我们过得很好，不断地祝福我们。

年近80岁的婆婆上次来我家，进门看着我们新装修的房子，新买的家具、家电,干净整洁的家,由衷地赞叹:"俺这儿子就是中啊!从小,我就说他和别人不一样,是成大事的人。看你们现在过得这么好,妈拼了劲也得多活几年,还等着住俺这小儿子给我买的别墅哩!"先生抱着婆婆亲昵地说:"妈,你可要保养好身体,到时候还等着你住在别墅里给我们看孩子呢!"感恩公婆培养了这么优秀的好儿子,才让我嫁了这么好的先生!更加感恩先生娶了我,给了我幸福美满的婚姻,给了我一双可爱的儿女!

最近一年里,先生如果工作忙走不开,我就自己开车带着孩子们回老家看望父母,年迈的老父亲总会提前站在村口等着我,远远地看到我的车就会迎上来,抱着奔向他的外孙子,咧开嘴巴笑个不停,逢人就说:"俺的小闺女回来了,现在就数她过得好呢,啥心不操,光管好两个孩子就中了,孩子他爸爸老能干,她现在不上班也有花不完的钱……"一直对我辞去工作耿耿于怀的父亲,从我的品质生活中,从我和先生每年给他的大红包中,深信我就是他最值得荣耀的闺女,也是最有福气的闺女。深信我就是他那个嫁得好、命很好的闺女。

当我真正地开始喜欢金钱,爱上金钱,发自内心地祝福先生,赚到的金钱越多越好时,金钱果然就来了。先生顺利地签下了三个大项目,即将实现我们的第一个千万财富积累。我们的第二套房子荣升为学区房,轻松顺利地高价租出,一次签下 3 年合同,顺利进账 10 万元的房租收入。

和金钱链接得越深,就越能感受到金钱真的像是有生命的小精灵,他们成群结队,来到我们这个充满欢声笑语的家里。金钱真的像是我喜欢的人,当我不断地去表白对他的爱意时,不断地让自己生活在开心、喜悦中时,越来越多的金钱就真的被我吸引而来。金钱也像是高贵优雅的女神,我对她越尊重、越欣赏,她也就越愿意来荣耀我。

金钱更像是一条流动的大河,我越加快它们的流速,它们回流给我的也就越来越多……

有钱、有闲、又有品质的生活,我值得拥有!我终于变成了一个旺夫女人!

怎样为孩子正确投资

2016 年 6 月份,我去成都参加行业会议,见到了从前的一些朋友,她们都夸我变了,变得平静、柔美。

难道我从前不平静、不柔美吗? 我想了想,从前自己的确不平静也不柔美。

记得去年冬天初识周虹老师时,她说我的眼里藏着两把刀,会伤人。

的确,从前的我,脾气像麦秸遇火,一点就着。而在家里,每次发怒好像都与钱有关系……

舍得花钱就是"投资"吗?

老公说我对钱一点概念都没有,特别是对儿子花钱没有原则,我一听就不高兴。

记得 8 年前,儿子比教育局规定的入学年龄小了 5 个月,为了能让儿子顺利入学,我托关系花钱上市重点小学,因距离远,需要在学校附近租房 6 年,老公不舍得刚装修好的房子,坚决不同意。纠结中,我听同事说:"市重点每班 80 多个孩子,老师关注的永远不是你的孩子。"

于是,我彻底打消了市重点小学的念头,把目标锁定在离家近的一所公立小学,缴了高额学费进入自费班。老公说:"上个小学花十几万没有必要吧?"我跟他急了:"不舍得为儿子投资,你挣钱干什么用?"在我的头脑里,即使砸锅卖铁也不能耽误儿子上学,因为我小时候爸爸经常也是这么说这么做的,但老公认为我的思维模式太极端。

老公的工作性质需要经常出差,一个月回来一次,家里的大事小情都由我做主,特别是儿子的教育,长期以我的标准为准。我的标准很简单,就是儿子必须优秀,无论在哪,必须是人群中站在前列的那个孩子,我一刻也不容自己松懈。

从儿子半岁开始,我缴了超出我收入水平的高昂的学费,带着儿子出入早教中心,再后来给儿子选择幼儿园和小学,都是费了很大精力选择对比,花钱不是事儿,只要能让儿子上个好学校。老公说:"最好的教育是给孩子自由。"我马上反对:"自由和尊严永远留给有准备的人。"

老公有一个原则,不允许给儿子报任何课外班。那怎么可能?别人都在报,我不仅要给儿子报班,而且要报最好的精品班。为了不引起老公反对,缴费和上课全部在悄悄进行着。当老公出差回来的时候,我就给儿子的课外班请假,让老公带儿子出去玩,儿子每次都很开心,总是盼着爸爸回来。

我的生活很单调,但很忙碌,除了上班,就是陪儿子穿梭于各种课外班:珠心算、游泳、武术、羽毛球、篮球、奥数、英语、葫芦丝等。下了课外班,我会带着儿子去美美地吃上一顿,算是奖励,然后给儿子买名牌衣服和玩具,包括书包、水杯等用品,都要最贵的。老公说:"打个羽毛球,在楼下露天场地打,既方便又省钱,空气还好。"我马上反对:"儿子跟着五星级体育中心教练训练,那动作多标准!"

　　反正这种为儿子花钱的问题,总能引发我和老公的争执。然而,不管老公做出了多少让步,我都不知足,反而步步紧逼,所以,事情越来越糟。

　　我每月的工资,是令很多上班族羡慕的数字,但是,我的卡经常不到月底,就出现金钱紧缺的状态。当没钱又很累的时候,我就特别烦,特别委屈,就会在老公面前莫名发火。这个时候,老公会问:"又怎么啦?"有时候他也会问:"你的钱都花光啦?"然后毫不犹豫地去银行取钱,及时塞进我的钱包里。他曾经幽默调侃我:"我娶了一个败家娘们儿。"

　　在一个早上,我和老公再次发生争执:我坚持要在儿子的中学旁边租房陪读,滔滔不绝地说:"班里的妈妈们都租房了,咱儿子可不能输掉这关键的一步……"老公哑然,最后,这个男人甩出了一句话:"中国的教育,问题不是出在制度上,而是出在女人身上!"

　　就这样,我和老公的分歧越来越大,我经常怪老公不舍得为儿子花钱。时间久了,我无奈地选择独立解决,想给儿子买什么或者报什么课程,不找他商量,也不告诉他,盘算着自己卡里的钱够花到月底就万事大吉,尽量不伸手找他要钱。我挣钱的主要目标就是为儿子花钱,我理直气壮——我又没有乱花。

　　儿子的口袋里永远装着我给他的充裕的钱,没有标准,缺了就给,我的理由很直观:"如果你一个大人出门没有带钱,你能受得了吗? 何况一个孩子。"我除了给孩子钱,还给他配备手机——为什么限制孩子呢? 这是生活的必需品,万一有什么危险怎么办? 再说了,男子汉从小就要有尊严地处理自己的事情,不能唯唯诺诺没有底气,有了钱,一切都能解决。我认为只有会花钱,才会去挣钱,只有从小经历过驾驭相当多的金钱,长大才能有胆魄挣回更多的财富。像刘姥姥进大观

园,什么都没有见过,缺乏驾驭金钱的机会,长大后突然让他拥有高水准的财富人生,那简直就是纸上谈兵。

但是,我慢慢发现,儿子对金钱一点也不敏感,好像不是我期待的样子,有时候,我会有点迷茫,但也没有细究原因。

有一年暑假,老公和儿子商量,爸爸提供赞助,儿子去广场卖小商品挣钱。无论老公怎么劝,儿子都一点也不感兴趣:"不,我不需要钱。"不知不觉,儿子竟变得和我一样,对金钱没有感觉。老公无奈地看看儿子又看看我说:"你会教育,帮我分析分析,孩子为什么对钱不感兴趣?"我不高兴了:"不要和我谈钱,俗!"

不谈钱谈什么?只谈教育。但是,进入重点中学的儿子,教育却出了问题。我被老师频频叫去学校谈话,原因只有一个——儿子总在课堂上接话,扰乱了课堂纪律。老师向我"控诉"儿子的不良表现时,儿子被吓得直往后退,默默地流着泪,怯怯地看着我。看着我的儿子,一米七三的男子汉,小心翼翼地流着泪,我的心都碎了。我的儿子,不可以这样,他应该有尊严地站在众人面前才对。

我不知道哪里出了问题。

我无力地走出校门坐在车内,感觉一切是那么的无助。在这个世界上,我什么都可以接受,唯独不能接受儿子身上还有瑕疵,我想儿子肯定也很痛苦,可我拿什么来帮助他呢?严重的挫败感袭来。

很巧合,收音机里正在直播《亲子课堂》栏目,周虹老师的理念吸引了我。我也好像找到了人生的救命稻草……

拼命为孩子投资到底为了什么

那次在车上听了周虹老师的节目之后,我就迫不及待地见到了周虹老师，她果然没让我失望。

周虹老师说："妈妈的掌控欲太强，儿子在家里没有话语权，只能到课堂上说了。""我该怎么做呢？"我迫不及待地问。"你需要做的，只是跟随儿子，崇拜老公，家里的大小男人都自由幸福了，随之而来的，便是金钱的流动。"

我似乎明白了，好像我所有的问题都有了头绪，原来根源在我。那么，我是谁？我从哪里来？我该向哪里去？

在虹汇的家排现场，我看到，原来我的人生困在了"关系"上。

老师让我站在讲台面对大家，让姐妹们看看我的眼睛，尽管我极力微笑，感觉自己已是仪态端庄慈眉善眼了，但结果却让我很不爽，姐妹们给了我两个词：愤怒和评判。周虹老师说："大家都看到了，晓萍的眼里有两把小刀，就是愤怒和评判。"

神奇的家排现场，呈现出我的0～18岁对父亲、母亲的愤怒，周虹老师说："连父亲都不会尊重的人，你缺失的是族群力量的支撑，你必定会拥有无力的人生，事业和金钱都不会顺利，那么，母亲的动力又传承给儿子，一代一代传承。"

我惊愕了！

儿子的状况，都是因为我，都是源于14年来我对儿子的掌控。是啊，从小到大，儿子从来没有离开过我的视线，他小时候，我曾恐惧小偷会偷走他而不敢熟睡，等他长大了，只有他的兜里不缺钱和手机，我才随时能保证儿子是安全的。但我从来没有意识到，儿子是一个独立的生命体，他需要自主安排自己的生活，我的过度掌控影响了儿子成长的天性和权利，现在，这个生命体开始反抗了。

我那么倾其所有地为儿子花钱，那么用心地为儿子付出，目的是什么？不就是为了儿子将来能拥有一个成功富有的人生吗？我总是

梦想着儿子在某些大场面上有尊严地站着,并且闪光耀眼,但事实并非如此。

通过学习,我发现,我的问题来源于我的原生家庭,我把自己小时候的成长模式直接复制到了现在的家庭当中。

我出生在 20 世纪 70 年代,小时候的贫穷和家庭教育模式,带给我最多的是失控,失控之后拼命地想掌控。老师说:"你小时候有多么的失控,那么长大后你就会多么痴迷于掌控。"为儿子疯狂地花钱也是来自于我的掌控,但殊不知,这个生命体最需要自由。

谈到自由,可我小时候从来没有过自由!

我想到了爸爸,爸爸的教育理念是:棍棒出孝子,不打不成才。他带给我的回忆,永远是严厉的训斥和暴打。小时候,我习惯了做什么事情都隐瞒爸爸——万一爸爸不同意怎么办? 我经常活在忐忑中——万一爸爸知道了肯定会打我的。记得上小学三年级,我偷了爷爷 5 元钱,我拿着一笔"巨款",想买什么就买什么,想怎么花就怎么花,非常奢侈地过了两天瘾。但这件事最终还是被爸爸知道了,我被爸爸罚跪在砖头上,他气得气喘吁吁,手里紧紧攥着他的老牛皮的皮带,在我眼前蹿来跳去,我从早上跪到下午,早饭和午饭都不准吃,即使妈妈哭着求情也无济于事。在爸爸的权威面前,任何事都不允许商量,只有遵从。长大后考上大学,妈妈在我开学的时候,就会把一学期的生活费全部给我,我经常一学期还没有结束,就很阔绰地花完了。在同学之间,我总是那个出手最大方的人,我也总是那个最爱掌控局面的人,然后妈妈会再给我寄些钱,金钱在我手里只会做短暂的停留。

爸爸自己一生与金钱的链接也很匮乏,平时他挣的钱都如数给了妈妈,永远都是临出门了,妈妈才会拿出一些钱给爸爸去办事。直到现在,爸爸已经 71 岁了,还在从医,他经常不知道他当月的收入是多少,对钱永远没有概念,仍然都是需要钱了找妈妈要,有时候妈妈给的钱多了些,爸爸也会很奢侈地去享受金钱,看见什么都想买,然后买回来一堆不需要的东西。爸爸越来越不会驾驭金钱,他的衣食起居全由妈妈照料着。

我有了孩子之后,发誓不打孩子,但还是部分地传承了爸爸,我对儿子要求十分严格,望子成龙,使儿子压力比较大。我在单位负责质量,回到家,把家里的亲人特别是儿子也当成了流水线产品,按标准管理,而且是高标准严要求。但是,人哪能处处标准化?即便是成功人士也各有各的不同。高标准严要求的背后,是我承接了爸爸的苛刻,我传承了这种苛刻,对儿子的要求也特别高,一定要是最好的,所以实际上,儿子一直深受这种苛刻的折磨,可想而知,儿子的压力是巨大的。

从儿子3岁开始,每次我带他出去吃饭,总是儿子来付账,俨然一个小爷们,他从小就会很大方地请小朋友吃东西,从不"抠门",令我很是自豪很有面子,我一直认为这是最好的,也是最正确的。但进入青春期后,他没有小时候乖了,花钱大方,经常出现我给他的零花钱不够花,然后找各种借口再要钱的现象,没有理财概念,与我的期望目标有很大偏差,着实令我担忧,我到底哪里做错了?我也曾想过让儿子学习理财,但怎样理财,连我自己也很糊涂缺少。困惑中,我想起妈妈常对我说的话:"你也学着攒点钱,咋跟你爹一模一样,手里存不住钱?"很奇怪,在金钱和许多方面,我都走上了爸爸的老路,而如今,我的儿子竟然又重蹈我的覆辙。我花了那么多钱在儿子的教育上,却原来只是在复制另一个自己。

丈夫才是高明的投资人

面对我的困惑,师傅晋红芬给我支了招:放手!

养男孩,就是要达到成功的目的,男孩因为成功而幸福。把儿子培养成成功人士,培养成行业中的佼佼者,从现在开始,放下掌控,大胆放手,选择跟随。凡事高度尊重儿子的选择和兴趣,这样他才会有源源不断的动力去做这件事,而不是仅仅为了实现妈妈的梦想。

接下来,师傅晋红芬又给我支了第二招:儿子一定要崇拜爸爸。

儿子与父亲的关系亲近融洽,决定了儿子的人生与金钱、事业和健康都是顺利的。

我在养育儿子的过程中,几乎任何事都不让老公插手,有时候还当着儿子的面否定老公。从现在开始,我崇拜老公,起心动念相信老公,逐渐发现,越崇拜越相信,越相信越崇拜。

我的老公会挣钱也会理财,他理财有两大特点:花钱先看成本,做事先看能否产生生产力。老公工作的第二年,就自己挣钱缴了首付,买了房子,带着我住进了140平方米的大房子,后来又买了车子。在老公的卡里,永远住着足够数量的钱宝宝,只要我和孩子需要,老公随时随地都能从容地拿出钱来,好像老公就是上帝给我派来的财神。

而且,老公平时的习惯很好,会善待金钱,他的钱包里,不管大钱小钱,都整整齐齐、井然有序,这样金钱很开心,喜欢跟随他。日常生活中,他的衣柜里、包里、行李箱里、车里,从来都是整齐有序,连家里养的花都是老公管理的。

老公给儿子花钱,总习惯延迟满足。我以前经常怪老公不舍得给儿子花钱,现在想想,真的是枕边有高人啊。在虹汇的《财富课堂》上,我曾听到一个关于棒棒糖的故事。说一个孩子，小时候要一个棒棒糖，妈妈说，买，买一包，不就是棒棒糖吗，又不是买不起，十包也能买得起，于是过度满足、随意满足。孩子长大后进入青春期，要买一辆摩托车，妈妈担心会出危险，遭到拒绝的孩子就拼命踢墙，妈妈心疼儿子，马上买了。再后来，孩子看上一辆跑车，这时候，完全超出了妈妈的购买能力，但是，孩子一闹，妈妈一咬牙，卖房子也要给孩子买。那以后呢？妈妈和儿子同时失去了应有的尊严，彻底失败。我深深地明白了延迟满足的重要，当孩子提出需要时，如果不是必需品，可以答应买，但要延缓几天，如果一周后孩子还想要，说明孩子真的很需要，此时满足他，他会更加珍惜。

面对青春期的儿子，如果单独对他讲什么是延迟满足，就显得很幼稚，关键在怎样做。怎样做才能让儿子感兴趣呢？有一天晚上，我提出想给儿子办张银行卡，老公很赞成。第二天，我鼓励儿子去银行办一张属于自己的银行卡，老公主动陪着儿子一起去了银行。两人从银行回来时，看起来都很满意，儿子控制不住高兴劲儿，还边洗澡边放开喉咙高歌，我和老公在门外听着，开心地对视一笑。

趁着儿子开心，老公和儿子又忙活了一个晚上，经过全家讨论，终于在儿子14岁生日那天，出炉了关于儿子的《生活理财契约书》，内容如下：恭喜天修同学14岁了，为了让我们在这具有特殊阶段的一年里有准备地做事，做有准备的事，爸爸、妈妈和天修同学经过充分沟通，订立了《生活理财契约书》，以助我们的生活更加有序、有品质，理好财、管理好生活，做个幸福、快乐、高贵的白马王子。我们还制定了详细的财富计划：儿子的收入来源主要包括每周固定的零花钱、赚钱家务活、压岁钱以及其他奖励、消费预支等。零花钱每周一准时发放，消费预支每月第一周一次性把所有钱转入儿子的银行卡内，由儿子自行管理,消费预支包括:服装饰品费、生活物品费、书费、学习用品费、交友费、通讯费、交通费、大件物品购置费,平时所有支出不再向爸妈要钱,并做好自己的收支记录,理好财,让财生财。

同时,契约中规定了儿子需承担起自己力所能及的家务活,每天及时整理好自己的房间、及时洗袜子、洗自己的碗、负责餐桌和茶几的桌面卫生和整洁。

儿子对着电脑,一遍又一遍,计算着每一项预支金额,反复核对,对一些不满意的金额提了一些合理建议,比如:有的项目需要增加,有的项目不需要那么多钱。最后达成一致,双方愉快地签字。

紧接着,儿子来到虹汇课堂上听了两次课,一堂《财商教育和契约管理》,一堂《人际关系和优势教育》,两次一共挣到 600 元。这个暑假,儿子挣到了属于自己的第一笔钱,拥有了属于自己的第一张银行卡,此时的儿子,正式踏上了自己的财富人生之路。

儿子在自己理财的过程中,慢慢传承了老公的优良财富习惯和观念。有一次,儿子的葫芦丝坏了,需要买一支新的。老公建议他把不喜欢的兴趣班退掉,换成一支新的葫芦丝。一开始,儿子有些犹豫,觉得不合适,在老公的鼓励下,他终于很成功带回来一支他非常喜欢的葫芦丝。从优美的乐声中可以感受到儿子今天很开心。后来儿子对我说:"我觉得我爸很会理财,很会计算成本,竟然把一件需要花钱的事情办成一件不用花钱的事,结果还很好。"儿子越来越崇拜爸爸。

前年的暑假,我花几千元给儿子买了自行车。儿子有一次骑车去看电影,电影院离我家有三站路,老公说骑车很容易被盗,建议儿子坐公交,但儿子偏要骑自行车,结果真的被盗了,才用了三个月。儿子当时很难过,老公就事论事数落儿子,我担心儿子伤心,赶忙安慰他,并答应再买一辆同款自行车。去年暑假,我又花几千元给他买了一辆同款自行车。有一次儿子骑车去游泳，放在一个偏僻的地方，这次，买回来仅仅不到 10 天，又被盗了。儿子又很难过，我又安慰他说以后再买。今年暑假，老公建议让儿子自己买自行车，儿子同意了。因为每个月给他的预支费用里包含了大件物品费，儿子经过比对款式和价格，最后选了一款 1000 元的自行车，非常爱惜，每天都锁在我家门口的栏杆上，而且用了两把锁。我欣喜地发现，儿子在守住财富之路上越来越有觉知了。

我报名参加了虹汇电台的工作，利用下班时间上传节目，儿子问我："妈妈，你做这样的事情，有报酬吗？"我告诉儿子："妈妈做的这项工作，每天把爱传递给了千千万万个家庭，使千千万万个家庭受益，这是妈妈和虹汇的阿姨们用爱在积功德，我们应该是最大的受益者。"善良的儿子明白了，他帮我克服了一次又一次电脑专业难题，使得节目能够正常上传。看着比我还高的儿子，那么帅，那么有担当，心里很是自豪。

儿子 14 岁生日那天，我送给儿子一款男士钱包，他把自己的钱整齐地放在钱包里，再将自己的学生卡和其他卡片装进去，很有序，看起来简直就是老公的翻版，这就是传承和影响。

儿子说想去登华山，爸爸马上响应，然后爷俩儿商量着出发时间等事宜。老公兴致勃勃地说："年底再换个大车，等儿子明年中考结束，咱们一家人一起去西藏自驾游。"

我说还是别换车了，以后再买套大点的房子吧，将来我们老了，儿子没有房子找不到女朋友怎么办？老公笑了："房子会有的，女朋友也会有的，未来的事情不要发愁嘛。"

老公的话点醒了我，我马上有了觉知，我幼年的恐惧模式启动又想掌控了，我对儿子现在所有的掌控，都是源于我自己的匮乏所产生

的对他未来的恐惧,孩子是能够感觉到的,我不行,我不能,妈妈替我去做了,我还能干什么呢? 他自己的惰性就有了。

放手养儿子过程中的价值和力量是无穷的,我这么有掌控欲的妈妈,放手是自己一生的功课,一定要处在觉知当中,我这样的妈妈,不再复制自己了,我要放手,让儿子走在一个正确的财富之路上。

是呀,只要走上正确的财富之路,拥有健全的金钱观念,儿子肯定会拥有属于他自己的财富人生。

跟随丈夫,他是真正的富人;跟随孩子,他是高能量的孩子。我们家是富足安康的家,我们家是光明繁荣的家!

扔掉记账的小本本儿

让我心惊肉跳的记账小本儿

"买菜水果等 370 元,日用品 160 元,买衣服 1200 元,化妆品 540 元,交通费 90 元,水电煤气 1245 元,人情往来 300 元,外出就餐 240 元,其他 125 元,这个月一共支出 4270 元"。

看着记账小本本儿上小心翼翼记录的流水账,我不禁发出这样的叹息:唉! 这个月怎么又花了这么多钱? 就这还没算老公支出的! 这个月买衣服多花了,下个月一定要计划好啊!

每个月,我都会在记账本本儿上算来算去,算算上个月花了多少钱,花在自己身上多少钱,自己身上多花了就有点内疚,花得少内心便平衡一些。

说起这个记账的小本本儿啊,那可有几年的历史了! 那是在结婚后的第一年,有一次老公聊起我们一年的收入支出,说我们一年生活开销就五六万元,我一听立马反驳:"哪有那么多?"老公说:"你可以做个收支预算,理理财。"那时候,我刚上班一年,工资不高,从小也没有理财的概念,只有少花钱的观念。而老公的收入我从没当作是我的钱,也不问,反正家里有大笔的开销了,老公自然会出钱。于是关于理财,我只做了一件事情,那就是记账,至少我可以告诉老公:我没花那么多钱,而且从我手里花出去的钱都是非常合理的支出!

这就是当时的我,事事都要证明自己是对的,对生活过分较真儿。

俗话说："男人是赚钱的耙子,女人是管钱的匣子。"老公不是嫌我不会规划着用钱吗?我得证明自己是能管好钱的"匣子",是一个会过日子的女人。为此,我专门买了一个特别漂亮的小本儿,还在扉页上写道:丹丹的生活账本,从此开启了我的记账生涯,这个小本本儿也成了我的好朋友。每天,我都会把自己的每一笔支出仔仔细细地记在上面。

一开始,我觉得这个小本本儿真好,每一笔钱我都知道花哪儿了,清清楚楚、明明白白。后来我开始用手机电子记账,这下更方便了,花一笔随时记一笔。再跟老公谈起家里的收支时,我就有底气了,我觉得证明了自己是一个会过日子的女人:看,家里的每一笔开销我都很清楚,即使花得多,那也是必须开支,我没有乱花啊。可渐渐地,我发现伴随着记账出现了一种负担:过完一个月,我就算这个月花了多少钱,不相信,再算。过完了一年,我就算这一年花了多少钱,算完就觉得:怎么花了这么多钱?算完今年的,算去年的,甚至前年的。这就有了开头的那一幕。月复一月,年复一年,花的钱越来越多,我的内心也越来越纠结、懊悔,纠结、懊悔之后依然得花钱,形成了恶性循环:花钱、难受、再花钱、再难受……说我不舍得花钱吧,喜欢的衣服上千我也舍得买,说我舍得花钱吧,又会在花了钱之后纠结自责。在账本中我还发现了这样的现象:一段时间买贵衣服,之后又会买几件便宜衣服,好像要平衡一下。而且,我很害怕别人知道我买的哪件衣服很贵,好像是害怕别人说那件衣服不值那个价钱。

是我对钱太计较了吗?我身边肯定没有人认为我是对钱斤斤计较的人,连我自己都不这么认为。跟别人相处时,我不怕吃亏,也从来不占别人的便宜,很多人都说我淡泊名利。

我也不好意思挣朋友、熟人的钱,有一次同事找我帮忙,出现了一些小意外,最后的结果是我还贴了钱。老公有时候给我钱,我也是很淡然地说:"我不要,我有钱。"

与钱比起来,我更在意的是我的婚姻。

我和老公是高中同学,结婚时,我们俩已经认识了 12 年,相恋了 9 年。婚后仅仅两年,我的生活就离我的想象越来越远了。我想象的婚后生活是:他依然围着我转,对我甜言蜜语,我不开心时他哄我开心,我想要什么他都按我的要求做,我对他的"好"他必须开心地接受。但现实是:老公越来越忙,经常应酬、出差,我们的沟通越来越少。我常常抱怨他不像以前爱我了,没话跟我说,他却说我不理解他,于是我俩经常因为一点小事就冷战。在外人看起来,我们很幸福、很恩爱,其实,我们的关系已经像烂了心的苹果,表面看起来红润饱满,实则已经是要腐烂的节奏了。不知道问题出在哪里,我依然坚持着自己的"正确"立场,终于有一天,我的婚姻亮起了红灯,我一下子被生活打懵了,不知道该何去何从。我不明白,为什么我们自由恋爱、来之不易的婚姻,在不知不觉中慢慢走到了死角?

求助心理咨询师、看各种心灵成长书籍成了我生活的救命稻草。但是,心理咨询师只说了一些我不能认同的话,书籍也只能抚慰一时。我依然一天天痛苦地度日。

而即使在痛苦的日子里,我的账本——这个用来证明自己是一个会过日子的女人的东西,还一直伴随着我,从 2010 年到 2015 年,已经 6 年了。我每天一笔笔认真地记账,月底算、年底算,已经顾不上去想记账的意义是什么,只是像一个停不下来的陀螺,拼命地转着、转着,却不知道为何要转,也没有想过要不要停下来。

果断扔掉记账小本儿

　　我偶然在"喜马拉雅FM"上听到了《虹汇女人有多色》系列节目中周虹老师的声音，便关注了虹汇电台，于是很快联系了课程试听。

　　我印象特别深刻，试听那次的课程内容是《契约管理》，周虹老师却在课堂一开始就"炫耀"她从北欧带回来的宝贝儿——从饰品到衣物，还让大家猜每一件的价格，这不是炫耀是什么？我觉得这样太浅薄了。

　　周虹老师对生活满足的样子与我的价值观完全冲突。而且，这些跟亲子教育和个人成长有什么关系呢？所以，一开始，我对周虹老师是质疑的，但看着满屋子的美丽女人都对周虹老师那崇拜的模样，我心里想着：死马全当活马医吧！我就上一次当，万一能帮我解决当下的问题呢？于是便开始了跟随周虹老师的学习之路。

　　学习之初，我就从周虹老师那里听到了一些前所未闻的关于钱的"奇怪理论"。

　　"怪论"一：挣钱就是挣功德。

　　——钱等于功德？我从来不觉得这两者有什么关系，功德不都是不要求回报吗？

　　"怪论"二：钱是有灵性的，要爱钱，花钱的时候开开心心，钱才会很喜欢你，越来越多地流向你。

　　——钱还会流向你？这不是开玩笑吗？

　　对这些"怪论"我完全不接受，不过也没太在意，心里想着：这些跟我也没关系，我对钱没有太大欲望，钱也够花，而且我跟老公之间也不是钱的问题。那时的我，一心只想着赶快解决自己的婚姻问题，对于金钱根本心不在焉。

我加入虹汇时正好赶上了"家排季"，师傅李霞让我写了 0 ~ 18 岁的成长经历以及族谱。家排的场景至今仍清晰地印在我的脑海里：我的代表紧紧地靠在父亲身边，任老公怎么拉也拉不走……不知怎么了，我突然体会到了老公那种无助的感觉。周虹老师问："这个男人身边有没有妻子？"姐妹们异口同声："没有。"周虹老师说："你还纠缠在父母身边，没有长大，没有出嫁。"

我默然，后来在周虹老师的引导下，我告别父母，深深地向老公道歉。因为之前对家庭系统排列有一定的了解，对现场的呈现我深信不疑。

那天下课回家的路上，我把家排现场呈现的跟这几年的生活对接。记得有一次我想回娘家，老公说等他有空了开车一起回去，可是等了两周他还是不确定什么时候可以回去。我沮丧郁闷至极，从期盼、失望、失落到愤怒，都想摔东西了，最后很生气地自己坐车回去了。其实，那时候回娘家并没有特别重要的事，我如果想跟老公一起回去，再等等也没什么关系；或者我根本不用等，自己坐车回去就是了，这样我和老公都没有负担，他忙他的事，我回我的娘家。但那时的我就像个小孩子等待大人的保护一样：明明是我自己有很多期待，最后却对老公满是愤怒，觉得老公不把我放在重要位置，满腹委屈。

在花钱的时候，我也总有一种期待：不管我花多少钱，老公都支持，为我花多少钱他都舍得。老公的确是这样的，但是他的理智建议总被我误会，我总以为老公会觉得我花钱多。我想了好几年都没参加礼仪培训师学习，就是因为老公的一句话："价格不便宜，你考察好就行！"我当时觉得老公就是嫌贵，根本不真心支持我，其实是我自己嫌贵，却希望老公说："去吧，不贵。"可他不是这样说的，于是我放弃了，却埋怨他。瞧,我在要求老公替我做一个我想要的决定!我常常因为钱委屈了自己,却把责任推到老公身上,内心积压了很多怨气。其实,这些都是我自己的选择,只因我没有自我承担的勇气,更不愿意承认我不行、我也会有错,总想有个依靠,然后老公莫名其妙地成了替罪羊。

短短几年中,类似事件发生无数,正像周虹老师说的,这几年看似我们结婚了,我却不在妻子的位置上,就像个不懂事的小女孩儿一样,不停地向老公伸手要——要爱、要支持、要理解、要陪伴……他对我所有的好,我都认为是理所当然的,只要达不到我的要求,我就指责、抱怨,这不正是个小孩子的行为吗?

再想想当初为什么选择老公,就是因为感觉他像父母一样对我好,他可以让我幸福,我可以依赖他。当我把这一切像过电影一样在脑中一一呈现后,那一刻,缠在我心头三年的结松开了,我真的意识到:不是老公的问题,是我的问题,我要改变,真正地做一个合格的妻子!带着对周虹老师满满的感恩,我开始对她说的话认认真真地去体会,也慢慢转变了对金钱的认识。

关于金钱,母亲传递给我的观念是:挣钱不容易,要省着花,吃穿方面能省则省,花钱越少越好。而且,拥有太多钱不是啥好事儿,对钱不能有太多欲望。所以,我不敢花钱,总是想证明自己没有花很多钱,自己就是那个听妈妈话的好孩子。买贵的衣服时,看到别人花很少的钱也能穿得很漂亮,就会既羡慕又内疚。我还觉得谈钱很俗,不好意思谈钱,所以跟别人相处时在钱上总要显得自己不计较。当听到别人互相祝福发大财时,我都不以为然,记忆中父母从未祝福过我成为有钱人,我自己也从没想过能赚很多钱,成为有钱人,我也从未祝福过老公。在这方面,婆婆就不同,她从内心希望家里财源兴旺,年轻的时候祝福她的伴侣，现在每天也会爱意浓浓地祈祷，祝愿我老公有好财运、挣大钱。在美好的起心动念方面，我与婆婆的差距如此之大！我看到了我狭小的格局。

周虹老师说："不敢花钱是因为内心的匮乏感和不安全感。"是这样吗？我思索着。记账最初是为了告诉老公"我花钱不多，而且合理"。但我的目的并没有达到，相反，每一次计算都让我觉得自己花钱好多。因为每个月拿着固定工资，觉得挣钱不容易，我也不可能挣很多钱，所以不敢花钱。而从母亲那里承接来的对生活和婚姻深深的恐惧与不安全感，让我不敢完全依靠在老公身上，害怕有一天老公不爱我了，离开我了，我就倒下了。所以，我一直坚持要自己工作挣钱，尽量花自己的钱，内心常常把钱区分为"自己的钱"和"老公的钱"，在我的账本中也一直有这样的信息：花在我自己身上的钱是少于我的工资的。这意味着我能养活自己，也就是说，我持续不断坚持六年，真正证明的是：我能养活自己！我是独立的！我可以不花老公的钱！

我把关注点都放在了证明自己很了不起上，对老公这些年对家里所做的贡献选择忽视，从来没有感谢过老公。我的师傅李霞给我布置了作业，每天在朋友圈或课程群里发老公的"好"。在做作业的过程中，我渐渐看到了老公的能力和可靠，是他赚钱买了房子、买了车，给了我稳定的生活，给了我爱和包容，我必须感恩老公。我试着放下自己，对生活不再较真儿，懂得生活更重情而非重理。我依然可以工作，但是并不需要在账本中证明自己的价值。我完全地信任老公，坦然地接受他为我做的这一切，承认他的价值，这样他更有赚钱的动力。现在，老公每月固定给我的银行卡打钱，我都开心地接受，大方地告诉老公："谢谢你养活着我们一家！"老公觉得很有成就感呢！

关于"挣钱就是挣功德"，这是我最不能接受的观念。然而一次发生在虹汇姐妹身上的小事一下子扭转了我的观念。有一次,大家要集体去一个没有树荫的地方禅修,一个姐妹是卖帽子的,可她始终不敢站出来说:"我这里有姐妹们需要的帽子。"最后还是周虹老师让秘书长指导这个姐妹把帽子带到上课的地方,并在群里告诉大家这个好消息。这个姐妹的解释是,怕姐妹们说她挣自己人的钱。周虹老师点评:"为大家提供需要的商品和服务,为什么不敢?还是因为潜意识里有一个归属——我不能拥有很多钱,不能财迷心窍!这是穷人的清白感。"

一语戳中我的要害,我就是这样,不敢挣熟人的钱,恨不得倒贴钱,才证明自己是好人。原来,我一直把自己归属到穷人而不自知啊!我注意到周虹老师用的词是"大家需要、为大家服务",在她的观念中,钱是在为别人提供服务、满足需求的过程中赚取的,收取报酬是很正当的,这其实是个很简单的道理,只是我从来没从这个角度想过。对于"挣钱就是挣功德",我开始理解了,每个人挣钱都是付出了一定的劳动,为别人提供了服务,挣的钱越多其实也是做的事越多、服务的人越多,说是功德一点都不为过。

周虹老师还说:"女人要先爱自己,当你爱自己时,爱满自溢,带给老公和孩子的都是爱。舍得为自己花钱也是爱自己的一种表现。"记得在备孕时我就开始不买衣服了,因为听好多人说,反正生完孩子也穿不上了。整个孕期,我只买了三四件衣服,到了冬天把外套的扣子挪一下将就着穿。当时不觉得什么,可每次看到街上很漂亮的孕妈妈,心里还是很羡慕的,但更多的是委屈。这其实就是为了省钱而不爱自己。为了更好地爱自己,我开始学习肚皮舞,让自己慢慢灵动起来,还买了自己喜欢的性感睡衣,把不适合自己年龄的衣服也都换掉了。

在一步步的观念改变中，我的账本使用频率更高了，内容也发生了一些变化。以前账本中的支出大部分是家里的柴米油盐，孩子的奶粉、教育，孝敬老人，人情往来……花在我自己身上的占少部分，我的工资也多是贴补家用。学习之后，花在自己身上的钱越来越多，买衣服、健身、学习成长等方面的支出增多，工资都不够我自己花了，跟姐妹们说起来，大家都说是好事。只是，习性不是一时半会儿可以改掉的，遇到喜欢的东西我会暗示自己："我值得拥有最好的"，可买下来之后，我还是会算账，一算账就纠结，按周虹老师的理论，我并不能让金钱感受到它带给我的快乐。周虹老师曾问过大家："假如你是金钱，一个人在用你的时候开开心心，另一个人用你的时候纠结、痛苦，你会愿意到谁的身边？"大家都愿意到那个开开心心花钱的人身边，因为有价值感。渐渐地，我接受了"要爱金钱，花钱的时候开开心心，钱才会喜欢"，我理解了"所有的物品都是有能量的"。这些观念，我当初是那么的嗤之以鼻。再回想试听课上周虹老师"炫耀"手串儿那一幕，如今的我看到的是，周虹老师爱自己、爱金钱、爱那些漂亮的手串儿，她在赞美那些手串儿，那些钱流出去的时候是开心的，手串儿跟她在一起是互相滋养的。仔细回忆一下，老公对待金钱跟我也是不同的，他有句名言："钱花哪儿哪儿好，会花才会挣。"在老公看来，钱是要流动起来的，花出去的每一分钱都是值得的，都有价值，他享受金钱带给他的快乐！这不是跟周虹老师的理念一样吗，是我一直不识他的"高明"啊。

终于有一天，我觉得不再需要证明自己，也不想在花钱之后纠结地算账，我想让钱喜欢我。而账本是一个纠结的源头，又像一堵阻隔我们夫妻关系的墙，不仅失去了它最初的意义，甚至成了一个阻碍我开心花钱的障碍。于是，我做了一个决定——果断扔掉那个记账的小本本儿！

摆脱小本本儿　迎来大财富

　　刚扔掉与我相伴六年的小本子时，我偶尔还会在脑子里算一算账，可是这哪算得清呢？就像现在的人刷信用卡没有花钱的感觉一样，没有了账本之后，账在我脑子里越来越模糊，搞不清楚自己花出去多少钱，而账户里面的钱定期流入，并没有减少。我的关注点转移到了成长、美衣等带来的喜悦，我终于学会享受金钱带来的快乐了！

　　去年冬天，我们结婚七周年纪念日跟我的生日离得很近，老公提出把生日提前，和纪念日一起庆祝，我欣然同意。那天，老公订了蛋糕，亲自下厨做菜，还带着我一起去提车，那会儿我才明白前几天去看车、订车，都是为了在结婚纪念日的时候我能够开到他送我的新车，这是他特意安排的结婚纪念日暨生日礼物。满满的感动溢满心头！到了真正的生日那天，老公出差了，我也觉得已经庆祝过了，没想到在刚下课时，就接到电话说有人送我一束花，原来还有惊喜啊！那一束洁白淡雅的白玫瑰娇艳绽放，看着它们，我感受着金钱带来的快乐，感受着老公浓浓的爱，这就是周虹老师说的"金钱是爱的能量"吧——只享受，不算账，感受着浓浓的爱，以及这份爱带给我的喜乐和幸福。

　　再买东西的时候，我学会了只专注于享受品质带来的快乐，给自己买衣服，美丽愉快；给老公、父母、孩子买东西，心满意足。

　　夏天到了，我给自己买了几条真丝的裙子，轻盈柔美，身边人都说"真好看、好仙啊"，心情好得不得了！我给婆婆也买了一身真丝的衣服，婆婆说太贵了，我说："妈，我爱你，你值得穿好的！"婆婆很开心，我也很开心，金钱也一定更开心吧！

　　回想不再辛苦记账的这半年，我发现自己对待钱越来越坦然和开放，不再保持与钱之间的清白感，竟然产生了赚钱的欲望。这是我人生中第一次想主动靠近钱，自己都觉得不容易！为了突破自己，我加入了虹汇微信平台做编辑，还加入了虹汇电台做节目，成长的同时又拿到了"功德钱"，真开心啊！再给朋友推荐我们家的业务时，我也不觉得不好意思了，反而大大方方、坦坦荡荡。令我惊喜的是，以前主动联系我的朋友很少，这几个月居然多了起来。看来，真的是爱上金钱以后，就能把金钱吸引来，我开始吸引金钱了！我已经站在富人的队伍里了！

走到今天，我终于明白：是我长久以来扮演着"受害者"的角色，把金钱和爱挡在了门外。

在周虹老师和李霞师傅的引领下，我慢慢回到妻子的位置上，开始理解老公的忙碌，支持老公的决定，不断地学习懂他、爱他，我们之间的隔阂渐渐消融，他也回馈给了我更多的爱。禅修回来的时候，老公发着烧还坚持到机场接我，拥抱他时，那深沉的爱从心底蔓延开来……我也学会了经常祝愿老公事业顺利、财源滚滚，我看到老公说的别墅已经在不远处等着我们了。

当我扔掉账本，放下恐惧，敞开自己，重新认识和对待金钱时，我才发现自己是如此富有的一个人，拥有健康的身体、知心的爱人、快乐的孩子、幸福的家庭、流动的金钱……

"好女人是家里最好的风水"，我要做家里的好风水，跟随老公、成就孩子，珍惜当下的好日子，守好身边的财富和幸福！

如今我们家收获了更大的财富，我又怀上了二宝，添丁添福啊！

丈夫的"钱内助"

当爱失去依赖

　　说起男女分工,男人负责赚钱,女人负责照顾家,我举双手赞成,但是实际上,我的这种赞成又很不坚定。

　　在我的观念里,把男人和女人的分工看得比较重,这源于我的家庭。我的妈妈曾经是她所在单位的"风云人物",虽然她也努力操持家务,但我感觉妈妈心里并没有为这个家操心,因为她嘴上总说着别人的事情,总为别人家操心。爸爸是高级知识分子,是国家干部,可在家里爸爸炒菜做饭,甚至有时忙得一边看书一边炒菜。这时,我常常会想:一个大男人何必为难自己呢? 让妈妈来炒不就行了? 反正她在闲聊,又不是什么正事儿。我觉得爸爸对妈妈实在太迁就了。爸爸不抽烟、不喝酒、不打牌、不晚归、不生气,被妈妈以及很多人称为"模范丈夫"。而爸爸呢? 他总是微笑着接受这一称号。可我就像个有敌意的旁观者,认为这种模式是不对的。最起码有一点我十分介意,那就是怎么能让男人总围着锅台转呢? 那时的我简直像一个赞成男女分工的卫士。

　　但是,进入婚姻后我露馅儿了,原来我理解的男女分工只是针对父母的评判,真的轮到我自己了,一切就变样了。

　　结婚后,在意识上我会常常告诫自己:对老公要尊重,与老公在外一起吃饭不多言、不教导,在家里不求老公洗衣做饭端茶倒水。可现实却是,我老公偏偏勤快得很,回家就收拾这儿收拾那儿,我私心重,不仅没跟他说把这些都交给我干,倒是痛痛快快地享受着他的付出:家里的水费、电费、煤气费、有线电视费用,老公统统不让我操心,买米、面、油、菜老公也都承包,有时他还抢着做饭、洗碗、拖地、洗衣服。也就是说,我家男人既上班,又全方位地呵护着我、照顾着家,我不需要操什么心,对老公的依赖越来越多。总之,我家不再有什么男女分工。

就这样,一个甘愿付出,一个安享呵护,多么幸福,似乎这应该是结局了。但是,生活像车轮一样滚滚向前。

老公本来在国企上班,20 世纪 90 年代的国企对想多挣点钱的人来说就像一个大框框,束缚着人。这样的日子过了大约 4 年,我和老公都不太看好在国企的未来,于是,老公也尝试着"下海游游泳",期盼着多赚些钱。

按说老公要多赚些钱我应该多多支持的,但是,我能做到的仅仅是:老公如果有事晚上加班、与朋友吃饭聊天到深夜,我不干涉不发火,我觉得这个样子是男人的样儿,不用管;还有,我自己在工作上还算得心应手,不会因工作去烦老公。除此之外,在长期的受呵护中,我变成了个生活低能儿,一碰到烦琐的家事就不知从何做起,总是想拉着老公陪我一起忙家事;有了孩子后,更不知道如何照顾、教养孩子,我就像是一个"养孩盲"。

但是,谁又愿意承认自己是个生活低能儿和养孩盲呢?我多多少少有些要强,在外人看来也是很精干的。不愿意暴露这些弱点的我,把手又伸向了老公,希望他能够像以前一样多帮帮我。

可此时的老公已经就职于一家私人企业。老公也很要强,做事认真负责,每天为公司忙得不亦乐乎,在家的时间很少,即便到家,也想

着忙公司的事情。因为老公的努力,长了些工资,也确实赚了些钱。这时,对于家里的事,我就是求老公帮忙他也顾不上了。

令我最为头疼的是我不知如何养孩子。我苦恼没人来帮我传授些经验什么的,问起我的妈妈,她却回答:"谁知道,你们40多天的时候都送到托儿所了,我只是喂奶的时候去。"于是,我一门心思地天天盼老公能早点回家,能跟我说说孩子该怎么个养法。毕竟在怀孕时老公总说:"放心吧,放心吧,有我呢!"可事到如今,养孩子的问题积累下一个又一个,后来孩子又不停地生病,老公却没法安下心帮帮我。

就这样,从孩子出生一直到孩子四五岁,他在外打拼,而我的常态就是上班、回家看孩子、做家务、陪孩子玩、陪孩子上医院看病,我的身体被拖垮了。时间把我磨得无奈,磨出了可怕的想法,我开始怀疑爱情、怀疑赚钱:这叫什么爱? 挣你的钱去吧,你的一切和我毫不相干! 我从未像当时那样厌恶过老公。我觉得我和老公已经各自活在自己的世界里了,他为赚钱奔忙忘了甚至是不顾我和孩子了,而我,也不再企求能从老公那儿得到什么帮助了。

时光流逝,转眼又过了两年,他依然在忙赚钱,我依然迷茫。在这期间老公赚了些钱,并用我的名字买了套房。但是,我并没什么发自心底的惊喜,甚至觉得这房子来得太迟了,在我特别渴望时没有及时给我,而现在,长期的等待早已把渴望淹没,即使这房子比原想的大,我也没有了激动。其实根本原因是我仍不知如何教养我那"与众不同"的儿子,所以,什么事儿也没办法让我高兴起来。

儿子只要出现在群体中就显得与众不同。我跟班上儿子的黑管课,教黑管的韩老师说:"同学们请看我画的五线谱。"儿子立马站起来走到老师背后,认真地看韩老师画五线谱。我心当时咯噔一下,心想:哎呀,儿子得挨批了吧? 其他家长也吃一惊。好在韩老师画完扭身问:"看不见了是吧?"儿子真的是看完、看清、看准了才退回来。下课后,其他家长对我说:"你家儿子真聪明呀,活泼开朗,怎么教育的?"我却无言以对。我发愁的正是这个:太活泼啦,没有一点约束。可怎么约束呢? 我也不知道! 眼瞅着一年又一年过去,没有办法的我,在孩子不如我意时,只会举起手打孩子。

老公对我打孩子十分反感,事业的忙碌和家里的不顺心让他变得疲惫不堪,我也对老公不懂教育孩子、不顾家事感到十分不满,家里的争吵、抱怨、相互指责多了起来。就这样,当我的爱失去了依赖,我便整日被无助、迷茫、焦虑、失望、愤怒所折磨,变得越来越暴躁、冷漠和麻木。

拾回爱的信心

我走近周虹老师,本想向周虹老师学习如何教育孩子,没想到,在学习中我获得了意外的收获:拾回爱的信心。

一次上课,周虹老师说给大家宣布一个好消息。原来,一位"虹汇"姐妹的老公给她买了套房子。起初我只左耳进右耳出,没往心里去,可诸如此类事情越来越多:一位姐妹收到了老公给买的手镯,一位姐妹收到了老公送的生日礼物,一位姐妹收到了老公给买的轿车,一位姐妹收到了老公给买的衣服……姐妹们之所以把这些消息告诉周虹老师,都是因为她们收到了老公的礼物特别惊喜! 我开始纳闷,这些也需要惊喜? 要说老公也送过这些东西给我,我从未感受到惊喜呀! 慢慢地,我意识到是自己有问题——长期以来,我的焦虑蒙蔽了我的心和双眼,看不到眼前的美好!

几年前,老公和孩子去香港旅游,回来时给我买了钻戒和手表。他当时神采奕奕,讲他为什么要挑那个大的钻戒、为什么要给我买那

款手表,还非要让我看发票、看说明、看证书……等他折腾完了,我当时可能就点了下头,拿了东西放进柜里,很快就把这事抛在脑后。当时的我根本不把这些当回事,理由也很简单:你给的不是我想要的,你给的不对,给得再多,哪怕金山银山又有何用? 所以,对老公送我的东西,我都视而不见,并一心认为:他什么都没给过我,而我在家里却不停地付出!

一颗狭隘的内心只能钻牛角尖,当死死地抓住老公做不到的一点跟他较劲的时候,我以为"不作为"就是老公的全部,老公努力为我、为家付出的部分被我无情地删去了,最后误以为自己生活在苦海里,苦了自己,也苦了老公! 原来爱一直都在,老公每次送我礼物都是希望我能开心、快乐的,渴望我能收到他的爱,让我做个幸福的妻子。

我学习、工作需要电脑,在1998年的时候,老公就给家里搬回了一台价值一万多元的电脑,从此以后,家里的电脑隔几年就更新换代一次。老公自己在家很少用电脑,其实都是为了让我用上好的。因为内存小了要换,因为屏幕小了要换,因为网速慢了要换,我只管用,从未考虑过这些。原来这都是爱!

手机也是如此,市面上一出现新的时尚手机和流行款式,老公就会给我换手机。我平时给同事们留的印象是比较朴素超脱,当他们发现我不停地更换手机,也会逗笑地说:"你还挺时尚的嘛。"当时我还想,不就是换个手机吗? 根本没有意识到里面的分量。是老公想让我跟着他享福,这是他赚钱的动力,他想给我更好的享受,更好的生活。而我却没有丝毫的觉知力和感恩之情!

终于,有一天在课堂的分享环节,我走上台对自己过去的做法道歉,当时虽然老公并不在场,我却说得声泪俱下,真切地对老公说了对不起。爱一直都在!

提升爱的能力

"对不起"不能只挂在嘴上,更要落实在行动上。跟随周虹老师学习后,我渐渐承担起孩子的教育责任;学会了开车,不再做老公的累赘;学会了热情回应老公的付出;能够支持老公的工作,真正成为让老公一心一意赚钱的支持者。

我和老公的冲突主要是在对儿子的教育上。由于我对教养儿子没有信心,总盼着老公能多做一些。我的烦恼、焦虑就是由于我一直有这样一个不切实际的幻想。公平地讲,老公也是第一次养孩子啊,他凭什么就一定要比我知道得多、承担得多呢?对老公的这些要求,实际是我无能为力之下的强人所难。因为有这些刁难,我对老公出去拼命挣钱不但没有心疼、照顾、感激,而且还很不屑。那时的我对老公造成了多大的拖累和伤害,我真不敢想象。有多少家庭,女人对男人的付出不断地挑剔、不屑、嫌弃、贬低、木然,最终让男人失去了赚钱的动力。

说服自己要勇敢地承担起儿子的教养问题,是后来深深地认同了这样的理念:一个幸福的家庭模式都大致相同,具体到分工就是男主外女主内,男人主要负责赚钱养家,女人主要负责自己和家人的身心健康、承担家务、照顾老公与孩子的生活、教养子女幸福成功。

其实做这样的一个女人要比我上班挑战大得多,不过我还是有些喜欢挑战,我更想获得真正的幸福,于是我做的选择就是由我承担起孩子的教养任务。

做出这样的选择,我买菜的时候不再抱怨了,做饭的时候不再觉得浪费时间了,擦桌洗碗拖地的时候不觉得这是什么不足挂齿的小事

情了。了解到女人对家庭幸福的意义后,我觉得做这些事情十分有价值,甚至很有成就感,而我所做的这一切也都是在教养自己的儿子。在《望子成龙》那堂课上,我深切地感受到,想教养好孩子就要给孩子树立一个好榜样,孩子主要是从父母身上学习的。从此,家事在我这里不再是小事情,开始变得非常重要,做好家务,安排好家事是我最主要的功课,我也开始变得热爱起生活来,学习这些简直上了瘾。一方面,我一个星期去虹汇课堂两次,在提问环节请教周虹老师,解决我在日常生活中遇到的困惑;另一方面,每天早饭时,我准时打开手机上的"蜻蜓FM",点播我收藏的最喜爱的虹汇电台节目,听虹汇姐妹们讲怎么让孩子爱上学习和写作业、怎么说孩子才会听、父母如何修炼不吵不骂不打孩子。节目中,故事讲完后,周虹老师还会进行精辟的讲解分析。姐妹们身上的问题往往也在我身上存在,听着节目像是得到了指导。教养问题原来并不像我想的那么复杂和深不可测。

一直困扰我的教养孩子问题有了良好改进,我整个人变得轻松起来,曾经发誓不学开车的我也走进了驾校决心要好好学习开车。

因为不会开车,所以当我遇到什么事情时还是得劳烦老公当司机,这样老公就很劳累。更现实的问题是,每次去虹汇上课我都需要打车,现在车越来越多,道路越来越拥挤,打车十分不容易。这是个常事儿呀,我要马上解决这个问题,要不我上一次课老公就得心疼一次,这可不行呀,要努力做个有用的女人!

说起这点挺微妙的,老公勤于跑腿,如果我真麻烦老公接送我,他也会去,同时,还会很关心,问跑来跑去累不累,上课时间长累不累,有没有喝水,累的话就歇歇,等等。按理说,这多幸福!可是,我心里就怕老公这么问。说实在的,我是觉得累,但是不想承认啊,本来是自己愿意上,并不在意累不累,一旦说自己有些累,老公会觉得这又何必呢？一听到这些，我往往心里不舒服，把"这是老公的关心"抛在脑后，反感他问这问那，有点话不投机半句多的感觉，有时还会出言反击。现在想想，自己真是"狗咬吕洞宾不识好人心"，不懂得尊重老公，更不尊重自己。唉，还是让自己变得有用点吧。

用了半年多的时间，我终于拿到了驾照。10天后，老公就给我买了一辆轿车，这样，我的出行不再是个问题了，不仅解决了自己的问题，还可以在儿子需要时开车接送他上下学，在老公不在家时，我也可以开车带着儿子去亲戚家。而在过去，这些没老公可是做不了的。从此老公省了不少的心呢！

对我学车、买车的事儿，周虹老师听了非常高兴，可以说她的兴奋程度超我10倍，甚至站在车前与我合影留念！我很想跳到周虹老师的身体里去感受一下她从哪里来的那么高的热情，更想知道这种热情有必要吗？

答案是肯定的：相当有必要！那是一个真正热爱生活、热爱生命、热爱万物的自然状态。亲人之间最有效的交流就是状态。就像一个做事懒散的妈妈在教导孩子做什么事要积极主动，孩子不会接收"做事积极主动"的信号，他只会接收懒散做事的信号。而一个热情阳光的妈妈，传递给孩子的就是热情阳光。想把孩子教育成什么样子，当妈妈的就首先要成为什么样子！当妈妈是这样，做妻子也是这样。想让老公、让家充满浓浓的、热情的、轻松愉悦的爱，我就要先愉悦热情起来。

但是接下来的问题不是热情有没有必要，而是你敢这么热情吗？说实话我有点胆怯。我受的传统教育是"财不外露"。我不是不会热烈高兴的人，比如看电视，有好笑的事情我会大笑、大声表达甚至手舞足蹈，可是一说有钱了、买房了、买车了，唉，算了吧，自己知道就行了。

我们对金钱财富总是遮遮掩掩、不喜形于色的。

有一次课堂上，周虹老师做了互动游戏，让我们体验金钱对各种情绪的反应。一种是自信喜乐，一种是平静，一种是悲伤，一种是指责抱怨。金钱们无一例外地最喜欢自信喜乐的情绪，表示愿意去这样的人那里；它们只愿意分一小部分给平静的人；它们不愿意靠近悲伤和指责抱怨的人。

亲自参与了这次互动游戏后，我的心被搅动了。我想起了自己在给老公当司机时被批的情景，老公坐在副驾驶位置上，悠哉游哉地说："踩刹车晚了、压实线了、开快了、开慢了……"我没有回应过什么不满，开完车后乐呵呵的。老公以我想不到的节奏立马买了车。当财富袭来时就尽情地高兴吧，热情、喜悦会带来更多的财富！

渐渐地，我常常板着的面孔变得轻松起来，仿佛内心让人松绑了，也敢乐了。说到钱，哈哈，虹汇女人一个个都大方得很，有的姐妹直呼自己"钱多多"，有的姐妹自称是"高贵的守财奴"，有的姐妹甚至用"财迷心窍"来赞美自己。总之，在这里学习过的姐妹都能大方地表达自己对金钱财富的爱，表达得那么自然，那么健康向上。我也不例外了，我也敢表达爱钱了，更对老公那么会赚钱很崇拜！

其实，老公身上有许多优点，那是他成功的可贵品质。老公责任感很强；善于沟通但不油嘴滑舌；专业技术过硬；对他的老板、上司及前辈们非常尊重；在工作上积极主动、善于解决问题；不怕吃亏，诚实守信，在商海中一路摸爬滚打，他的名声、人品、人缘在圈子里被广泛认可，身价也越来越高。

赚钱后，老公首先改善了我们的居住环境。一开始，为了我工作方便，老公买了我工作单位附近品质好、在当时单价最高的楼房。没隔几年，老公又在繁华地段买了一套更大的复式楼房。老公会赚钱，也会守住这些财富,他做人做事很稳当,没见他做过投机生意,只会把多余的钱投到既能保值又能增值的项目上。这两年由于投资不善受损失的家庭非常多,我们家却平安无事稳步前行,可见老公的能力与品质了。这样的老公正如周虹老师所说,是"极品男人"。

就连我的爸爸妈妈也由衷地认可老公,他们觉得这个女婿就是贵人,特别是妈妈,总是夸赞老公为我们撑起了这个家,夸我们住的小区好,夸家里的家具好,夸我们两口子的关系好,夸他的外孙好……从妈妈的话语中,我体会到她相信我们过得好,她很欣慰和自豪。

特别感恩我的爸爸妈妈就这么平凡地祝福着我们。通过学习我才知道,父母对子女的祝福是增加财运,我恍然大悟,怪不得我们变得越来越富足的过程中,并不感到赚钱特别的艰辛,原来一直有父母的信念支持。

我更要感恩老公。有一项仪式在我们家很长时间了,就是拥抱。老公回家,我和儿子一定会奔向门口迎接并拥抱他。爱和崇拜要表达出来,我们希望这种迎接让为家赚钱的老公得到家人潮水般的尊重、热情和爱。

因为家里需要老公操心的事情越来越少,老公承担了公司更多的事务,干得越来越出色。

大富之家

今年(2016年)年初,我跟随老公参加了他公司的年会。那天,我里面穿了一件湛蓝色的长款旗袍,外面是肉粉色的大衣,这件大衣是我精心挑选的,没有职场严肃、生硬之感,袖子的插肩设计,让整个人不再有棱有角,显得柔了许多,还配了一条湖蓝色的围巾。年会的一

位负责人看到我们一家的出现,笑盈盈迎上来说:哇! 嫂子好漂亮呀! 老公乐呵呵的,很是开心的样子。

老公和我被安排在舞台正对面的第一桌,在颁奖环节,老公上台三次,二次为他人颁奖,一次是自己获奖。老公上台领奖时,主持人竟然意外提议让我也上台,要把奖金直接发给我。我没有推脱,真诚地感受内心的喜悦,稳稳站起,缓缓上台,面带笑容,聚光灯照着我和老公,眼前什么都看不到,只能看到我们自己。好吧,就自然表现吧。时不时传来"看这儿、看这儿"的声音,我就顺着声音的方向笑着,台下闪出一道道光,有的人还不断地跑着过来照相。那一刻,我尽情享受着老公的努力被充分认可的荣耀,自然地笑着、美着,毫不掩饰地快乐着。

荣耀的背后是辛劳、勤奋和付出! 老公除了工作就是家里,一回家,如果还有精力就操心家事。我太想让他多歇歇,也多玩玩,甚至多花花钱。总之,我想以后还是更多关注健康,关注生活的品质。我把引着老公玩、花钱列入新一年的计划中,其实就是想让老公多歇歇!

现在,我和老公沟通顺畅多了,会时不时地给老公敲边鼓:"挣钱是挣不完的,我们现在又没有什么特别花钱的地方,别太拼啦! ……瞧瞧你现在的身体,是在耗原来的老本,现在老本可没那么厚了,再这样下去,还能干几年? 悠着点儿吧!"我本来觉得自己说得多对呀,可没料到,在周虹老师那里,情况是一百八十度大转弯!

一次聚餐,周虹老师竟然对我老公说:"老任,你加油,还能挣20年的钱!"我脑子当时就一蒙,心想:我的老师呀,他已经很忙了,也不知道锻炼、不注意饮食,是不是该换个活法了?

后来我找机会说了这些,周虹老师特别淡然地说:"关键是家,家里的你很好就行了!"周虹老师的话总是很简单,足够我消化一阵子的。周虹老师认为老公能力很强,甚至强到老公自己也没意识到,说他格局大、视野宽。

周虹老师有句经典的名言:懂比爱更重要。看来是我自己不懂老公,只用自己认为的爱来待他,反倒束缚着他。

我是该学学如何懂老公了,那样心才会相通,也才会真正不说、不做给老公带来心理负担的话和事。

老公对自己的工作是认真、充满激情的。他很热爱自己的工作,工作中成就着他的人生价值,成就着他良好的人际关系,成就着他的荣誉感、自豪感! 好吧,那就让他享受工作吧!

当我感受到老公对工作的热爱时,家里更加和谐了。原来,我对老公在家接工作电话很无奈,觉得老公工作、家庭分不开,这多影响生活啊,回到家了还不得安生,吃饭时、睡觉时、上洗手间时也要电话接个不停,人难道不需要休息吗? 心里对此颇为不满,总是抓机会嘲讽一番。

一次,一对夫妇来家里做客。这对夫妻是老公的朋友,老公当时不在家,自然就聊到了老公忙的话题,我把他忙的表现绘声绘色地说给朋友听:"每天一回家,你看吧,都是一手拿包一手拿着电话还说着呢,我呀连问个好都插不上话……"正聊着,就听到外面老公打着电话回来啦! 我打开门,不出所料,他一手夹着包一手拿着电话贴在耳边正说着,看到客人,他微微点头一笑。客人们也笑了,"真是这样啊,你太了解他了!"那一刻,我仿佛被理解了:老公已忙得过度啦! 之后,我执着地劝诫老公要学会换角色,回家了该吃饭、休息,就不要再接电话了……结果,老公没什么反应,依然故我。于是我又无奈又不满,可想而知,我那时的脸如何好看得起来?

其实,我仍然做着自以为关心老公,实际上让他心里不舒服的事

儿,这就是不懂老公的心呀!

现在,老公回家还是会打着电话踏进家门,我和儿子就默默接过包,微笑地拥抱一下。老公挂了电话就会像换一副心情,问我们吃什么,这一天都做些什么,家里居然热闹了许多!

当我理解和接纳了老公对工作的热爱后,才真正看到老公对家是很上心的,他会时不时为家里添置自动扫地机、换个新音响、换个新电脑、买个新式拖把、给电视和电脑下载应用软件……

每次添置新物品,家里就像又有了新玩具,会热闹一阵子,不再像之前不论买什么都无法在家里激起波澜,哪怕是一个小小的涟漪。特别是买自动扫地机,它有清洁浮土功能,由一个遥控器来控制。儿子一眼就识得它是个"电动玩具",小伙子忙乎着把包装拆了,给遥控器装上电池,把充电器插上。我和老公正纳闷他怎么那么积极时,儿子手拿遥控器,指挥着扫地机到这儿到那儿,机器真听话,停下和变换方向时会停顿一下,那个感觉好可爱,我和老公也跃跃欲试,排队等待,好玩极了!现在,老公和我都享受这样的时刻,尤其是看到孩子专注地摆弄家里的这些"新朋友"的时候,我和老公仿佛又回到了孩子婴儿时期,每每看到他快乐的样子,我们都很快乐。

更令我欣喜的是,现在老公对锻炼身体、出去游玩什么的,也更容易接受了。今年春节老公就愉快地带着儿子跟随周虹老师去澳洲和新西兰,进行了一场意义非凡的旅行。老公是比较传统的,以前都在家里过春节,这次旅行,是他和儿子第一次在海外度过春节。

因为周虹老师倡导的理念是爱与接纳,反对一味地要求孩子,主张孩子的事情让孩子自己做主。所以一路上,老公很多劲儿都没有办法用在孩子身上,于是有了精力关照自己。以往出去旅游,老公提包、喂水、拿衣服,谈不上真正意义地玩,旅游回来一身的疲惫。这次,他可没法当后勤保障啦,真正享受了一次自己当主角的游玩。

他第一次为自己买冰激凌吃,以前夏天出去旅游老公也买冰激凌,但那是为我和孩子,他算陪吃。他戴着遮阳帽、手握冰激凌、弯着腰品着冰激凌的样子,像一个无忧无虑的孩子,可爱极了!

他第一次抱着大树感受与自然的链接。我从未想象老公会这样做,这可是他以前认为傻傻的样子呢!他能这样做,说明心中放下了多少的评判和束缚啊!这是脑子真正休息下来,身体在汲取着自然中的能量,养心养身,我多爱他这个样子哟!

在奥克兰的大草地上,他第一次以奔跑呼喊的形式上镜,留下珍贵的视频;在澳洲海边照相,第一次摆了展露胸肌奋力跃起的姿势……

在澳洲、新西兰的旅行中,老公极大地释放掉严肃、谨慎、循规蹈矩的能量,开始全身心地投入旅行,放松身心纯粹享受着美景、美食、蓝天、碧海、清风和新鲜的空气,与那里的小动物们亲密接触……

旅游中的老公真的玩"嗨"了,他也特希望我能感受到同样的喜悦,拍了许多的照片,特意买了许多当地的特产送给我,有上万块的羊驼绒,有当地有名的绵羊油和系列化妆品,有昂贵的墨镜……

我非常感激这次旅行,它让老公真正地身心放松了!特别是当周虹老师把老公在海滩前展露肌肤跃起的照片传给我时,我喜极而泣。因为最好的休息和放松并不是在家里多睡觉,而是释放!释放长期劳累、紧张的身体,释放因工作忙碌被忽视的心灵!

这次,老公不但没有身心疲惫,反倒像充足了电一样,回来后很快就投入到工作中。面对这样的老公,我发现自己真的变了,我不再是那个为不知如何教养孩子而焦虑、不停地想烦老公的妻子了;我不再是那个收到礼物却冷冰冰的妻子了,我会将它们摆弄好一阵子;老公

说又赚到钱时，我和孩子都会兴奋得不得了；当老公说起他的工作、他的同事时，我不再漠不关心，而是津津有味地听着；我也不再为他的忙碌、休息、饮食担忧了，哈哈，老公现在非常会调节哩！

我崇拜我的丈夫——一位会赚钱有情趣的极品男人！

"傻"人有"傻"富

周虹老师曾经评价我和老公："在现在这个日益浮躁的社会，很多企业今存明亡，但近20年来，你们在守住财富的同时又让财富稳步增值，实在难能可贵。"

"我也不知道是为什么，常有朋友说我们'傻'。其实，我从没有设想过我们要做多大的生意，我只是一直把自己该做的做好，不多想，简单纯粹地做人做事。"我回忆着这一路走来的经历，说道。

周虹老师一语道破："是呀，我们是同类人，为人处世都是傻傻的。但这其实就是你们的财富，你们就是'傻'人有'傻'富呀！"

听了周虹老师的这番话，我才恍然大悟，以前只是感觉自己跟身边很多朋友不太一样，但究竟哪里不一样，自己还真不清楚，原来正是因为我和老公的"傻"，才赚得了今天的幸福生活和财源滚滚呀！

20年前，老公还是南方工厂的一个小小的业务员。可是他业务能力强，为人处事踏实、诚信，深得老板的赏识，于是，被老板从几十人当中选出，派驻郑州办事处独当一面。经过10年的打拼，我们从替人打工到自己当了老板。再经过10年的奋斗，如今我们在郑州开创了一片新天地：从二人世界变成了儿女双全的四口之家；昔日合租的宿舍换成了东区漂亮的大房子；最初上下班用的自行车换成了奔驰；公司从仅有一间小门面、三个成员，发展到拥有多个部门一百多个人，再到

如今的公司平台化,部门公司化,让有能力的人都能当老板……这样富足宽裕的生活都是我们夫妻俩脚踏实地,一步一步换来的。

"傻傻"的姻缘

回想起16年前,我和老公的结合就是一段"傻傻"的姻缘。

那段时间,我每天到镇上一家电脑培训班学习,隔壁是一对退休的教师夫妇开的茶叶店,课间有空我会过去喝喝茶、聊聊天。熟悉后,有时候看他们忙不过来,下课后我会给他们帮帮忙。有一天,茶叶店老板问我:"你电脑学完之后准备干什么呀?"

"还没打算呢。"

"那来我们店里帮忙招呼生意吧? 你看我们也忙不过来。"老板热情地说。

惊讶之余,我傻傻地说:"可是我不会呀。"

"没关系,其实很简单。这段时间相处下来,感觉你踏实肯干,待人真诚,与老的小的也都能聊得来,你做生意,肯定没问题。再说,有什么不会的我们可以教你呀。"

于是,我就开始正式在那家茶叶店工作了。

一天,有位白白净净、礼貌斯文的年轻小伙子来到店里买茶叶。我给他泡茶,边喝边聊了一会儿天,后来他买走了3斤茶叶,过后我也就忘了这事,只是当时觉得镇上很少见到像他这样白净又帅气的小伙子。

3天之后的傍晚,老板有位叫老李的好兄弟找到我说:"阿香,还记得几天前来的一位小伙儿吗? 你觉得他怎么样?"

我挠着头傻乎乎地想了半天问:"什么人呀? '怎么样'是什么意

思呀?"老李又说:"3天前有位帅小伙儿来你这里买了3斤茶叶,那天他穿着白色衬衣蓝色牛仔裤……"。

"喔,是他呀,你这么一说我有点印象了,怎么了? 你刚才问我什么?"

"人家相中你了,你愿意吗?"

"啊?"我嘴张了半天都没反应过来是怎么回事。

"他姓黄,老家是隔壁镇上的一个村子,现在在这边刚买了房子给他爸妈住。他在广东一家涂料厂工作,现在被派驻到河南郑州办事处。"

接着,老板又笑呵呵地解释了事情的原由:原来,老李觉得我为人很好,在店里务实又乖巧,便私下里把我介绍给了这位姓黄的小伙子。小伙子上次来店里,表面上是买茶叶,实则是来相亲。后来老公说,他当时一见我,就觉得与他有缘分,我就是他想找的女孩类型,对我第一印象是:干干净净、清清爽爽、不复杂,跟他一样傻乎乎的,被相亲了也觉察不出来。于是,他毫不犹豫就相中了我。而我当时是真的傻,对于这一切毫不知情。

我跟老公从认识到订婚只有短短一周时间,有人曾经问我:"傻姑娘,男方老家可是在他们镇上最偏僻的山里哦,你不怕他把你骗到山沟里?"还有人说:"他在北方工作,说不定他在那儿早已有了家室!"

我傻傻地说:"这些我从没有想过呀。"

就这样,我嫁给了这个跟我同频共振的男人,跟我同样"傻傻"的男人,他是我此生的贵人,给我带来了富贵和福气!

"傻傻"的妻子

都说女人是家里的风水。一个家庭是否幸福,男人是否事业顺利,孩子是否开心快乐,金钱是否愿意驻足,关键取决于家里的女人是否跟随和信任老公、孩子,是否不折腾。

跟我熟悉的朋友,特别是女性朋友有时会羡慕地说:"阿香呀,真羡慕你傻傻的样子,整天啥事都不放在心上。瞧你家老黄,一表人才,高大帅气,事业有成,简直是一个现实版的白马王子,要是换成别人,不知道得怎么对他严加看管呢。可是你呢,好像一点也不担心似的。"

我傻傻地问:"为什么要担心呢?"这么多年来,我选择了这个老公,就从来没有怀疑过他。他说去出差了,我心里面理所当然地认为他就是去出差了,相信他就是在为他的事业而忙碌,更绝对相信他的人品和对家庭的忠诚。他出差在外我很少打电话打扰他,最多就是问候一声,叮嘱他按时吃饭,注意身体。其实,我对老公这种傻傻的信任有效降低了家庭摩擦成本,提升了两性关系的相处品质。

对于生意方面的事,我从不主动插手,只是做好公司里的财务后勤工作。当他在生意上遇到难题征求我的意见时,我会从自己的角度提出几个问题,然后一起探讨,但最终的决策权一定是在老公手里的。我绝对不会试图去控制这个男人,一旦他最终决定了,那我就傻傻地相信他、跟随他,做好我该做的。事实证明,老公的决定往往是正确的,就像有个故事所说的:"老头子做事总不会有错。"

有时看到他下班回到家很疲惫,我会默默地给他敲敲背,按按头皮,帮他舒缓放松身体。当他事业上有压力的时候,我会柔声劝慰他:"别担心,就算这事不成,你也还有我和两个孩子呢,我们是你永远的后盾。"

女人对老公和孩子不仅是信任和跟随,同时在家庭文化的引领方面也扮演着重要的作用。

2000 年我刚来郑州时,有段时间,老公和店里的人员每天晚上关店之后都会和市场上做生意的人相约打牌。每到下午 4 点多钟,他们就会心神不宁地不断看表,跟别人相互约定晚上吃什么饭,去哪儿打牌。由于晚上经常打牌到很晚,白天自然就没有精神,到店里也是无精打采。生意淡季的时候,大白天的,邻居都会跑到我们店里找他们打牌。有时看到店里来了客人,他们也只是起身敷衍一下,接待的时候明显心不在焉。我看在眼里急在心里,这类事情多次发生后,有一次,我实在忍无可忍了,不知道哪儿来的勇气和力量,直接跟老公拍了桌子:"我嫁给你,大老远地跑来这儿是要好好跟你过日子的,不是来看你们这样打牌的!"

我的发飙也让老公清醒了,从那以后,他和员工们打牌的次数越来越少了,把心思和精力又收回到了生意上面,而后我们每年的销量便稳步上升。时至今日,老公每每谈起那件事,都会感叹道:"老婆,别看你外表那么柔弱,发起火了,那厉害劲儿……不过你当时那样说是对的。"

看来,傻傻的我真的是有"旺夫"的命哦。其实,我心里非常清楚,所谓的旺夫命实际就是家里的女人守好自己的位置,做好妻子和母亲,经营好后院,这样家里的男人才会轻装上阵,心无旁骛地去做事业,赚财富!

"傻傻"的妈妈

两性关系是亲子关系的基石，是家里的定海神针。我对老公崇拜、尊重，老公对我关爱、呵护。这样的家庭文化里培养出来的孩子自然是稳重大气的。

在虹汇的某次课程上，周虹老师讲道："'妈'字拆解开来，意思就是扶孩子上马的人。"

我问老师："我是不是也应该扶儿子上马，助他一臂之力？"

周虹老师不假思索地答道："你都不用扶人家上马，只需要放手，他就会快马加鞭，一溜烟就上路了。"

周虹老师看得很准，大儿子今年 13 岁了，在他身上我已经看见了品质，看见了高贵，看见了成功和财富。

从小到大，我对于孩子也是傻傻地信任，相信他们不会做伤害自己的事情，不会做父母禁止去做的事情。我内心对于孩子没有担心，没有焦虑，凡事都往好的方向想。

虽然家庭条件优越，但我们对孩子不娇惯纵容，特别是在金钱方面，从小就教育他通过劳动赚取财富，有效管理金钱。

两年前，我开始遵循虹汇理念，和两个孩子签订关于家务活、零花钱、服装费、书籍费、手机费等契约。现在，孩子们基本上已经形成了固定的规矩，每天在家里有固定的、适合自己年龄阶段的家务活，从中获得家庭的认可，增强自尊心和自豪感。对于日常花销，他们也会精打细算，不随意挥霍，在预算内满足自己的服装、书籍、交际等需求。有时候实在入不敷出的话，他们会做家务活赚取额外的零花钱，比如，女儿给爸妈擦鞋子，儿子给爸妈擦车。

我给两个孩子分别办了一张银行卡,将压岁钱存起来,让他们自己设置密码,或者留到长大以后花,或者用以他们生活中的一些大项开支。

儿子平时喜欢打篮球,是个不折不扣的 NBA(美国职业篮球联赛)球迷。青春期的他特别关注自己的仪表和着装,特别是对鞋子,那叫一个讲究呀。每回放学进门换掉鞋子后,他都会把鞋子提到卫生间拿块抹布把鞋子擦上一遍又一遍,甚至鞋边沾上的一点点灰尘也不放过。前几天,他想买一双价值不菲的 NBA 球星签名的篮球鞋,但服装费不够了,想要支取压岁钱,征求我的意见。

我这个当妈妈的别的没有多说,只是傻傻地说了一句:"你是不是下半年要去美国游学?需要妈妈为你准备什么吗?"听到这句话,儿子恍然大悟:"妈妈,你这句话倒提醒了我,既然下学期我就要参加学校组织的赴美游学,还不如到了那里再买我心仪的球鞋呢,既便宜,品牌和款式还多。另外,我出国的学费你跟爸爸都替我支付了,我自己也得贡献一点,到时候在美国的一些开销我就用自己的压岁钱吧。"

听了儿子的话,我心里暗自窃喜,看来人"傻"一点还是颇有好处的嘛。

其实,儿子跟我们耳濡目染,从小就对金钱和生意很敏感。记得他小时候常跟我们到店里上班,有一次顾客进店的时候,我们都在忙没看见,他就主动走上去问:"你要什么油漆呀?"惹得顾客哈哈大笑。还有一次,我们隔壁的商户来店里串门,随手把口袋里的零钱放到了茶几上整理,儿子以为人家要买东西,于是煞有其事地说:"把钱交给朱阿姨(我们店里管财务的合作伙伴)。"

虹汇的"为人父母必修十堂课"之一是:人际即财富。

我以前会认为他在人际交往方面有些被动,不太喜欢主动与人交

往,但奇怪的是,他跟同学的关系非常好,大家都很喜欢他。我就曾经很纳闷地问他:"阿豪,看你平时不喜欢主动结交朋友,但无论在学校还是其他地方,你跟同学和朋友关系怎么那么好呢?"

人家淡淡地说:"其实也没啥呀,我就是做好我自己,吸引别人主动来跟我玩儿呗。"闻听此言,我心里一动:这跟我们夫妻俩平时的为人处世方式不是一模一样吗? 傻傻的,时光不语,静待花开!

"傻傻"的坚持

有朋友曾经问我们:"现代社会,经济情况复杂多变,许多企业摇摇欲坠、朝不保夕,但你们家的生意却稳中有升,有啥秘诀吗?"

我们的回答非常简单:"那是因为我们傻呗。"

说白了,我们的"傻"其实就是做生意讲究诚信,不欺不骗;对待朋友也实心实意,不要心眼;最重要的是,我们一家人相互信任,彼此成就。

我们的产品按系列分为几个不同的部门:家具、家装、工程、软装设计、家具配件、互联网家装等。与有些老板不同,我们实行的是经纪人制度,企业管理主要依靠信得过的经纪人。我们对聘用的经纪人充分信任,充分放权。他们制定计划书、策划方案跟我们充分沟通,一旦形成决议,那就坚决支持他执行下去。各个部门的团队建设、人员聘用、费用支出等,均由他全权做主。这样一来,经纪人的积极性和主动性得到了充分的调动,而我们放权之后也有了更多时间陪伴家人,享受生活。现在,公司各部门都打造了自己专业过硬的团队,工作氛围轻松、融洽,员工忠诚度高,经济效益也日益明显。我们的利益也非常愿意与员工分享,每年年底都设有年终奖金。

商人，当以创造利润为最高目标，但与此同时，我们更始终秉承"以人为本"的经营理念，以成就客户、成就员工为公司宗旨。

我和老公对自己要求很高，始终努力成长，让自己拥有高价值，因此对经营的产品也非常挑剔，注重品质。我们代理的老东家的产品已经20多年，知根知底，产品质量已经得到了市场的检验。对于后来独家代理的另外一个品牌，也是经过深入的产品考察和市场调研之后才决定做的。我们的很多顾客都是回头客，就是因为我们的产品和服务质量过硬，口碑好。

我们经营的是中国500强企业——"嘉宝莉"涂料。

涂料产品销售出去，实际上只是完成了交易的第一步，只有客户能正确地使用，产品才能真正焕发光彩，实现价值。因此，客户的操作流程，比如工艺、环境、配比、温湿度等，都对产品的性能和效果产生至关重要的影响。最初的几年，我们采用的是开设培训班的形式，购买我们产品的客户可以免费来我们这儿学习操作。

有一次，客户打电话过来反馈说我们的产品质量有问题，刷不出来我们所宣传和承诺的效果。老公便亲自赶到厂家，发现问题的原因并不在于产品质量，而是对方施工时的步骤没有严格按照我们教授的方法，我们给师傅配了油漆配比用的电子秤，但施工师傅图方便，没用秤量好了再添加材料，而是用眼力和手掂量来大致估计，往往就是因为这样不够精准的操作，产品便出不来最佳的效果。本着对客户负责的态度，我们又是"傻"了一次，免费提供油漆，并派专业的技术人员协助对方重新做了一遍，客户对于我们的服务非常满意。每个合作过的客户我们都当朋友相处，20年前的好几位客户，不管至今还有没有做这一行，都还是像老朋友一样时常联系问候，特别亲切。经过此类事之后，我们增加了专业的服务团队，对购买我们产品的客户，我们都会

派驻技术人员到对方工厂里,手把手地教,直到客户可以熟练地独立操作为止。这样一来,我们的人工成本肯定增加了很多,但"傻傻"的我们却认为这样的"吃亏"是值得的,我们经营者讲究品质,我们所销售的产品和服务也是以品质取胜。

周虹老师曾经说:"短时期内通过不正当手段获得巨额财富,把一生的财富都挣完,这是非常危险的!"值得庆幸的是,我们两口子做生意从来没想过要投机取巧,这么多年都是一步一个脚印踏踏实实地走过来的。

面对巨大的财富,我们问心无愧地获取我们应得的部分。

面对手里的财富,我们坦坦荡荡地回应:我们值得拥有!

大浪淘沙,由于我们的品质、服务与诚信,很多客户与我们建立了相互信任的长期合作关系,而且已经不仅局限于我们所经营的产品。许多人生意扩大,在寻找合作伙伴的时候,纷纷向我们伸出了橄榄枝,更多的商机向我们敞开,更多的财富纷至沓来。一些老客户不仅是生意上的伙伴,而且是全方位的朋友,闲暇之余举家小聚,生活中买车、购房、孩子上学、家庭琐事都会找我们做参谋。大家都觉得我们"傻傻"的,对待朋友"一根筋",值得信任,有什么话都愿意跟我们说。我们的真诚和诚信,吸引来了更多真诚和诚信的客户和朋友,谁能说他们不是我们人生中一笔巨大的无形财富呢?

"傻傻"的幸福

大道至简,"傻"即是大道。我就是这样一个傻傻的人,一个简单纯粹的人。正如今年春天和老师一起在喜马拉雅做的那期虹汇电台节目《我和先生都是"傻傻"的》一样,也许,财富最青睐的就是我们这种"傻傻"的人。

回顾过去,这一路走来,我由衷地感恩公公婆婆对我们的信任和支持。老公从小就是在公公婆婆的赞美和信任中长大的。在当初那么贫穷的条件下,婆婆也一直无理由地坚信老公将来是挣大钱的人!也由衷地感恩爸爸妈妈对我的祝福与信任。每年启程来郑州的时候,爸爸总会发来短信:"祝福女儿一家平安顺利到达郑州,来年生意兴隆,财源滚滚,更上一层楼!"妈妈总会在老家为我们祈福一路平安,女儿一家幸福美满。如今才知道能够得到父母祝福的人是最有福报的,感恩爸爸妈妈的起心动念,我得到了你们最好的爱与祝福,这是最真实、伟大的能量!

"傻傻"的我突然发现自己也是这样爱着祝福着我的先生和孩子,相信我的先生和孩子会有一个更高品质的财富人生。

感恩我们的族群将这份美好的祝福代代相传。

这就是我的好命运:一个"傻傻的"女人跟随老公、成就孩子、迎接财富、感恩生活的"傻富"和"傻福"的人生!

不把大量金钱花在医院

花大把钱看病

一次,因为对朋友价值几百元物品的账目误差,我怎么也放不下:她会不会误会我?她会怎么想我?别人又会怎么看我?我该怎样证明自己的清白?左思右想,纠结不休,吃不香睡不着,满脑子的焦虑、担心。又是一夜无眠,早上醒来,我脑子里恍恍惚惚全是"嗡嗡"声,心脏一阵阵发凉,胳膊也开始发麻发木,我觉得自己活不成了,怕极了,对老公说:"叫救护车吧,我不行了,起不来了。"

医生来了,询问了症状,给我测了血压、心跳,说好像没什么事。可我就是不行了,起不来。医生说:"我们都已经在这儿了,你不会有事的,就是有事我们也会救你的。"我心定了些,就试着起来,终于,我鼓起勇气站了起来,没有晕倒。医生看我没事,问我还要不要去医院。我心想,万一他们走了,我再出问题怎么办?于是还是坐救护车去了医院。

到了急救室,医生给我做了初步检查,没查出什么,就给我输了点安定心神的药。输完液,刚走出医院没几步,我又仿佛听到了"嗡嗡"声,又感到心脏发凉,我很害怕,又回到医院。医生说:"这样吧,我给你开个住院证,你住院好好查查吧。"我便住进了医院。

医生详细询问了我的症状和情况,给我做了系统的检查,说是过于恐惧、敏感、脆弱造成的。是的,此时的我充满恐惧,既焦虑被朋友误会的事,更害怕病症不停地来找我,我几乎不敢闭眼,又因为睡不着,精神一天不如一天。医生给我开了镇定安眠的药,鼓励我坚强,在药物的作用和医生的鼓励下,我终于慢慢放松,睡着了。可是一天以后,我又再次失眠。医生说,我必须也只能靠自己坚强才能好起来。我知道医生除了给我鼓励,开些镇定安眠药,也没有更好的办法,但我又不敢离开医院。

老公不忍心让我依靠镇定安眠药撑下去,他知道附近一家小寺院有一个活动,就和医生商量,陪我去了那里。也许是心理作用,当晚,我睡着了两三个小时。能不吃药睡着,我精神放松了些,接下来几个晚上,都睡得还行。但一周以后,我又出现了不舒服的症状,几天过去还是不好。

我恐惧、无助而迷茫,为了那几百元东西,我稀里糊涂地把自己折腾得进医院、住寺院,花了不少钱,老公、女儿陪着我担惊受怕,问题却一点儿没解决,我到底哪儿出了问题?我为什么这么恐惧、无力?我难道还要再去医院花大把的钱,吃一堆镇定安眠的药?我到底该何去何从?

把钱花在健康、喜乐、美好上

这时,我听到虹汇禅修的消息,就像是抓了救命稻草一样,走进虹汇学习。

崭新的理念一点点冲击着我,我看周虹老师和姐妹们都穿得怪怪的、飘飘的,心想:这怪怪的衣服还挺好看的。问起衣服的价格,动辄七八百、上千元,是不是她们都好有钱啊?听她们说起一些奇怪的观点,比如钱是要花的,越花越有钱;钱是吸引来的,要喜欢钱,钱才能

来……是这样吗?

对钱,我很敏感,嘴上说着不羡慕富裕,花钱却十分谨慎。我和老公工作收入稳定,虽不是很富,却也宽裕,但我花钱很心疼,总觉得自己只是工薪阶层,将来要花钱的地方很多,要多存些钱,心里才踏实。我极少给自己买品质高档的衣服,从冬到夏几乎都穿牛仔裤,经常在地摊买几十元的做工、面料都很差的衣服。家里添置东西,我的原则是能用就行。可是,老公并不理解我的一片苦心,他讲品质、要档次,为这,我们俩没少生气。瞧,周围的人都用上智能手机了,我心里很是羡慕。我的手机已经用了 6 年,除了外壳破点,质量很好,再说,手机主要为了打电话,要那么多功能有什么用? 就这样迟疑着,一直没舍得换。可是听朋友们说起"微信""朋友圈"这些新玩意儿,觉得自己简直是太落后了,还是换一个吧。老公找朋友帮我买很抢手的"小米"最新款,我立刻恼了:"我才不要这么贵的,七八百元买个能上网的就行。"老公说:"买就买个好点的!""我可不像你,就知道讲牌子、要面子、瞎讲究,我不要!"老公也恼了:"我还不是为了你? 又没有买特别贵的!"朋友把手机拿来,我更恼了,说了不要还非要买,忍不住又是一通抱怨。

后来我才知道,这是潜意识中的"不值得、不配得",对家庭财富有极强的破坏力。

老公曾经经营饭店,起早贪黑忙碌。我不满意他开业时做大幅优惠活动,一点不赚钱,在众多人前跟他争执,抱怨他傻。更让我不满意的是,他几乎没有时间陪我了,我抱怨他就知道钱,只要钱不要我。老公耐心地给我讲道理,一次次哄我,可我还是只要他一忙就不高兴。干了两年,老公把饭店转让,重回单位上班,可又经常出差,我总是哭哭啼啼不愿让他走。在家,他一看有关业务规章的书籍,我就恼火:

"看这有啥用?"心想,工作上应付过去就行了,那么认真有什么用?

我投资股票十几年,赚少赔多,把舍不得花的钱都打了水漂。我们参与朋友投资的钱,几年了,也没有收回来。我经常说:"钱够花就行,要那么多干什么?"不错,我喜欢钱,想成为富人,同时又有仇富心理,吃不到葡萄说葡萄酸,对一些有钱人看不惯,认为他们不就有俩钱吗?我想让老公挣钱,又觉得他太实在,不会算账,不相信他能挣大钱,更想让他整天陪着我。我还曾想,如果我中了大奖,自己家留些,把大部分捐出去,因为我觉得钱太多不安全。

然而,金钱喜欢喜乐光明,喜欢流动,给人带来价值。一个心口不一、不快乐、没有安全感、内在贫瘠的生命,一个用疾病和恐惧来吓唬自己的人,怎么能吸引更多的金钱来到她的身边?一个像小孩子一样缠着老公,不相信老公能挣钱,不支持老公学习业务、出去挣钱的女人,又怎么能迎回家中的财富?我要长大、成熟,做一个支持老公挣钱的富贵吉祥的女人,要让金钱产生价值,滋养和丰富自己的生命,不能把钱都花到看病、消灾上!

钱,到底该花在哪里呢?

这天,周虹老师上了一堂特别的课——比美!姐妹们轮流上台,让大家评比。我没有姐妹们那种长长的飘飘的衣服,就穿着平时穿惯的牛仔裤、运动鞋去了。周虹老师说,我这样的穿着是十多岁的青春期女孩穿的,我应该穿成熟女人的衣服。我心动了,也想让自己成熟、美丽起来,可我不知自己穿什么衣服合适。我的师傅林之林带我去了服装店,帮我选布料、设计款式,定做了一条长裙,又陪我去试穿,帮我拍照。看着不一样的我,师傅一高兴,又帮我参谋做了一件旗袍。我穿着新衣,怀着忐忑的心情走进课堂,周虹老师和姐妹们都说好看。当我走上台分享时,周虹老师说我终于穿了件成熟女人的衣服,让姐

妹们为我鼓掌。接着,我穿着新衣做了一次主持,这两次活动的照片都出现在周虹老师课后发的微信上。看着照片上的自己,我的眼睛湿了,原来自己还可以这样美丽!我开始给自己买啫喱、眉笔、唇膏……扮靓自己。一次,一位姐妹把我的照片发到大群里,说我越来越美了,我很感动,也明白了这样做的意义。花钱让自己美丽、自信、受到尊重,对自己荒芜的心灵是莫大的滋养、安慰和鼓励!我把家里那些质次价廉、不适合我年龄的衣服统统清理了出去,陆续为自己购买了色彩、款式各异的长裙、旗袍,以及头饰、项链、围巾、丝巾等。

当我穿着这些美丽的衣服款款走在蓝天白云下,享受着生活的美好时,恐惧似乎慢慢远离了我,我的心也柔了下来,不再焦躁。

原来,把钱花对地方,对身心健康有如此大的功效!

从前,我总是把眼镜随手一放,着急出门时经常找不到,让老公和女儿帮我找,他们总是抱怨我不放好,我就跟他们发火。一天早上,我又让老公帮我找眼镜,他又埋怨我,我笑笑,扭扭身子,撒娇道:"人家不放好,就是想要你帮着找嘛。"老公笑了,把眼镜给我戴上,拥抱我,送我出门了。从这以后,我再放眼镜的时候,越来越注意放在固定的地方,现在几乎不用他们帮我找了。一天我去学校接女儿,女儿抿着嘴微微一笑,对我说:"妈妈,你今天穿好看的衣服来接我,同学看见我妈妈漂亮,我觉得很自豪!"学校开家长会,她坚持要我穿着漂亮的衣服前去呢!

女人把钱花对地方,全家都会身心愉悦、满足。

现在,我对运动的投入也增多了。"瑜伽是女人必做的运动!""控制住自己的身体就能控制住自己情绪。""通过运动,先让自己的身体快乐起来,就能让心快乐起来。"……周虹老师的话和姐妹们的心得,让我好向往那美丽优雅的瑜伽。我多想让自己走出心里的雾霾,健康快乐起来。报瑜伽课吧？两年课程加私教课，要 8000 多元，我跟老公商量，他毫不犹豫地同意了。只要有时间，我就走进瑜伽课堂，跟着教练的引导，在一呼一吸中和自己的身心链接，在舒缓的拉伸中体会那"与痛同在"的感觉，增强内心的力量，享受放松后的畅快。呼吸越来越深长平静，身心越来越柔软，我僵硬的腿能很轻松地"单盘"上了。在周虹老师的指点下，我做到了两腿分开到极致坐在地面、上身完全贴在地面的高难度动作。课堂现场一片赞叹声和掌声，那一刻，我无比感恩、喜悦、自豪！我喜欢上了运动：跑步、跳舞、踢毽子、跳绳……享受运动的快乐。晚饭过后，我们一家三口一起来到了操场，女儿看我跑得直喘粗气，教给我呼吸的方法，我一试，还真好受多了，女儿很高兴，还教我们三步跨栏、投篮的动作。篮球运动会，女儿快而稳的运球，受到老师的夸赞；"800 米跑"成绩比上一学期提高了整整一分钟。老公有休息不好容易头疼的毛病，如果长时间无法缓解就只能吃止疼片。有一次，他又头疼了，我灵机一动，建议他跳绳 500 下，女儿也拿着篮球陪着我们一起下楼，打球、跳绳、跑步，出了一身汗后，他的头疼症状竟然缓解了很多。

我们家真的可以不把钱花在医院了。

身体状况是信使

去年，在老公的支持下，我和女儿一起跟随周虹老师来到美丽的西双版纳。临行前，我嗓子发炎、咳嗽，带着消炎药出发了。第一天晚上，我烧到 39 度。吃着药还烧这么高！我联系了导游，准备去医院，要女儿在房间休息，女儿担心地说："我怎么睡得着？"12 岁的女儿，说话语气竟然和老公一样！是呀，我去了医院，女儿怎能开心游玩？我只好向周虹老师求教。周虹老师给我发来一段语音："你是一个成年人了，感冒根本就不是病，只是提醒你要休息了，这几天出来刚好就是在休息，没什么，按照日程坚持下来，不给别人添麻烦。"是的，不能给大家添麻烦，更不能再让女儿担心了，我像服了定心丸，放心睡了。第二天一早，女儿一醒来就问我怎么样了，我告诉她不烧了，女儿"耶"地欢呼一声。一连几天下来，我都没再发烧。

周虹老师总是说"信念即是物质"，在周虹老师的鼓励下，我亲身体验到了战胜疾病的喜悦，也好像一下子长大了。过去的疾病都是因为自己意志力太薄弱，自己吓自己啊。这是我此行额外的收获，也是最珍贵的财富。

美丽的自然风光、迷人的民族风情……我们沉醉着、欢喜着。那美丽精妙的民族服饰，对我们这些爱美的女人有很大的吸引力。姐妹们相约去买衣服，我为自己"狠狠"花费了一把，一下买了 3 套。穿着新衣，走在郁郁葱葱的古老森林，感觉和大自然融为了一体。在一家少数民族村寨里，由于那里出售的银饰纯度高、做工精美，周虹老师和姐妹们都围上去挑选购买。我只是远远地看着，因为光旅行费已经花了不少了。女儿也围了上去，看中一个带有星星花样的漂亮手镯，和我商量想买。我看着女儿，心思翻滚：以前总认为小孩子不能养成讲虚荣、乱花钱的习惯，其实是从骨子里穷啊，不舍得花钱，从没给女儿买过贵重点的东西。一阵内疚上来，我亏欠女儿太多了！"好，你喜欢，妈妈给你买！"女儿眼里写着意外和感激："妈妈，你给我买？很贵的！"手镯戴在女儿手上，在阳光下熠熠生辉，看着女儿开心的笑脸，我心里也满是感动和温暖。

旅行回来，我的嗓子一直没好利落，疼得厉害，晚上咳嗽，睡不好。马上要春节了，老公要我去医院看看。我说："没事，我发烧 39 度没吃药就好了,咳嗽也会好的。"于是,我只是喝了些双黄连口服液,除夕前一晚,疼痛明显减轻,一晚上没怎么咳嗽,睡了个安稳觉,再一次感受到信念的力量,也再一次感受到内心的成长!

有一段时间,我们家准备装修房子,还准备买辆车,钱一时之间有点紧张。我和老公去看地板砖,我主张量力而行,不欠账,不要有压力,老公坚持一贯的主张,买质量、价格都更好的。我一算,光地板砖下来就贵1万元,心里很不舒服,回来跟老公说:"不要买这么贵的,我会感到心理压力很大,太紧张了,我受不了。"老公说:"紧张什么?又不是不挣了,每个月还发钱呢,边挣边花嘛。"我哭着说:"还不都是因为我生病,花了这么多钱,学习还花了这么多钱,不然也不会这么紧张……"老公无奈答应了我。可我心里却不踏实。周虹老师常说,我们的老公和孩子都是高能量,是我们能量太低,拖累了他们,挡住了家里的财富,让我们听老公和孩子的。周虹老师的话,一句句浮现耳边:"本来就不多,给出了,会拥有更多!""对自己好一点,你值得!""认定自己的命,相信'我不可能缺钱'!"……我反思着自己和金钱的关系,反思着20多年来因为买东西和老公产生的争执,老公的能量远在我之上,我错了,是该听老公的才对!心里暗暗做出决定,装一个品质更好的家。就在这天,老公一回家,对我宣布:"车到了,价格说好了,比市场报价便宜9000多元。""我的工资也涨了!"。哇!我刚起心动念,就双喜临门,感谢这美好的发生。我又一次体会到周虹老师说的"起心动念的力量"。

那一天,我觉得学习花的钱太值了,幸福、健康、富足是需要投入啊,每个家庭都需要投入一些金钱来学习成长。

我们本来计划给女儿房间买一张1.5米的床,睡着舒服。女儿不喜欢,说这种床太普通,坚持要买自己喜欢的样式特别的床。一趟趟

跑家具市场，不是我们相中的女儿看不上，就是女儿看上的我们实在无法接受。女儿生气了："说得好听，让我自己选，可是我选了自己喜欢的，你们还不是不让买？"老公也不高兴了："这根本就不是你这个年龄的人用的。"我也不满意，可也不想让他们争吵，就说："咱们再去别的地方看看吧。"女儿有点丧气了："都看这么多了，你们不让我买，再转也是这样，也没用！"我们闷闷不乐、漫无目的地瞎转着……突然，我们几乎同时发现了一张造型独特的双层床，女儿看第一眼就喜欢上了，老公也很满意，当即就决定买下它。我一问价钱，这床可不便宜啊！这时，一个声音在心中响起：跟随老公、跟随孩子，听他们的！床运回来，女儿兴奋地爬上去，把床擦得干干净净的，铺上被褥，美美地躺了上去："我对自己的床太满意了！"她的快乐深深地感染了我们，一家人都感到了由衷的开心与幸福。

钱，要是花在孩子真正喜欢的事物上，创造的价值无可比拟。

另外，我还会把钱花在一项普通人较少接触的活动上——禅修。我和妈妈关系不好，想起妈妈，我脑子里就会浮现出她数落我的样子："就你傻，缺心眼。""我瞅准了，你将来百事无成。""这么大了，没一点眼色。"……这些话像魔咒一样让我一次又一次否定自己，不相信"我能行，我能成功，我能有钱"。我对她又恨又怕，时刻悬着心，怕她会爆发。她去世20多年了，我偶尔梦见她，梦里也几乎都是骂我的样子。周虹老师对我说，我的健康出了问题正是源于此，要我放下对妈妈的怨恨。健康、金钱、事业等所有美好的事物都和与母亲的关系密不可分，当自己不认可母亲，生命就与源头失去了链接，就缺乏支撑的力量，会不认可自己，认为自己不配得、不值得，表现出对生命、对金钱的破坏力。

我认为妈妈是可怕的，这个世界是不安全的，我是不可能成功的，我的心理年龄还停留在小女孩时期。我恨了妈妈几十年,一点也不快乐,我不想再恨了,我要与妈妈和解!我做了很多功课,写《从母亲身上学到的美德》,让自己拼命去想妈妈的好,每天向妈妈忏悔礼敬,可我心里就是不认可她,也不认可自己,40多年来内心积压的恨,痛扯着我整个身心。我的病症也会时而反复。该怎么办?我陷入了深深的恐惧和痛苦之中。感恩我的师傅在我最痛苦的时候给了我有力的支撑,我需要时,她随时在,帮我疏导情绪,给我力量!

这时,周虹老师要带姐妹们去青岛禅修10天,真是"及时雨"啊!去年国庆节时,我曾跟着周虹老师去过3天,回来状态很好。这次是10天,效果会更好,我很想去,可又要花钱,怎么跟老公和女儿说呢?终于,我找到一个机会和老公说起这事,但心里并没抱多大希望。感谢老公又一次毫不犹豫地支持了我,并和我一起征得了女儿的同意。跟随周虹老师来到青岛,脉轮呼吸、乱语、"狮子吼"、跳舞、宽恕练习、与父母链接……我认真做每一项练习,身心一点点打开。可是一静下来,我就会不由自主感到害怕,觉得周围的人都让我害怕。周虹老师说,那是小时候对妈妈害怕的投射。是的,"我怕、我不能承担、我还想做小孩子",然而那些都过去了,我现在多大了?如果我不愿意长大,不愿意承担,女儿就没有妈妈,老公就没有妻子,我怎么给他们一个喜乐富足的家?是该面对这份痛和怕了,是该长大,对自己、对家庭负起责任了!我不再逃避触碰妈妈,每天的乱语,面向妈妈喊出我所有的怨恨、痛苦、害怕还有愧疚。我感觉到内心像是积压了几辈子、几千年的苦和痛、恨和怨。我"看见"了,我承接了我们家族的动力和苦难。用打击、抱怨、指责的方式,表达希望对方好的愿望,是我们家族链接的一种模式,那其实是一种爱。妈妈也是这个脉络中的一环和承接者,也在那种态度中长大。而我也在不知不觉中沿袭了这种模式对老

公和女儿。我看见一代代祖先为生命存活延续付出了巨大的代价,那是我们族群的伟大和爱。感恩我有幸看到了这一切,我不要我的家庭再继续这种模式,我们要以爱的模式链接在一起,互相鼓励、支持,彼此信任、祝福!感恩我的父母祖先传承生命,我向他们忏悔,把恐惧、疾病、苦难、怨恨还回去,过好自己的"一手人生",给女儿传递一个新的"爱之包裹"。我看见父母祖先慈爱的包容我、接纳我的情绪:孩子,把苦难、痛苦还回来吧,我们爱你,祝福你、佑护你平安、健康、喜乐、富足!你们和孩子一定会成功幸福!我放松自己跟随老师的引导:我就是爱!我爱我自己,我爱我的爸爸妈妈;我宽恕我自己,我接纳所有的人;我不再恐惧,我是健康的、喜乐的、富足的!眼泪不停地流,是感动、是幸福、是融化、是忏悔。爱越来越多地流动,滋养着身心,伴我度过这最恐惧、艰难、痛苦的阶段……

禅修回来,我给师傅林之林打电话,向她说起此行的感受,师傅高兴地说,我的声音听起来清亮愉快,一定收获不小。再次写《从母亲身上学到的美德》,我写道:

我像妈妈一样从小学习好,像妈妈一样满怀勇气追求新生活,像妈妈一样选老公有眼光,像妈妈一样爱家、爱孩子,像妈妈一样让金钱流动产生价值,像妈妈一样向上、向好、向光、向善……这都是妈妈赐给我的福!妈妈的好越来越多地涌上心头,我猛然发现,妈妈身上有这么多我从来看不见也不愿看的美德,原来我的妈妈这么了不起,我以我的妈妈为荣!亲爱的妈妈,感谢您给我生命,给予我的一切教化。您把您能给的、所有的都给了我,这一切足够了,我再也不向您要爱、要任何的东西了。妈妈,我接纳您对我所做的一切,所有的发生都是正确的。对不起,妈妈,原谅女儿的无知,原谅我那么执拗地盯着您给我的伤害,让恨挡住了您的爱、您的美好。对不起,妈妈,我爱您!做您的女儿我很荣耀，我也要做您最好的女儿来荣耀您，荣耀我们的家族。我会把您的爱和美德传承下去，我也会活得和您不一样，我要活得更加健康、长寿、喜乐、幸福、富足、尊贵、精彩，为自己和下一代开创更加美好的未来！这是对您最好的报答。妈妈，请您安息吧，祝福妈妈！

流着泪写完这些文字，我心里一片光明，长大、活着就是恩典，生命就是爱——"本自具足、能生万法"，这里面已经包含了我所需要的一切的爱、力量、智慧和祝福，原来我什么也不缺，我是富足的，我值得拥有。感恩这一切的美好！

财富是吸引来的

我内心不再整天焦虑、翻腾，一天天变得愉悦、平静。股市大起大落，我闲看云卷云舒。投资担保？不用了。钱不再平白流失，都花在了健康生活、提升品质、学习成长上。也许是金钱财富感受到来我们家是安全的，有价值的，我感到它越来越喜欢来我家了。有一天，老公去汽车"4S店"抽奖，想抽一个行车记录仪，心想事成，如愿抽中！

一天，我去药店买药，发现我医保卡上的钱有八千多元了。当初住院时，卡上的钱已经清零了。后来我偶尔去医院门诊，从没注意过卡上的钱数。以前因为经常看病，卡里的钱从来没超过两千元过。而且，钱多钱少我心里都不踏实，钱少，我会担心生病了不够用；钱多，又会觉得如果不生病，这钱不花就亏了。现在，我内心的恐惧少了很多，钱多钱少都坦然，钱少，因为相信自己很健康，不担心会再把大把的钱花在医院；钱多，更说明我的确是健康的，赚到健康，不就是最大的财富吗？

老公不再整天担心我，可以安心投入工作。见他拿出规章看，我赞道："看我老公多爱学习，又钻研业务呢。"他开心地笑着。老公不仅业务好，而且讲诚信、讲品质、善交往、格局大，给予别人的总是多一点，领导、同事、朋友都喜欢和他交往。更难得的是，20多年来，他一人撑起家里的所有，包容我的任性、胡闹、不懂事，对我呵护关爱，特别是在我生病时，想尽一切办法救治我。他就是周虹老师说的"极品男人"，而我以前从来看不到。嫁给他，是我的福气，我要知福、惜福、守福，做个温柔、可爱、有用的女人，让他放心工作。他出差，我微笑着和他拥抱告别，看着这个阳光、帅气、自信的男人，我知道他是我今生最珍贵的财富，跟着他，我们家会越来越幸福、富足。

女儿也愈加阳光、快乐，"体、品、学"发展平衡，被评为"三好学生"，以全班最高票当选"文明学生"，被同学戏称为"全能学霸"。她完全支配自己的压岁钱、零花钱和奖励，计划着买自己喜欢的东西，和同学一起玩、看电影时，出手大方，同学很羡慕她的富有。她说："花钱买到喜欢的东西，感觉很爽。"她在愉快充实的生活学习中，迎向光明的未来。我生日时，她用自己的钱给我买了一个漂亮的钱包，祝我健康、美丽、富有。那一刻，我觉得自己是世界上最幸福、富足的女人和妈妈！

在走向健康的同时，我也逐渐成为一个助人者——分享自己的成长经历，用亲身体会帮助更多的人走向身心健康。当初生病，我内心充满了恐惧、抗拒，求医问佛，惊吓自己、折腾家人，后来转变了方向，面对真实的自己，一天天成长。两种不同的方向，两个不同的结果：是把疾病看成可怕的东西，内心恐惧，最终被吓得脆弱无力；还是把疾病看成提醒，看成礼物，关注内在的发生，让内心照进温暖阳光，变得坚韧有力，这真的只是个选择。我非常感谢自己做出了正确选择。虽然选择自我成长是一条艰辛曲折的路,有痛苦、有泪水,有看不到出路的绝望。幸运的是,有周虹老师的引领,众多姐妹们相伴一起走,互相鼓励、支撑。在我出现反复失去信心的时候,周虹老师引领我走进虹汇电台,做了《经常拨打"120"的生活》的节目,分析疾病的深层原因,鼓励我接纳自己的状况,相信并祝福我会越来越好,给了我很大的勇气和力量。现在,我才真正体会到周虹老师经常说的一句话:"疾病是礼物。"是的,疾病是来提醒我们,我们的生命出了问题,需要改变,它引领我们走向光明喜乐,这是疾病对我们的爱和佑护,也是它给我们格外珍贵的人生财富。感恩疾病!

让我们一起敞开胸怀去拥抱财富,开启属于自己的喜乐、富足人生吧。

我靠优势成为富人

熬不出头的穷日子

4 年前,我 38 岁。

中年将至,我却依然是一名家庭主妇。"家庭主妇"的角色让我与金钱和收入整整绝缘了 10 年!10 年来,是老公一个人的收入养活着我和两个上学的孩子,生活的窘迫和紧张常常压得我喘不过气来。每一次从老公手里接过钱的时候,我心底总有一种憋屈的感觉:想当年,我也曾经上了那么多年的学啊!也曾经承载了父母那么多的希望,可为什么到最后,我却必须要去接老公递过来的钱? 我的价值去了哪里?

平平淡淡的生活,高居不下的生活成本,孩子们的学费,每个月的水费、电费、电话费、物业费……各项必需的生活开支总能让我的钱包迅速地瘦身成功。这样的生活轮回,不得不让我对"温饱之外"的种种"诱惑"保持着高度的警惕,不敢有一丝一毫的懈怠。

这种疲惫和拮据让我绝望,这种喘不过气来的生活,让我深深地把自己归属在"穷人"的行列里无法自拔。我甚至常常会想:

为什么别人都嫁得那么好?

为什么别人都不用为钱发愁?

为什么别人赚钱都那么轻松?

为什么我过着如此紧巴的日子?

为什么我总是要因为金钱不开心？

为什么金钱不来我家？

……

无数次"十万个为什么"在心里奔腾而过，却总也找不到答案。接下来能做的依然是把"一分钱掰成八瓣儿花"：

为了省钱，去很远的批发市场给女儿买便宜一点的衣服。

为了省钱，到早市上买便宜的菜。

为了省钱，总在超市搞促销和特价的时候去购物。

为了省钱，总在换季的时候，才敢为自己和爱人多添些衣服。

为了省钱，不敢有太多的交际和应酬。

为了省钱，不敢经常带孩子们出门旅游。

为了省钱，我把每一笔开销都记在一个小账本上。

……

这样的日子，与其说是在"过"，不如说是在"熬"啊！

可关键是，难熬的日子什么时候才是个头儿啊？

为什么我不是富人

"为什么我就不是富人呢"？当我在键盘上敲出这行字的时候，我的心里五味杂陈。

从小妈妈就告诉我："钱一定要省着花，钱一定要花在刀刃儿上，挣钱很难，钱一定不能浪费……"我想这应该是节俭的传统美德吧？于是：没钱的时候，不敢花；有钱的时候，又不舍得花。

可为什么从小就接受的节俭教育，没有帮我留住金钱，反而让我的生活如此艰难呢？我还不到 40 岁，难道我的人生真的就这样了？

不是说"穷则思变"吗？我的变数在哪里呢？

什么时候才是我的转机呢？

说来奇怪，就是我这样一个高度克制自己的欲望、不敢为自己花钱的人，有一天却有了一个天大的"欲望"。是的，是欲望：我梦想加入虹汇学习！可是一打听，那笔学费大大超出了我对花钱一事的最大想象范围！

虽然周虹老师是我崇拜已久的老师，但是一谈到要交钱，我就退缩了，心想：我的家庭和孩子也挺好嘛，我又不是问题家庭，也没有到了必须去学习才能过下去的地步嘛！干吗还要花这个冤枉钱呢？不过，我还是把我想去虹汇的想法透露给了老公，当时他只是问了一下学费的具体金额，就没再提这事儿了。

令我没有想到的是：第二天老公竟然把我需要的学费取回来了——那么厚的一沓钞票啊，放在手上都是令人欢喜的、沉甸甸的感觉！看着那一大摞红彤彤的钞票在我眼前晃，我赶紧收起钱，小心翼翼地用丝巾包起来放在了床头柜里，嘴里还埋怨着老公："谁让你这么快取钱了？我昨天只是随口一说，去不去上虹汇都还不一定呢！"

其实，我哪里是不想上虹汇啊！只是，只是一想到那么一大笔钱转眼就要离开我，我心里就十万个舍不得啊！

就这样，我没有表现出老公所期待的那种喜出望外、感激幸福。所以他什么也没说，悻悻地吃饭去了。我想那一刻，金钱的感觉应该和老公的心情是一样的吧——灰色的，像一个打扮得漂漂亮亮的却没有被认可和欢迎的小姑娘一样沮丧！

老公取出来的钱，成功地被我"保护"了下来，没有流失。可是我却开始失眠了，每天晚上在"交钱"与"不交钱"之间摇摆和纠结。这样的日子让我的心情坏到了极点。我甚至在想：都是因为缺钱才让我如此烦恼，让我夜不能寐。如果钱再多一点的话，我还会因为钱而烦恼吗？

我对金钱的抱怨和质疑，不知枕边的钱是否听到，我那时一边拥有它一边指责它，它一定是委屈极了。

终于有一天，老公再也看不下去我的辗转难眠了，他说："想要得到好东西，总是要先付出金钱的，对不对？"

老公的话，似乎也有一些道理。就这样又摇摆纠结了 10 天以后，我终于在 2012 年 9 月 21 号下午，下定决心把那些钱汇到了周虹老师的账户上，我也终于长长地舒了口气。那天晚上，破天荒的一夜无梦睡到天亮。

那些被我紧紧控制的钱啊，终于挣脱我的束缚和埋怨，先我一步到了一个我喜欢的地方。

历经千回百转，我终于忐忑不安地坐到了虹汇的课堂上，赶上的第一节课就是《财富》课程，老师很突然地问了我几个问题：

"你真的了解金钱吗？"

"你和金钱的关系和谐吗？"

"你真的爱金钱吗？"

"你相信赚钱是轻松的事情吗？"

"你知道如何吸引更多的金钱吗？"

嗨！这样的问题还不简单吗？我脱口而出了我的答案：

"我当然了解金钱了，它需要辛苦打拼才能赚到啊！"

"金钱不就是用来买东西的吗？谈不上和谐不和谐啊！"

"我不知道是否爱钱，我只知道我很需要钱！"

"赚钱，当然不轻松了。是一件十分辛苦的事情啊！"

"我只知道钱花了就没有了，花钱还会吸引更多的钱吗？我不

相信!"

老师听完我的回答,不置可否,只微微一笑说:"金钱是这个世界上最有灵气的精灵。闭上眼睛想一想,如果你是金钱,你喜欢什么样的人?什么样的家庭?什么样的环境?什么样的氛围?想好了给我答案。"

"咦?假如我是金钱。"这个假如真好啊!我正缺钱呐,我很开心我是金钱哦!闭上眼睛,我开始沉浸在"金钱"的世界里:

首先,我很希望别人尊重我、认可我。

其次,我喜欢和睦喜乐、没有压力的家庭,更喜欢干净整洁、井井有条的环境。

最后,我喜欢与从容不迫、情绪稳定的人在一起。

我是金钱,我当然也希望有许许多多的小伙伴儿啊!

当我以"金钱的视角"来重新审视金钱的问题时,得出的结论竟是如此的不同!

写到这里,那过去的30多年的岁月,在我的脑海里过电影一样地回放:

我出生在一个重男轻女的农村家庭,很小的时候,我夏天跟着父母去城里卖西瓜,冬天在寒风里卖白菜,像男孩子一样多干活,总想通过自己的努力得到妈妈更多的认可。

不论春夏秋冬,我的父母赚得的每一分钱都伴着汗水,透着艰辛。所以,我总不舍得把钱花出去,甚至辛苦了一个上午,连一顿中午饭都舍不得买来吃,更不要说其他的享受了。心里总觉得花了来之不易的钱,就是天大的罪过,只有把钱完完整整地带回家,才算是一件圆满的事情。

在这种穷、困的压力之下,我的举止、行为、语言不知不觉都变得越来越简单化、粗暴化。生活中出现了问题,总是对人出口成"伤",想迅速解决。仿佛生活的核心就只剩下了"辛苦的赚钱,努力的存钱,和尽量不花钱"。

我从来就不会去考虑人活着还需要"享受金钱"。在我的认知世界里,这实在太浪费了,造孽啊!

一年年地见证父母挣钱的不易,见证父母因为金钱而引发的争吵和埋怨,使我每当提及金钱,总是"沉重"二字挂在心头。

在这样的环境里一年一年地长大,风风火火地干活,快人快语地说话,遇事不给别人留回旋的余地,常常给别人带来压力和紧张,甚至冒犯了别人都不知道。人际交往中,也经常用不屑的语言去攻击对方,仿佛只有这样才是捍卫自己的最好方式。所以,和朋友、同事发生冲突争执,也是我生活中的家常便饭……

回忆到这里,脑海里突然蹦出来几个词:穷凶极恶、穷途末路、穷困潦倒——原来,与"穷"相关的词语没有一个是吉祥美好的啊,可这不正是我生活的写照吗?

是不是我深深地把自己归属在穷人的队伍里,死守着不愿意出来,才理所当然地导致了我和我的生活陷入一个如此不堪的"死循环"呢?

这样的想法吓了我一跳。可是当问题一层层剥开的时候,我仿佛看到了希望的亮光:我再也不想待在穷人的队伍里,我想成为富人!

靠近富人

"想成为富人"——说着容易,做起来好难啊!

十几年在家里带孩子、没有收入的情形,让我的自信心大打折扣。

我甚至认为自己除了会带孩子以外,一无是处。我不敢大胆地推销自己,不敢相信自己的能力,更不敢相信自己还有价值!

可是周虹老师却当着那么多姐妹的面说:"你不是没有钱,而是你不去靠近金钱,你的生命里有一笔巨大的财富等着你,用你的优势去发掘它吧!"

老师的话就像一粒种子,在我的心里生根发芽,让我既看到无限的希望,又陷入无限的迷茫……

用我的"优势"去发掘?

关键是我还有优势吗?掰着指头一一寻找,哪里是我的优势呢?

没有上过大学,没有学历优势。

没有在大企业里就过职,也没有职场优势。

没有创过业,也没有市场优势。

琴棋书画样样不会,没有艺术优势。

没有当过领导,没有领导力优势。

已经是两个孩子的妈妈了,更没有了年龄优势。

……

天哪,这本来是奔着"优势"来的,怎么越找越发现,自己不但没有优势,反而越来越自卑了呢?

这时,周虹老师说:"不要着急,每一个人都是带着自己的优势降生的,你一定也有自己的优势,只是你还没有发现而已。"

想了好长好长时间,我怯怯地问周虹老师:"我喜欢说话,还是个'一根儿筋'的人!这能算优势吗?"

老师问:"那你享受你的'说话'吗?"

"是的。"

"好吧,那你就尝试着把你在虹汇学到的东西,用自己的语言分享给更多的人,好吗? 也顺便检验一下你的优势。"

从此,带着希望和使命,我开始留意周虹老师上课的一言一行,留心记录老师的种种理念,把它们彻底弄明白以后,我就开始用自己特有的语言和方式去传播分享给更多的人。

渐渐地,我发现我去分享的人越多,就做得越轻松。首先,我学会了仔细地倾听对方在说什么,留心她们的关注点。其次,观察她们的仪态、妆容、服饰、表情、年龄等。因为这些无声的"语言",无时无刻不在泄露主人的天机啊! 所以针对不同的人群,要用不同的语言与她们对话。

比如,微信上的陌生朋友,交流的时候总是小心翼翼,顾左右而言他。这个时候,重要的是如何先让她放轻松、放下防备,以轻松信任的心态来告诉我她想了解的内容,并且愿意继续和我交流。然后再慢慢地进入交流的实质阶段,以后的事情就会很轻松了。

有时也会遇到特别自信的人群,她们是"知本家",认为自己已经学到了许多知识。第一次接触,她们一般不会很在意我说话的内容。所以我就需要特别注意倾听,给她充分的说话机会。在大量的倾听过程中,记下对方需要成长和圆满的"点",最后一针见血地指出对方的问题以及解决方案。只有这样,高学历的她,才会折服于我的专业,对我刮目相看。举一个我沟通中的小例子:

丽丽是一位大学老师,各种知识都接触得特别多,而且持续不断地在上各种课程。她来虹汇体验了一节课之后,给我发了一条微信:"虹汇挺好的,就是学费太贵了!"

我没有直接回答她的问题,只是开玩笑地问了一句:"亲爱的,以您的身份、地位、学历来说,这不应该是您的问题啊!"

没有想到,这一句话打开了对方的话匣子。她告诉我最近几年的

经济形势有多么不好,自己和朋友在一起的投资连连失败,很多资金都收不回来,所以资金常常吃紧。自己没有孩子,抱养的宝宝还小,也时时需要有人照顾⋯⋯

听完了她的倾诉,我没有和她一起讨论所谓的资金紧张,只是淡淡地说了几句话:"亲爱的,您和妈妈的关系不太好吧?是不是在你的内心深处,对妈妈有太多的看法、评价甚至排斥?当然,妈妈可能也不是特别喜欢你,其实连你也不喜欢你自己。你无意识地用大量的财产损失来报复妈妈,让自己40岁的人生过得千疮百孔,这下,你达到目的了!你不喜欢自己,连自己的生命都不想延续。"

说到这里,我戛然而止,她也沉默了好长时间。

终于,一段时间之后,手机屏幕上出现了一大串"惊讶"的微信表情。接着传来她低沉的语音:

"你是怎么知道这些的?我和母亲的关系是我的秘密,我对任何人都没有讲过啊!我以为你会跟我聊学费,聊资金,聊经济!万万想不到你会聊到与母亲的关系。是什么让你一下子看透了我?"

我说:"没有人会一下子看透你,是你的生活状况泄露了你所有的'机密'。在人的一生中,'母亲'代表着财富,与母亲的关系,就是与财富的关系。当一个人与母亲深层的关系不好时,就会在中年时期以离婚、破产、生病、损失大量的财产等的重大事件来报复母亲,让母亲伤心失望,这是潜意识中的快感。其实,无论如何,我们都要感恩父母给了我们生命,这就足够了。其他我们希望得到的,可以自己努力获取。另外,您抱养的小宝宝,等他再长大一点点,千万要告诉他,他来自于哪一个族群,让他回归到他正确的序位中去,对他对你都是最好的交代。"

沟通到这里,电话那头的她,已经几度哽咽,平复了一会儿,她说:

"虹汇的文化很通透、很厚重,开门见山,不弯不绕。我很庆幸认识虹汇。我希望好好开始我下半生的新生活。"

第二天,她勇敢地走进了虹汇课堂,也没有再提起虹汇会费贵的事儿。

还有一个会员,和她的朋友一起结识了虹汇,她的朋友对虹汇一见钟情,而她则是再三观望。对于这样特别有主见的朋友,更是话不能过多、过急。

我们相互加了微信,我会时不时地把她朋友在虹汇的成长、进步、心得、图片等转发给她。只原汁原味地呈现,并不做画蛇添足的评论。

每个人都不希望在成长的道路上,被熟悉的人远远地拉在后面啊!两个月以后,她主动联系我进虹汇学习。后来,她们成为虹汇成长路上的一对姐妹花,成为一段佳话。

我也常常会遇到这样的姐妹:从小得到父母的关爱比较少,内心充满了恐惧和不安全感,生活的圈子也不大。她们通常只用文字交流,很少用语音,而且经常是收到信息不回复的状态。

对于这样的姐妹,自己就要多一些主动,要像大姐姐一样宽容她。要主动与对方沟通互动,当然,沟通的内容也绝不仅仅局限于虹汇。孩子们好玩的地方、发现的美食、好用的美容方法、好用的健身方法……都可以是聊天的内容。在谈话中,要让她们看到生活的无限希望,看到安全,看到爱,找到归属,又要呵护对方的自尊心,鼓励她们一步步靠近看得见的幸福。这样的朋友一旦信任你,就能成为一辈子的好朋友。所以,真诚是交流的基石。

写到这里,想给亲爱的朋友们分享一句很开心的话:这些通过我这座桥梁而结缘虹汇的姐妹们,总会时常送一些温馨的小礼物给我,感谢我在她们最迷茫的时候,指出了一条通向健康、幸福的道路。面

对这样爱意浓浓的回馈,我当然是十二分开心地接受啦!

在虹汇,我遇到的各种各样的姐妹们,每一个人的梦想和诉求都是不一样的:她们有的想让自己成长,有的想成为虹汇导师,有的想改变与孩子的关系,有的想融洽与伴侣的关系,有的想在虹汇找到第二职业……大家的诉求不一而足。所以,为了灵活自如地应对姐妹们的各种问题,就要努力上好虹汇的每一节课,就像小松鼠储备过冬的粮食一样,大量储备各种知识和案例,面对大家的各种提问,用自己的话语以对方最能接受的形式表达出来,最好的办法就是把自己变成一个"杂货铺",才能从容自如的应对的各种未知情况。

就这样,我一直在用自己的方法摸着石头过河,享受这样分享的乐趣,享受这"来之不易"的虹汇岁月。这一坚持就是3年多。

3年来,我风雨无阻地上课,保持了排名第一的出勤率;

3年来,只感谢老师给予的各种各样的历练机会,从来不问是否有报酬;

3年来,我把虹汇的事情放在心里最重要的位置,虽然许多事情都没有经历过,可我愿意尝试着去做去承担,不怕失败、不怕批评,做错了就重新开始,做对了就积累经验……

就这样一直坚持着往前走,错的地方越来越少,对的地方越来越多了!突然有一天,两件天大的好事就突然降临到我的头上。

第一件,周虹老师说:"以你现在的水平,开始系统地讲虹汇的课程吧!去分享给更多的人,你可以的!"

第二件,周虹老师直接给了我一大笔钱啊。说是我这个月的劳动所得,说我的"执着"是金子一般的品质,还说虹汇"营销总监"的位置非我莫属!

天哪!这幸福也来得太突然、太毫无征兆了吧?!

亲爱的朋友,您知道我这双手有多久没有拿到过自己挣的钱了吗?

一个在家带了10年孩子的家庭主妇,竟然还可以做"营销总监"?还可以组建自己的团队?这实在太让人激动了!

好不容易按捺住自己无比激动的心情,看着那堆让人痴迷的、炫目的、可爱的"粉红色",我心潮澎湃地捧着她们数了一遍又一遍……

此时,我不禁想起来,刚刚加入虹汇的时候,老师就说我是"女人的底线"——没有学历、没有见识、没有经验、没有年龄优势,所有的姐妹们的水平都远远在我之上,我是最底层的那个人。

可是3年以来,我凭着对虹汇"一根筋"的执着和最原始的信和认,傻傻地见人就说这是"我的周虹老师",这是"我的虹汇"。我不怕我的学历低,我最用心地上课、做笔记、分享,追随老师,模仿老师的言行,更不舍得迟到、缺课。就像夸父追日,像运动场上的长跑运动员,只要锁定了目标,就不再变换跑道,不停地奔跑、奔跑……今天回头看的时候,才发现离开起点竟然那么远、那么远了!

在虹汇的日子,其实我每天都在靠近金钱——用优势靠近金钱,用我"沟通"的优势不断地与别人分享我的成长经历、心得体会,不断地传播着虹汇文化。

老师说,这就是营销和做导师的基础。

得到老师的肯定以后,2015年9月23日,我开始穿上职业装,人生中第一次无比享受地站在讲台上给大家讲课——讲《虹汇营销》、讲《九型人格》、讲《青春期性教育》、讲《望女成凤》……

现在的我,除了家庭主妇身份不变以外,我还是虹汇"女人经"系列图书的作者,是虹汇讲师、虹汇营销总监、虹汇秘书长、虹汇好师傅、虹汇电台主持人……

是的,在虹汇大家庭里,每一个人都有着多重身份。我还和姐妹们一起在虹汇电台分享了《我为什么不敢花钱》《注重品质的人更富有》《我的眼睛里没有钱》等关于金钱的成长故事。

在五光十色的生活里,如果我们只彰显生命中最优势的部分,那么我们的生活就会游刃有余、有趣、有序。

每天早上六点半,我都会习惯性地打开手机,在"喜马拉雅FM"上搜索"虹汇女人有多色"来收听虹汇女人故事,补充满满的正能量,开始一天全新的生活。

现在我看到了,我的每一种身份的背后,都是金灿灿的财富数字。原来,不是我没有钱,而是以前的我眼睛里根本看不见钱,更不敢去挣钱,是我自己死死地站在"穷人堆儿"里死赖着。当我试着从"对金钱的误会"中跳出来,用自己的优势来挣钱,而且勇敢的带领我的团队一起靠近金钱的时候,仅仅是作为虹汇导师每个月讲几次课,就轻轻松松地超越了普通工薪族一个月的收入。这让我想起周虹老师一直在告诉我们的理念:赚钱是一件轻松的事情。

是的! 用自己的优势赚钱当然不辛苦。以前,我对老师的这条理念总是很怀疑,那是因为我一直躲在"全职妈妈"的大旗下,活在童年对金钱的误会里,恐惧着挣钱的艰辛与沉重,不敢去挣钱,更不相信自己有挣钱的本事。所以,那时候的我,从脑袋到口袋,都是赤裸裸的穷人。

今天,我看见了真相:我可以轻松的挣钱,我是富人也是有福人!

如今,我更深深地感恩妈妈给了我生命来经历和感知这个世界。可是,亲爱的妈妈:从今以后,我要与您过得不一样,我的生命原本富足。我不用很辛苦地挣钱,我可以轻轻松松地挣钱。我要稳稳地站在"富人的行列"里。亲爱的妈妈,请您祝福我与您生活得不一样!

我已经深信不疑自己的生命里埋藏着一座巨大的金矿，它就是我的语言优势、我对团队的执着和忠诚！

体验富人

随着越来越多的金钱流向我的生命里，我也开始慢慢地学着享受金钱。

首先，我们听从老师的建议，请回来了"颜值"超高、本领超强的大越野车，请回了最新款的佳能专业相机。他们是我们家庭中的一员，孩子们开心地为他们取了和我们家妞妞名字一脉相承的姓名：景梓白和景梓佳，小名分别是"大白"和"小佳"。

大白和小佳的到来，为我们的生活增添了无限的温饱之外的乐趣！周末的时候，大白带我们去郊游；假期的时候，大白带我们去海边、去爬山……小佳将我们无数个欢乐的瞬间定格成永恒！我们的视野和格局也随着大白的出行半径而扩大！车厢里充满了孩子们肆意的欢笑声，镜头里记录着孩子们开心的鬼脸儿……

坐在宽敞舒适的车里，看着车窗外飞驰而过的城市和树木，听着孩子们自由的笑声，我依稀又想起当年那个顶着烈日卖西瓜的小姑娘、那个连中午饭都舍不得花钱在外面吃的小姑娘。如今，那个小姑娘渐渐长大，人到中年终于开始学着为自己花钱，享受花钱了。

这种感觉，真好啊！

再遇到喜欢的衣服、饰品，我也会欣然买下，再不会眼巴巴地等到换季打折，把"价格"作为唯一的挑选标准，把自己的喜好委屈在价格里。

有一次，在一个自己喜欢的店里，我一口气为自己"拿下"了4条

裙子和好几款饰品,刷去银行卡上五位数字。刷卡的时候,心里想着那每一件衣服都是自己满心满意喜欢的,想着将它们穿在自己身上美美的样子,竟然破天荒地没有了"心疼"的感觉,不觉嘴角就弯起了美丽的弧度,心里虔诚地感恩金钱赐予我美丽的机会。我想,金钱也一定是感受到我的快乐和喜悦,想必它一定比我还要开心呢!

当我把自己精心挑选的宝贝带回家,老公和孩子们都诧异地看着我,他们模仿着本山大叔的语气:"怎么着?美女,穿上,整两步?"

说着,可爱的老公已经打开了音响,随着老公的一声"Music",耳边已经响起动感十足的音乐。

"好啊?帅哥,整两步就整两步!"

换上那双最高的高跟鞋,把我的新衣服一件一件穿上。那一刻,我就是"T台"上最耀眼的那颗星,我抬起头、挺起胸:我的生命享受这一刻的美好……

在这场家庭"走秀"中,我越走越开心、越走越自信、越走越享受,愈加对旁边的老公孩子们巧笑倩兮、美目盼兮——感觉生命的花朵在一层一层地开放,各种美好的感觉在心间荡漾开来。耳畔听见孩子们在笑,老公在鼓掌!看见孩子们终于忍不住就加入了我的走秀!

就是这样,一次坚持品质的选择、一笔喜乐的金钱、一场欢乐的家庭秀,让家充满了欢声笑语!这就是金钱的价值和愿望!

更加欣慰的是:随着我的金钱观的改变,孩子们的成长更是一日千里。

首先,她们非常喜欢金钱,更敢于大胆地表达对金钱的喜爱。

我在每周固定的时间给她们发零花钱。

孩子们每次接到钱,都会用各种各样美丽的词汇和声音来赞美金钱、向金钱深深地鞠躬感谢。她们还为金钱准备了各种不同风格的住所——各种各样的大钱包！各种面值的钱分门别类整整齐齐地摆放着，让金钱舒舒服服踏踏实实地居住。

其次，学会尊重金钱的价值。

孩子们拿到金钱以后，我不去过多地干涉孩子们对金钱的分配和处理方式。她们反而会慎重有目的地花钱。她们办了读书卡，和同学们一起去咖啡店享受飘香的周末时光，把几周的零花钱攒在一起买一顶自己真心喜欢但价格不菲的帽子……

很欣喜我的孩子们没有再像妈妈以前的生活的模式一样，为了图便宜草草应付自己、委屈自己。而是让花出去的每一分钱都给自己带来喜悦。

最后，懂得用自己的"优势"挣钱。

女儿喜欢也擅长画画，在虹汇组织举办的易货大会上，女儿坚守价值的底线，一幅彩铅画卖出 128 元的最高价格。成交以后，小伙伴儿还崇拜地请她签上了名字！小小年纪的她，已经体验到了赚钱的轻松和愉悦。

真的很感恩虹汇文化，让女儿的选择和我不一样：

她们在小小的年纪就开始与金钱链接，勇敢地表达对金钱的喜爱与尊重，享受金钱的价值，体验轻松愉快地以优势赚钱。从小就稳稳地选择了富人的行列。衷心祝福女儿们的生命富足安然！

就是这样，我们的生活和心情每一天都在发生着美好的变化：

我们不仅请回了"大白"和"小佳"，还陆续更换了设计更人性化的新款家用电器。老公的心情愉悦，收入更是稳步上升，令人羡慕。全家的衣服和物品越来越有品质，孩子们的零花钱也从未间断，家里的笑声越来越多，孩子们在学业上的回报越来越多……在一步步享受金钱带来的物质愉悦的同时，老师又提醒我们更多关注身体和

心灵。

于是,我又花钱为自己办了健身卡并开始了生命中的第一次禅修,让每一个细胞都在酣畅淋漓中苏醒,让生命中的负面情绪得到清理,迎接喜乐的回归。

带着对生活全新的认知,老公和我决定:今年春节带着孩子们和虹汇大家庭一起,走出国门,触摸世界。

孩子们听到这个消息,开心极了,她们开玩笑说:"爸爸妈妈,就应该这样——我们只有看见了'世界',才可能有正确的'世界观'嘛!"

老公说:"那就拿出小本儿记好喽!这就是你们的'嫁妆'哦!到你们出嫁的时候可是价值连城啊!老爸可不再陪送房子、车子喽……"

是啊!虽然是他们父女之间的可爱的玩笑,但是老公说得真好——还有什么能比一个女孩子宽广的胸怀、从容的气质、非凡的见识和富人的归属更令人心动的嫁妆呢?

为了实现家庭成员的一个个梦想,家里支出的金钱越来越多,可是手里剩余的金钱也同样越来越多。

奇怪!金钱为什么会越花越多呢?

富人的秘密

如果说有秘密的话,富人还真的藏着惊天秘密:

我看到:身边的富人在生活中时时刻刻对金钱心存感恩,不但不舍得说金钱的半句坏话,反而像对待恋爱中的女神一样,去赞美它、爱它、坦然地表达对它的喜爱。他们即使遇到了一些问题,也是就事论事地解决问题,而从不指责金钱。

富人从不抱怨,总是勇敢又轻松地用自己擅长的优势去赚钱,所以赚钱这件事儿就在他们的心里轻松愉悦,充满乐趣。

富人更加尊重金钱流动的本质。金钱是灵动的、欢乐的、喜悦的、充满活力的,像一条唱歌的河流,它不喜欢自己被死死地关在银行的账户上,成为一潭死水。所以,富人创造财富的同时,也让更多的钱回流给更多的人,让更多的人来挣自己的钱,让自己的钱福泽更多的人家。同时更享受金钱、财富带来的高品质的人生。

金钱就是这般可爱,简单。

当我怀着崇敬的心情,去适应金钱的"游戏规则"后,便真真切切地理解了老师常常说的"挣钱就是挣功德"。随着金钱在我生命中的回归,我在父母那里尽了更多的孝心,在孩子们身上增加了更多的教育投入,让孩子们有了更多支配金钱的锻炼机会……

我那可爱的妈妈不止一次在她的朋友和小伙伴儿们面前夸耀:"俺家妞有本事,也会挣钱,还会养孩子。她们家越来越好啊!盼着她们一天比一天好,我自己也感觉生活越来越有奔头儿!"每当这个时候,妈妈的脸上就荡漾出迷人的笑容。

哈哈!太好了!带着妈妈温暖的祝福,相信金钱一定会对我宠爱有加哦!

4年了,我在"虹汇女人的底线"上,从一无所有,傻傻地"信"、傻傻地"认",长跑到今天,拥有虹汇的多重身份,也得到了金钱与财富的眷顾。姐妹们都亲热地叫我"钱多多"。

周虹老师也特意送给我一个好听的名字:银儿。

老师说,这是金钱流动的声音,是守住女人的温柔本色,是不与男人抢位置,是财富人生,是家安财来,是做一个好女人,吸引更多的财富!

带着无限的喜乐和期待,感恩亲爱的金钱带着它更多的小伙伴儿落户我家。"和财富金钱一起成长"将是我一辈子的功课。

其实,在我们每一个人的生命里,都藏着一笔巨大的财富,只要用优势和执着去开采,我们每一个人都是富人。

亲爱的读者朋友:面对生命中巨大的财富,您准备好了吗?

富有的全职太太

一个阳光明媚的午后,我去逛商场。

当我在试穿一条新上市的裙子时,那款式、那腰身简直就像是给我量身定做的似的,太合适了!就连那颜色也特别配我的肤色,简直是完美。我站在镜子前面来回地转了几个圈,感觉很美。营业员也在一旁不停地说:"真好看!买一件吧!这条裙子一点也不显你的胯,在别的地方根本买不到这么合适的。"我享受着,心动着,下意识地看了看价签:3000 元。我心头一紧,心想:太贵了,老公会同意吗?他会不会说:"你都有那么多条裙子了,为什么还要买新款?"想到这,我赶紧脱下裙子说:"先不买,我再看看!"营业员很不情愿地收起了衣服。

接着,我又逛到了饰品专柜。漫不经心中,看到了一条金项链。那个金是市面上很少见的"玫瑰金",挂坠是金币形状的,亮晶晶的,好像在看着我,对我说:"主人,我在这里,你带我走吧,我要和你在一起!"这时,我心动了,太想把它带回家了。可是一看到那价格——4800 元,我又泄气了。这么多钱,老公会不会说:"你不是有一条金项链了吗?为什么还要再买?"越想越烦躁,干脆啥也不看了,回家!

回到家以后,气还没消,做饭也没心情,索性就坐在沙发上生闷气。傍晚,老公下班回来了,一看到我这样,就问:"你怎么了?"我说:"没事。"老公又问儿子:"你妈怎么了?""不知道啊!""是不是你又惹

你妈了？""没有哇！"于是，老公就坐到我身边，对我说："你到底怎么了？"我说："我能怎么啦？就是烦呗！"老公突然带着笑说："你是不是又想买什么东西啦？"听到这话，我心里松了一下，点点头。于是老公给了我一张卡说："想买啥就买呗，为什么总是想花钱的时候就气不顺、跟我较劲儿呢？"我"唉"了一声，欲言又止。

找不到自己的价值

去年，我参加了一次同学聚会，没想到一个意想不到的事情竟然改变了我多年的生活方式。

那天是同学聚餐，当时我跟八个女同学坐在一桌。我们一边吃着一边聊着，一个同学说："现在的洗衣机真先进，我在办公室都能通过手机遥控，真是方便啊！"我接过话茬说："真的吗？没见过，哪有卖的呀？"另外一个同学嘲讽地说："哪个大商场都有，你连这都不知道呀？现在都是云时代了，你落伍啦！"我恼火地说："不知道就是不知道！"接着，又有一个同学说："我们单位这个月涨工资啦？我才涨200元，太少了。小丽，你们涨了吗？""我就没上班，拿我开涮呢，是不？"我没好气地说。

旁边的同学一看气氛不对，连忙打圆场说："不上班多好啊！有老公养着，这说明你有福！"

我不吭声了，但是心里很不舒服。你们不就是上个班吗？有什么了不起的？我不上班咋啦？照样有吃有喝。虽然心里在安慰着自己，但是接下来她们再说什么，我已经听不到了。

我满脑子都在想：我不能再在家里闲着了，我要出去工作！可是找个什么样的工作呢？好的吧，没能力；不好的吧，又没面子。再说了，就我这体型，也穿不了工装呀？想来想去，这个我也干不了，那个我也干不了，我该怎么办呀？难道我没用了吗？

越想越害怕，越想越恐惧，甚至看着大家的笑，都好像是在嘲笑我："你不上班，只会做饭、打扫房间，不会挣钱！要你没用！"于是没等饭吃完，我就找了个借口先回家了。

回到家以后，已经是晚上 10 点了。我躺在床上，毫无困意。只要一闭上眼睛，就听见一个声音说："我要工作，我要挣钱！我要有价值！"一个声音说："你就在家待着吧！就你那体形，别出去受辱啦！"还有一个声音说："你老公不是挺有钱的吗，养活你没问题，别瞎折腾啦！"多个声音不停地轮番吵着，让我不得安宁。眨眼间，就到了凌晨3 点钟，我仍然不困。又过了一会儿，天就亮了。就这样，我一夜没睡。第二天、第三天同样如此。

到了第四天，我已经熬得不清醒了。迷迷糊糊中，好像突然听到了一个声音说：如果我病了，那不上班不就理直气壮了吗？突然间，我自己也被自己吓了一跳，我竟然想当病人！

《秘密》里讲过吸引力法则。还真是这样，想啥来啥。接下来的10 天，我真的成了病人。吃不下饭，睡不着觉，干啥也没精神，整天就躺在床上，听着时钟的秒针嗒、嗒、嗒……地走着，像是在我的心里，慢慢地渗透出一个黑洞，越来越深，越来越无底……我能感受到我的心在颤抖，能感受到身体的每一块肌肉在颤抖，我甚至感受到了死亡。它在向我招手，于是我开始在手机上查"怎么自杀不痛苦"。

有一天半夜，我正在翻呢、找呢，老公突然醒了，问我："你干什么呢？"我说："没干什么。"老公说："拿过来，我看看！"结果，老公一看，就知道我是真的病了，于是带我去医院看精神科。

就这样，我一边吃着药，一边浑浑噩噩地过着日子。

　　突然有一天,我在电波里听到了周虹老师的声音。当听到她说"生病实际上是我们的生命出了问题,疾病是信使"时,我下意识地感觉到周虹老师能帮我,于是我就想加入虹汇。可是加入虹汇需要不少钱,老公能出吗?怎么办呢?我在家里摆了两个杯子,一个代表老公,一个代表我,"听"它们说话。1号杯子说:"老公,我想去参加心灵成长课程,需要学费,你看可以吗?"2号杯子说:"什么课程呀?这么多钱,不会上当吧?"1号杯子立马说:"你就是不相信我的眼光,从来都没瞧得起我,哼!"。还没等2号杯子说话,突然旁边另外的一个杯子说话了:"这钱啊!要像钢一样使在刀刃上。只能买生活必需品,如果干别的了,那就是败家!"是妈妈!我惊呆了!原来我的内在有两个花钱理念,一个是妈妈的,一个是我的。怪不得我一花钱就老是自己跟自己打架呢!

　　我要听自己的!等老公回来了,我就坚定地对老公说:"老公,我们来一起听一个广播节目吧!"老公说:"好!"当我们听了半个小时之后,老公看着我说:"你是不是想加入虹汇?"我郑重地点了点头。老公说:"那你就加入吧!"我简直不敢相信自己的耳朵,这么容易就搞定了吗?原来老公一直是支持我的呀,以前他只要问一句,我就觉得他是不支持,其实这些都是我心里的投射呀!

　　见到周虹老师以后,我把0~18岁的生活经历讲了一遍。然后我对老师说:"我觉得自己很差劲,不能出去工作,所以没有价值感。"周虹老师说:"你哪里差劲啊?"我想了想说:"我身材非常不匀称,屁股大、腿粗。"周虹老师说:"还有吗?"我说:"我长得不好看。""还有吗?""我,我……"我弱弱地说,"这些还不算差吗?您看看啊,出去工作我连工装都穿不成,第一印象都过不了关。"老师看着我没再说话,而是请上来几位姐妹,给我做了家排。

在家排中,我看到了原来这些心理是源自妈妈,是从妈妈那里承接过来的,因为我的妈妈是残疾人。

周虹老师问我:"你的两只手健康吗?"

"健康。"

"你的两只耳朵呢?"

"健康。"

周虹老师又问:"你还有哪儿是缺一块儿的?"

"没有。"

"所以你很健康。你看看你妈,从小到大她的手都不能伸开,苦不苦?你还非得要跟她一样?"这个时候,周虹老师突然问我:"你现在觉得你差劲吗?"我疑惑地说:"我不差么?可我没有价值,这几年我比别人少挣多少钱啊!"老师看到我还是糊里糊涂的样子,就又继续跟我解释:"你啊,总觉得不挣钱就没有价值。但是你有没有想过,你是妻子,你是妈妈,那就是全职太太。全职太太也是一个岗位,这份工作不需要出去挣钱,是在家庭岗位付出。付出劳动了,老公给你钱,作为你的薪酬,也是可以的啊。所以,不出去挣钱你的生命也是有价值的,对于家庭都是有价值的!如果家庭有企业,企业主的妻子对于企业也是相当重要的,管理岗位都可以换人,企业女主人的位置稳定是企业长治久安的重要因素啊。因为,妻子、母亲的位置太重要了,甚至是不可替代的啊!"

听到这些话,醍醐灌顶。我突然想起来老公也曾一再说我有价值。找不到自己的价值,那是我的问题,我需要成长。

虚晃一招

没有事实,只有认知。

有了"全职太太是一个岗位"这个观念支持,那我就要安心地守好这个岗位。

首先是清理:清理家里的角角落落、擦洗家里的盆盆罐罐、浇灌家中的花花草草……通过清理,让家清清爽爽,彰显有用。

接着是静心:我每天跳绳、跳健身操,让身体大量出汗,出汗了,身体就快乐了。我还坚持练习瑜伽,看似拉伸的是身体,其实是在给心灵做按摩。当能控制住自己身体的时候,也就能控制自己的情绪了,我变得越来越安静、温柔。

同时,我还练习肚皮舞,随着抬胸、提胯等一套动作,我看到自己的胸很健康,自己的胯也很健康,也能体会到关注它们的时候,它们很快乐,同时自己也很满足,在满足中,性感也在一点一点地累加。

然后是爱:带着爱做好家里的每一餐饭,照顾好老公和儿子,当然,最最重要的是要照顾好自己,因为要想学会爱别人首先要爱自己。

最后是喜乐:我爱上了自己,也爱上老公和儿子,渐渐地也爱上了周围的人,喜乐也就慢慢地在我的心底里、脸上呈现。

当我越来越爱自己的时候,我发现要花钱的地方也越来越多了。于是,我就趁老公高兴的时候,调皮地对老公说:"老公,你有没有发现你老婆我越来越会买东西了?"老公说:"你本来就会买!"接着我又说:"那你现在带我出去是不是特有面子啊?"老公说:"那当然,也不看看是谁的老婆?"我又撒娇地说:"老公,每次我要花钱都得向你要,弄得你也挺麻烦的。要不这样,接下来的房租打到我卡上吧,这样你也省心啦,行吗?"老公坏笑着说:"我就知道你一笑,准有包袱在等着我,好吧,这笔钱以后我不管啦!"我高兴地亲了老公一口说:"老公,你真好!"

当我把金钱花在自己特别喜欢又特别想买的东西上时,花着花着就真的找到了价值感。当一个人的价值感达到一定程度的时候,就会想要去分享。因为分享能更好地固化自己的行为,也可以帮助更多同频的人。于是我就在虹汇的公益课堂做了一名导师,来分享我的成长经历。

成长向来都不是一帆风顺的。两个月之后,我的内心又有了冲突:就真的这样只花钱不挣钱吗? 如果有一天老公不要我了怎么办? 如果我老了怎么办? 在多次挣扎之下,我决定去午托部上班挣钱。按理说,在午托部上班后,有了工作,半年来也按时拿工资,应该找到我所谓的价值感了吧? 结果却并非如此,我出去挣钱了,家里却乱了。老公出差回来,家里空空的;儿子放学回来了,迎接他的是冷锅冷灶。我也是每天疲惫不堪,失去了空闲,失去了优雅,情绪也就又失控了。怎么办? 是继续挣钱还是辞职? 痛定思痛后,我决定辞职回归全职太太。

看到这里,您一定会想:从知道理论,到应用,再到破坏,又回归。这以后我就会安安生生地做一个全职太太了吧? 还是没有。

过年的时候,各种聚会、各种理念、各种思想又开始动摇我的内心。我的自我否定又来了:"你的体形那么不好看,当导师是要站在台上,被台下的听众点评的。你说你是虹汇女人,你连你的体重都管理不了,你还是没有价值……"于是我的无价值感又卷土重来。

越想越觉得自己不配做虹汇女人,不配做全职太太,只适合做午托部老师。就这样,我又开始了新一轮的折腾,再次回去做午托部老

师,不知不觉中又过去了半年。这一次出去工作,儿子在家与吃饭地点之间来回奔波,下午上课也没精神;老公也是一边上着班,一边想着早点回家做饭,否则等我下班再做饭,就得8点以后才能吃上饭了,就这样,每个人都很累。

心安理得做富有的全职太太

这个时候,我在虹汇学习、成长已经一年多了,人生没有什么是白经历的。在这些经历和体验中,我问自己:在午托部老师这个岗位上,你快乐吗? 老公快乐吗? 儿子快乐吗? 答案都是否定的。那么你在哪个岗位上才能真正快乐呢?

我想来想去也想不明白,直到我的师傅林之林从归属的角度帮我分析,结合着我的天赋、优势等,慢慢地,我终于悟到:我的幸福是来自自己、老公、孩子身心健康发展、工作顺利……我把家照顾好了,把老公、孩子照顾好了,这就是功德。关于我的社会价值,做虹汇导师是我最正确的目标,因为我挣钱不是靠辛苦,而是靠福报。

一提到师傅,感恩之情溢于言表! 没有师傅,就没有我的今天,师傅对我,可以说有再造之恩。

其实来虹汇之前,我就认识林之林女士。在一次闲聊中,她就说过,我是天生的导师,当时我并不以为然。去年加入虹汇之后,在选师傅环节中,我一眼就认定她是我师傅,能引领我走向阳光、有希望的幸福日子。时至今日,我的每一步成长也确实是离不开她的点化。她不光教会我如何爱自己、爱老公、爱孩子,还教会我如何克服恐惧、出国旅游、学习驾驶等生活的方方面面。

那么当我遇到像"归属"这样的大问题的时候,师傅是怎样引导的呢？实际上是有三个回合的。

第一回合：我做虹汇导师！师傅说："你是天生的导师，刚好虹汇就需要导师，在这个平台可以发挥你的优势。"我质疑："我长得不好看。我不聪明。我不行！"师傅说："这些都不重要，你只是去做，不要想那么多。"那好吧，听师傅的，这是我第一次当导师。

第二回合：我做不了虹汇导师！当我以准虹汇导师的身份，在公益课堂讲了几次课之后，发现自己不配。因为站在台上，台下人是360度无死角地观察你。由于我的外形，我感觉太不自信了。站在那手足无措的，好难受。当时师傅多次开导我说："亲爱的，这还是你的归属问题。听众是来听你讲课的，不是选美的，她们更关注你讲的内容。你再想想，做一个虹汇导师，我们知道她未来的价值是越来越高……"但是我没有听进去。

第三回合：坚定不移地做虹汇导师！到了第三轮，我在全职太太、虹汇导师、午托部老师之间弄不清关系了。这个时候，师傅说："这三个都是岗位，你可以选全职太太，也可以选午托部老师，但是二者不能同时选择。而全职太太和虹汇导师是不冲突的，可以同时做。也就是说，在做好全职太太的空闲，把在虹汇学到的理念和技术分享到公益课堂，不但可以帮助一些跟自己同频的人，还可以固化自己做到的部分，同时又因为自己的付出而获得一份薪酬，何乐而不为呢！"师傅最后又说："任何一种选择都是对的。"

对师傅的话，我反复琢磨，也反复地感受这一年半来自己的闹腾，最终我选择了踏踏实实进虹汇，未来发展为虹汇导师。这个选择即是归属。随着我这一年多不断成长，我也有了一点儿底气，我要回到那个高贵的归属上去。当我彻底弄明白这几个问题之后，我最终坚定地做出了一个选择：辞去午托的工作。

　　当我通过成长，真正地做好全职太太这个岗位以后，我发现以前那种觉得自己不挣钱没价值的观念是一种偏见。当我把自己打扮得赏心悦目、把家收拾得井井有条、懂老公、懂教育孩子之后，得到的并不是歧视、忽视，而是老公的尊重和呵护。

　　所以，全职太太也应该心安理得、理直气壮地去花钱。而且那钱不是越花越少，反而是越花越多！

　　现在的老公每天安心工作，再也不用担心我，也不用操心孩子，家里的大事小情都由我来处理，所以老公在工作上，业绩是一个台阶一个台阶地往上走，家里银行卡上的数字也是一个零一个零地往上加。

　　原来借给一个亲戚的 10 万元钱，好长时间也要不回来。实在憋不住，我就把这件事对婆婆说了，没想到婆婆非常淡定地说："你焦躁啥？他不还钱，说明他不会挣钱！我儿子不但有本事还很善良，连老天爷都会帮助他的！"婆婆一脸骄傲地说。我通过学习才知道，原来婆婆的信念就是对她儿子满满的祝福，我太感恩婆婆啦！既然婆婆都这样说了，那就接纳。今年端午节，我和老公按照惯例去那个亲戚家看望他的路上，我就在车上念叨说："钱啊！我爱你！这么多年我们都把你寄放到了别人家，今天我们去看你了，如果可以的话，你就回来吧！"老公听见后说："你神秘兮兮、絮絮叨叨地说什么呢？"我说："我在呼唤咱家的钱啊！"老公说："你别吓人啦！"我说："真的，也许真能回来呢！如果回来了，你给我提成啊！"就这样，到了他家，我们聊了一会儿，也没提钱的事。准备走了的时候，那个亲戚突然说："借你们的钱，这么长时间了，也该还给你们啦！"我跟老公对视了一下，看到对方眼中都充满了成功的喜悦。就这样，借出去的钱，终于和家里面的钱团圆了。

　　近来，老公又开了一家传媒文化有限公司，我做了法人代表。当时,我们俩在商量谁当法人的时候,老公说:"老婆,你来当法人吧!"我说:"老公,还是你当吧,公司是你开的,业务也是你跑的,我啥也不懂,我就在家全力地支持你!"老公说:"你是我的菩萨,我所有的一切都是你保佑来的,你最重要!所以法人还是你来当。""那好吧,我听你的!"我笑着答道。新公司刚开张,已经有了一个大订单,预收款项上也有了数字,我甚至已经看见了钱宝宝带着它的好朋友正源源不断地向我们走来……

今年(2016年)8月初,老公投资了一个项目,由于政策原因被搁置,投进去的30万元钱眼见着就要打水漂了,这让老公饭也吃不下,觉也睡不着,我是看在眼里,急在心上,怎么办呢?

相信钱能回来,我每天用意念向老公发送祝福:祝福老公身体健康、财源滚滚;祝福老公身体健康、财源滚滚……

突然有一天,听到老公激动地对我说:"今天有一个人,主动上门愿意买下咱们投进去的半成品,还说要跟公司合作一个100万元的大项目呢!我们的钱马上就回来了!"老公眉飞色舞地说着,我也手舞足蹈地应和着:耶!耶!老公太棒啦!你就是财神爷下凡,财源滚滚啊!

老公说:"这里也有你的一份功劳!"我故作惊讶地问:"我一个全职太太,哪有什么功劳?"老公说:"这段时间,我能感觉到你是支持我的,相信我的,谢谢你啊!"我笑了笑说:"咱俩还客气啥呀?"。

我嘴上没说啥,可是心里早已乐开了花。我一个全职太太,就是啥也不做,只在家里源源不断地祝福老公,就已经对老公的事业起到了不可言说的作用。

我暗暗发誓:老公,放心吧,我一定做好全职太太,永远祝福你!

做个有价值的全职太太,除了银行卡上有一串数字,还要没有悲情、没有伤感、没有破坏、内在有爱。那么,要想爱别人,首先要爱

自己。

最初，我看到姐妹们走到哪儿都是"仙衣飘飘"的，很是羡慕。于是我就站在家里的穿衣镜前想象着自己也穿上那些衣服的样子：走路是如此的轻快，身体是如此的轻盈，心里是满满的快乐，我面色红润，像是一个少女。当这种感觉充满我全身的时候，我幸福地做了一个决定：现在就去把它买回来！

去买裙子的路上，我的心跳得很快，因为我从来没有尝试过穿那样的长裙。到了店里，我试穿了好几套，最后选了最适合的一套。

当我穿着它，紧张地、激动地、得意地出现在老公面前的时候，老公说："真美！像贵妇！"听到老公的夸赞，我感觉自己是如此的美好，如此的有价值。同时我也感觉到，金钱是有灵性的，它也喜欢花到喜乐上，当你快乐时，它也很快乐！

由于我越来越喜乐，越来越开心，老公也开始主动关注我了。他知道我想成为一名优秀的虹汇导师，就主动地帮我购置相关的设备，比如笔记本电脑、翻页笔、录音笔、U盘等，共计一万多元。

有人可能觉得奇怪：同样一个人，对钱的态度前后差距这么大，是真的吗？我告诉你们一个秘密武器，那就是在虹汇学的一招——撒娇，当我以撒娇的方式向老公要钱的时候，老公会说："这样多好！"

女人一定要学会撒娇。会撒娇了，就是说我再要钱的时候，不再预设不好了；撒娇了就意味着我真的柔下来了。所以，撒娇的女人最好命！

还有一个秘密——对自家男人的成功深信不疑。

今年暑假，儿子跟我说，他要和同学去日本玩。我立马说："你想去就去呗，我可没钱！"谁知这不但没吓到儿子，反而听到他得意地说："无所谓，反正我爸是有钱人！"哈，这小子，对他爸有钱还真是信心满满呢！可是由于他俩都不满 16 岁，我们当家长的也不放心，再加上那个同学的家长因故不能去，那么儿子的愿望能不能实现，就主要看我的了。这回，我一改过去的那种跟老公要钱的模式，改用撒娇。

我给老公打电话，把事情的前前后后说了一遍。老公第一反应是："一个人多少钱啊？"我说："按现在的行情，我们也咨询了多个旅行社，普遍都在 7000 元左右。"老公说："太多了吧？"我说："是啊！这么多钱！所以要带一个家长的话，就只有你去了。"老公说："我哪能去呀，我还得上班呢，如果整整 7 天都联系不上我，那就出大事啦！还是你去吧！"我撒娇地说："我不配去，你看，咱家的钱都是你挣的，就应该是你去！"老公笑着说："你别装了，谁不知道你最有用，放哪哪中！"听到这儿，我也笑了："好的，老公，我听你的，我乖吧？"

现在的我不但学会了撒娇，而且还能驾轻就熟地运用。以前我不知撒娇、不愿撒娇，其实是因为我觉得自己不挣钱，没有价值。现在我觉得自己价值很高呢，所以撒娇就成了我生活的主旋律！

也就是说，以前的我，一跟老公要钱，就没有好脸色，就找别扭，其实是穷人心态，归属于穷人；现在，我有能力让自己开心，同时也坚信自己在全职太太这个岗位上，拥有自己的金钱，我就归属到了富人！

富人还有一个重要的品质：分享。分享能产生智慧，分享使人快乐，分享就是爱。当我在通过虹汇电台把自己的成长故事奉献出来之后，有多位朋友都想要添加我为微信好友，尤其是《你以为打鸡血是真成长吗？》和《疾病是我操作出来的》两期节目，深受听众们的关注。我分享了自己在成长中的真实感受，我特别渴望那些和我情况差不多的人能像我一样走出阴霾，找到内在的平静、喜悦。

当我朝向健康、成功、幸福的方向去使用金钱，每一分钱在使用的过程中产生的成就感，会使金钱感到满足，从而愿意一直这样产生价

值,并吸引更多的伙伴到我的生命里流动。

金钱是有灵性的,金钱愿意帮助使用它的人们健康、平安、喜乐!

最后,祝福全职太太们都能心安理得的花钱。因为我们值得,我们配得!

打破"借钱魔咒"

我陷入了"借钱魔咒"

从小到大,好像总有人找我借钱,从儿时的 5 分、1 角,到如今的 10 万元、20 万元。只要别人开口,我基本上都不会拒绝,不然心里就会不舒服,好像是我做了亏欠人家的事情一样!

不信任她,我也要借!

纪姐找我借钱的时候,我是不完全信任她的,因为 20 年前那件事对我的伤害依然存在。

那年我 15 岁,上初二。我和纪姐当时是无话不谈的朋友,我非常欣赏她的口才和幽默。

一天,阳光明媚,连空气里都充满了幸福的味道。纪姐说:"我有好几本复习资料都没怎么写,用不着了,送给你吧?"我欣然接受,并在心里感叹:纪姐对我真好啊!

纪姐曾经向我借了几十块钱,钱虽然不多,但当时是我半个月的生活费啊!过了很久她也不提这件事,我再不开口向她要就得饿肚子了。我说:"姐,你借我的钱是不是忘了?我没钱吃饭了。"她理直气壮地回答:"上回我不是送你复习资料了吗?"顿时,受欺骗的感觉弥漫开来,我却不知道该如何应对她。

如今,我在街道办上班已 10 年,领着微薄的薪水。房子、车子和"票子"都是老公挣的。

纪姐五六年前来郑州发展，我们又有了一些联系。我其实挺佩服她的，她开始帮人卖服装，充分发挥了自己的口才优势，仅仅一年，她就有了自己的服装店，再后来，店面开始扩大。这期间，我曾多次帮助过她，基本上是几千几千的小钱，她也有借有还。

2015 年 3 月，她又来找我借钱，一开口就是 20 万元。当时，少年受伤害的往事瞬间就回来了，我不想借。可是，纪姐开始发挥她的"特长"了：说我们有二十几年的交情，说她资金如何紧张，还说服装生意前景有多美好……最后说，只是暂时救一下急，最多三个月，卖了货就能还我。最终我没坚持住，我的钱就这样拱手给了别人。

3 个月后，我问她钱能不能还我，她说冬装马上要订货了，让我等到年底。

过年了，我还是没有勇气提还钱的事儿，因为从别人口中得知她银行贷款出了问题，而自己当时不急用钱，也就没有催她。

今年（2016 年）4 月份，我想带父母去旅游，就给纪姐打电话，她只还了我 5000 元。是的，仅仅 5000 元。剩余的钱就杳无音讯了……

"骗子"，我也敢借！

2006 年，我刚上班，月薪 1252 元，记忆犹新。我知道一个叫磊的朋友会来借钱，因为已经有人提前给我打了预防针："磊正在到处借钱，这人靠不住，没人愿意借给他，你千万也不要借给他。"

一天天过去，磊终于来找我了。我请他在单位门口吃烩面。他开门见山地说他欠学校学费，毕业证被扣，想向我借钱把毕业证领了，然后找了工作就还我。

我当时就心软了，看看钱包，留了大概 500 元吃饭，剩下 1000 元全给他了。然后呢？就没有然后了——借完钱之后磊就奇迹般在我的生活中不留痕迹地蒸发了。

手里没钱,我也能借!

辉是我的前男友。分手那么长时间了,有一天,他突然来找我借钱,说和朋友合伙做生意需要 5 万块。

这次很幸运,我没有现钱,真是上天眷顾啊! 你是不是也在替我庆幸?

可是,你先别着急。我有别的办法啊——"这是我的信用卡拿去刷吧,额度一万块,到期还上就行。"

你别说,到期还真还上了——是本姑娘我亲自出马向两个好朋友借钱还上的。

大概两年后,我要去郑大读 MBA(工商管理硕士),学费几万元,他听说后还了我 2000 元。

瞧,我就是这样一个勇于借给别人钱的,毫无原则、无法拒绝别人的"勇士"。我也不知道自己中了什么样厉害的魔咒,无法摆脱,也万分苦恼。

先生不止一次提醒过我少跟纪姐来往,我幻想了无数种他听到我说纪姐没钱还的消息时的反应,唯一没想到的就是,他只淡淡地说:"那能怎么样? 继续要呗。"

先生知道后选择了接纳。我很感激,嫁给他绝对是命运对我的恩赐。

随意借钱是因为潜意识归属穷人

虹汇准备出版一本有关财富的书,引发了我对自己与金钱关系的思考。我隐隐约约觉得自己的金钱观有问题,但具体问题在哪里,我并不清晰。直觉告诉我,这是一个看清自己的好机会。

当天晚上睡觉前,我诚恳地问我的先生:"老公,我觉得我金钱观念有问题,但我不知道问题在哪儿,你可以跟我说说吗?"

先生迟疑了一下,说:"你根本都没有金钱观念。不对,不是没有金钱观念,是你根本就不知道钱是什么。"

"是的,亲爱的,你说得很对,我对钱就是没感觉。"

先生接着说:"对那些特别有钱的人来说,钱好歹还是个数字。而你心里连数字的概念也没有。你去买东西,你可能只知道人家给了你东西,你给了人家钱,至于东西值不值,买回来会不会用,你从来没考虑过。"

"是的,老公,我就是这样子的。我从来不知道钱包里有多少钱,我想要个东西,只要支付得起,买了就走了,常常忘记刚买的东西是多少钱。有的时候,同样的东西我会买两次,买了一次收起来没有用,再次看见觉得还想要,再买一次。"

……

那晚,我很久没有睡着。我感谢老公对我的坦诚,我确实是这样,不尊重金钱,胡乱花钱,并且对钱有骄傲的情绪。由于过于骄傲,我不愿意和人谈钱,觉得谈钱掉价。在我需要支援的时候,也不愿意向可以提供支援的人开口借钱,白白损失很多增加财富的机会。相反,当别人开口向我借钱时,要是我拒绝就好像亏欠人家什么似的,不借的话语无论如何都说不出口。

周虹老师让我静下来想一想我的前半生。师傅刘卉耐心地帮我一同梳理。

我的童年不缺钱,但我缺快乐。

我常常觉得父母不爱我,他们除了有事给我钱之外,常常因为忙于生计而无暇关心我。在那些梦境中,想要的父爱母爱、接纳、肯定、鼓励、支持,从来都是奢望。

童年时期,长时间的渴望而得不到,使我对父母和金钱的评价已经深深地进入了潜意识,或许是在那个时候,我就种下了随意借钱给别人的种子?

我的父亲是位乡村医生,母亲务农,有一个哥哥和一个弟弟。我家虽谈不上大富大贵,但也算得上小康之家,只要钱能买到的,父母基本都会满足我。但是,我常常觉得家里缺少温暖,很多时候我都特别羡慕别的小朋友。也许现在看来那些都是芝麻粒大的小事儿,但在当时,那就是天大的事、是全世界。

我最羡慕别人家一家人围着桌子开开心心边吃饭边聊天。而在我记忆中,我家总是有矛盾,一家人极少一起吃饭,更不要说开心畅谈了。

哥哥和父母一直都有矛盾,随着年龄的增长愈演愈烈,哥哥经常发脾气、摔东西,母亲从开始的管教,到后来的忍让,我全看在眼里。父亲工作时间很不固定,白天,什么时候忙完什么时候回家吃饭,晚上,也是被病人随叫随到。我家的饭通常都是这样吃的:母亲按点儿做饭,谁在家谁先吃,谁先回来谁先吃,父亲和母亲通常最后才能吃上饭,父亲是因为工作,母亲是因为我们。

现在我明白了为什么我们一家人不一起吃饭,也同意这是适合我们家实际情况的最好的安排,可是儿时的"对爱的渴望"依然深深埋在我心里。我知道自己其实不仅仅是希望一家人能一起吃顿饭,而是渴望拥有一个温暖的家。

我羡慕别的小朋友早上可以睡懒觉。农村的早饭通常比较早,妈妈认为做好早饭我们就必须得起床吃,我们若不起来,等待我们的就是不停地抱怨和唠叨:"这么晚了还不起来,那个谁谁谁(街坊邻居)

吃完饭都下地干活半天了。""天天起来这么晚，吃吃涮涮都半晌了，还让不让人下地干活了？""一大早起来给你们做饭，做好了都不吃，非得等到半晌。""一个个都懒死了，快起来吃饭。"……

我特别怕冷，一到冬天手脚都早早地长满了冻疮，又红又肿，最后还会开裂。有一年，我的一只手从手背肿到手指第一关节处；还有一年，一个脚趾甲盖都冻成了黑紫色，春天才重新长出新的来。不用上学的冬天的早晨，我是多想在被窝里多待一会儿啊！可是，我不敢，还没有睁开眼睛，妈妈的吵骂声、抱怨声就已经铺天盖地的包围了我！我在被窝里支着耳朵听外面的动静，一旦风吹草动我就立马从被窝里跳出来。

记得中考那年，我考完回家倒头就睡，母亲以为我没考好没敢问我。我发现终于没人唠叨我不起床之后，整整睡了一个星期。直到第7天，母亲问我是不是生病了，我才起来。

现在我理解了，母亲一个人照顾家里三个孩子还有十几亩地，那些唠叨的背后是怎样的操劳、无奈与艰辛……

我常常感到孤独，特别羡慕别的小朋友很多事都有爸爸妈妈陪伴。父母喜欢打牌，空闲时间都去打牌了，家里除了我通常都没有人。父母对我要求特别严格，自己的事情必须自己做，上学是很重要的事情，不能耽误，于是上学十几年，我从未请过假。

我很小的时候，就知道照顾旁边的小朋友了，给他搬凳子、找桌子。上学之后，我就开始自己洗衣服，记得因为奶奶帮我洗了一次衣服，我还被妈妈批评。上学交学费、各种闲杂事等，也几乎都是自己处理，爸爸妈妈负责给钱就好了，其他的他们基本不过问。

那年上高一，新生报到时要缴纳学费。由于没考到我入学的那所学校的分数线，我需另外缴纳6000元。20世纪90年代，对于一个农村的孩子来说,这是一笔巨款。

那天正好父母都没有空,我背着母亲给的书包——里面装满了 10 元面值的人民币,将近 7000 元,独自去上学了。要一个人骑着自行车到十几公里外陌生的地方,还带着那么多钱,我心里有些忐忑,还记得向父亲要钱的时候,他还告诉我这钱是他暂时借给我的,将来挣了钱得还给他。

我慢慢地骑着车子,对自己说:"要是到前面还碰不见熟人,我就回家,不上也罢。"也许是天意,我在离家约一公里的地方就碰见了同班同学,他也是"高价生",而他的父亲正陪他去报名。

我知道,虽然自己已经成年,但潜意识里仍然住着那个孤独的、需要关爱的孩子。我把儿时对父母的渴望投射到朋友身上,所以我特别需要朋友的肯定和陪伴,特别害怕失去朋友,当朋友开口向我借钱时,我总是难以拒绝。

我还特别羡慕别的小朋友与父母温馨的亲子时光和互动。我的父亲不善言辞,很少和我交流。我的母亲总是觉得我哪里都不好。长大后,我才知道母亲说的都不是她心里真实想法,那些批评的背后是她对我的爱,是恨铁不成钢。但童年的我不这么想。

有一次,我和母亲一起去地里拔草。母亲很能干,远远地把我甩在了后面。母亲看看我不耐烦地说:"你回家吧,干活死慢活慢的,你干那点儿活还不够耽误事儿呢,我捎带着就干完了。"这是我生活的常态,母亲常常觉得我干什么都慢,没本事、没能力,不如别人。

还有一次,我们几个孩子在院子里玩儿,母亲说:"咱家五个孩子(叔叔家两个弟弟,我家三个孩子)中,就你长得最丑,你看人家……"以至于我一直自惭形秽,甚至现在都不愿意照相。

这样的例子还有很多,我人生前 20 年基本就是在觉得自己不好、

担心犯错误、担心母亲批评之中度过的。为了不被讨厌，我拼命地讨好母亲，做母亲的乖女儿，但总也没有实现，唯一得到一句半句肯定的话就是："你也就学习好点儿，要是考不上大学将来留在农村也是弄啥啥不中。"

曾经，我也会愤怒、难过、反抗，当发现根本没有人在意时，我慢慢变得麻木，不再想表达内心真实的想法。再后来，我发现我不再有自己的思想，我不知道自己想要什么。我愿意更多地为父母、为别人而活。我甚至开始不知道该和父母说些什么，只是在需要钱的时候告诉他们我需要多少钱，为什么需要这么多钱。我不想要这样的人生，但无力改变。

成年之后，母亲已经很少再批评我了。但我发现了更可怕的事情，我的内心总有一个声音告诉我："你不够好，你做什么都不行，你不值得、不配得……"

潜意识中，我认为自己不配拥有这么多的金钱，认为金钱在我这里不安全，所以只要有人一开口我就会莫名其妙把钱借出去，仿佛只有让金钱离开我，才是天地大道。

另一次引发自己对金钱关系思考的，是虹汇电台的一个节目《随意借钱是对生命的破坏力》。节目里，小娜先后借给别人 120 万元，她说的一些话与我简直如出一辙："朋友要是张口，我要是不借，就好像是欠别人一样；我好像手里存不住钱，钱来我这里趴一会儿、睡一觉就走了；我觉得自己是个穷人；我好像有一种感觉，钱在我的兜里不踏实，我只有把它弄出去了才踏实……"

我感觉小娜就是在说我。从小我都没有缺钱花，但我的手里也总是没有钱。小时候父母给的生活费，我总是要把它花光。毕业了基本就是月光族。结婚后，老公挣了一些钱，我们买了车、房，剩下的放在账户里我老是焦虑:觉得自己欠着银行房贷,但是银行存款却得不到相应的利息回报,还银行吧,万一要用钱呢? 银行账户钱少倒好,钱一多我就焦虑、不踏实。

周虹老师说:把财富放到别人家里边,让自己家穷困潦倒,是因为在潜意识里归属是穷人。

周虹老师还讲了一个浅显易懂的例子:一队穷人在排队,一队富人在排队。排富人队的那些人,身上背的、口袋装的、头上顶的都是财富;排穷人队的那些人口袋里则空空如也。当我排在穷人的队伍里,如果我口袋里有钱,我就要把它给别人,这样才能光明磊落、踏踏实实、真真正正、清清白白地做穷人——这就是归属选择。两种归属选择会成就两种人生:归属选择富人的人若积累了大笔的财富,可以守好它。归属选择穷人的人就算积累再多的财富也会拱手让人。

我的族群以前也不是有钱人,当我先富起来时,我的内心就产生了"罪恶感",当我把钱送出去变成穷人,我就和我的族群祖先一模一样了,我就"清白"了,我就有了归属感,找到了组织。

家排现场,呈现出我的确是一个"清白者",所以,我宁愿把钱借出去变成穷人,也不愿意背叛族群,承担罪恶感而变成富人。

读懂父母的爱

周虹老师母亲节专题讲述了女儿与母亲的关系和女儿人生各种关系的联系,其中有一条就是:女儿与母亲的关系决定了女儿与财富链接的好坏。

周虹老师说:"在金钱上的破坏力,不是因为水平不高、学历不高、不爱学习……是因为与父母的关系,特别是与母亲的关系不好。与父

母不真正和解,无论你是企业家还是专家学者,无论你多么努力,都无法避免对金钱的破坏行为……"

此时我才明白,只有我多与父母链接,真正看见和理解母亲对我最深沉的爱,完全地接纳他们爱我的方式,才能让爱流动。只有当我选择和母亲不一样的归属,选择站在富人队里,不再洗刷自己的清白时,才能停止对财富乃至生命的各种破坏行为。

怎么与父母链接呢?为了从潜意识里与父母链接,我的师傅刘卉手把手教我如何给父母做礼敬,并要求我每晚做至少80个礼敬,第二天把前一晚做的情况发到小组群以督促我完成作业,感恩师父刘卉的辛苦付出!每一遍礼敬,我都虔诚地感恩父母给了我生命,谦卑地接纳生命里所有的发生,接纳不完美的自己,原谅自己,感恩父母允许我和他们过得不一样。

当我与父母渐渐链接后,生活真的有了变化。

10年来,每年我都问父母要不要出去旅游,父母一直说没空。今年,母亲竟然说一辈子没有坐过飞机,要是能坐飞机出去转转就此生无憾了。

于是,我带上了父母和刚4岁的女儿去韩国旅游,与父母朝夕相处,这是最自然的链接。

从旅游的第二天开始,女儿就不愿意走路了,一直要求我抱着她。母亲看我有些疲惫就说:"齐齐,叫姥姥抱一会儿吧?妈妈歇歇再抱。""齐齐,叫姥爷抱一会儿吧?你看姥爷抱得可高了。""齐齐,你看那边有好玩儿的,咱俩去玩儿吧。""齐齐,你再不下来你的妈妈以后就没法带你出来玩儿了。"……

女儿软硬不吃、油盐不进,妈妈开始责怪我了:"你不能啥都听女儿的,咋能她想咋着就咋着嘞?""看把妞惯的,这脾气。""你不能这样惯女儿。"……

刚开始,我对母亲的话是有愤怒和委屈的,怎么能都怪我呢?你教育孩子的方法难道就都对吗?我的内心又开始纠结、痛苦了。后来,我想起周虹老师说的"带着觉知,看别人做什么,而不是看她说什么"的时候,很奇怪,我竟然透过那些责怪的话语,看见了一位伟大母亲心疼自己女儿、充满爱的心。

就在那几天,我竟奇迹般地理解了,那些对父母的埋怨,给父母贴的标签,对父母的评判等,都是一个没长大的孩子对父亲母亲爱的渴望。

我想起,我从小手脚冰凉,睡觉时母亲把我的脚抱在怀里,说她怕热,正好有个凉凉的东西。我想起,高中时学习压力大,每次回家母亲总是宽慰我:"考不上大学没关系,那么多留在农村的不都过得挺好,别累坏了。"我想起,邻居说收到我大学录取通知书时母亲喜极而泣……

是的,母亲是爱我的,用她自己的方式爱着我,而我也深深地爱着她——用埋怨的方式爱了她30多年。

我曾经错误地认为包办是爱,并渴望父母为我做我应该做的事情。等我做了妈妈,回想养女儿的4年,我才明白:看着孩子无数次尝试失败比伸手帮忙更难,但历练是孩子获得能力的必经之路。

我的父母原来是世界上最伟大的父母,他们留给孩子的不是钱财、房子、车子,而是孩子成年以后,当有一天他们不能再为孩子保驾护航时,孩子能拥有健康生存的能力。

我所谓的"父母只知道给钱",原来是一种深沉地爱,父母认为那些钱是他们能向我表达爱的最好的一种方式。

今天,我把制约我多年的"魔咒",敞敞亮亮晒在阳光下面。在阳

光下拥抱我内心那个忧伤的小女孩儿，也读懂接纳我的父母之爱。

接纳和爱的阳光，帮助我彻底打破无原则地讨好别人、借钱给别人的魔咒！如今，我借出去的钱都在回来的路上。

我还越来越多地发现了老公身上的优秀品质，我们的感情比恋爱的时候更加默契、甜蜜与坚定。他是公婆眼中的好儿子，女儿心目中的好爸爸，我眼中最好的老公。我爱他所有的一切，我也更加坚定地相信他的品格与能力，坚定不移地相信他会给我和孩子丰厚的物质保障，我们的生活会越来越好！

感恩生命中所有的发生，它们都是礼物。感恩虹汇，让我发现生命中隐藏的动力与秘密。感恩周虹老师，是她在我狭小的生命里打开了一扇窗户，窗外的世界阳光明媚，照见我生命的归属。感恩我的师傅刘卉，是她引领我来到虹汇大家庭，并陪伴我一同成长！

从今天开始，我也要勇敢地走入人群，与大家一起分享我的成长经历，让更多的人看清自己，懂得拒绝，学会享受生命的美好与富足。

爱流动　财流动

为什么,我和老公明明如此相爱,却无法一起好好生活?

为什么,我和老公明明如此努力,却无法拥有足够的金钱,享受生活?

为什么,我们生活里会降临那么多的疾病和痛苦,来吞噬了我们的金钱,摧毁了我们的幸福?

……

人生的难题和困惑排山倒海般在我的生活里奔涌而来,使我们不得不开始真正的面对自以为很了解的生命。

生活处处是难题

时间来到 2015 年 10 月份的一个早晨,一早起床做好早饭的我,催促着 4 岁的女儿起床穿衣服。

"小宝贝,起床了!来,妈妈给你穿衣服!"

"不!这件带小花的我不穿,那件红色的我也不要穿。我讨厌女生的衣服,我要穿男生的衣服,我不想当女生,我就要当男生!"

我带着求助的眼神,回头望望老公,躺在沙发上的他还在呼呼大睡,昨夜想必游戏又玩到很晚:自从一年前和老板合作有纠纷之后,老

公的工作就一直不在状态。下班以后的看球赛、打游戏成了他的全部精神寄托，我们娘儿俩的生活，似乎不在他的关注范围之内。

唉！反正指望不上，不提他也罢。

我和女儿折腾了半个小时，商量了半天，我找了个带卡通图案的衣服，她勉强同意穿上。可是一看表要迟到了，便胡乱吃了两口，匆匆忙忙地赶往幼儿园。送完孩子我又匆忙地奔赴兼职的地方。

这样的生活场景几乎每天都在上演。

公共班车上，疲惫的我依着窗户，茫然地望着窗外街上的人群，想起这两年的生活，两行热泪不知不觉就流出了眼眶……

我的孩子怎么了？

我的老公怎么了？

难道这就是我从外企辞职回归家庭想要的生活吗？

大量金钱流向医院

2014 年的年初，在一家世界 500 强企业工作了 6 年的我，放下月薪过万的工作，请了一段长假调养出现亚健康的身体。由于长期处于紧张、超负荷的工作状态，我的乳腺出现了数个囊性结节，经常出现刺痛感，还伴有失眠、焦虑、心慌……可是没想到，我的外企职业生涯从此终结。

2014 年 5 月 8 号，女儿因手足口病住进医院，孩子爷爷心疼宝贝，两夜没睡好，本来就有高血压的他，引发了左脑的大面积梗塞，昏迷住进了重症监护室，医生下了病危通知。老公放下手头的工作，弄了一张折叠躺椅，日日夜夜守在公公床前服侍。感恩老天的护佑，第二天老人醒了过来，可是发现右半边躯体竟没有了知觉。我和婆婆在旁边租了一家旅馆,带着孩子轮流守护。老公一天花三四个小时给公公按摩,架着他练走路。公公看到了全家人对他的爱,就像我们小时候父母教我们一样尽心尽力。6月3号出院时,公公可以拄着拐杖自己走路了。这一个月,花了3万多元,能将公公从死神手里夺回来,已经是莫大的幸运和奇迹。

可是生活并没有给我喘气儿的机会:还没等我从公公的事情中回过神儿来,6月11日,我的母亲因为心脏病发作又住进了郑州的医院。心肌收缩无力伴随中度心衰。因为爸爸没有及时送妈妈去医院治疗,拖延了妈妈的病情,紧张、焦虑之下,我忍不住和爸爸大吵了一架。

老公因为照顾公公累倒了还在家休息。我这个全能的"金刚女战士"二话不说,带着孩子包了一张病床住进了医院。看着虚弱的挂着氧气瓶的妈妈,一辈子为这个家付出的妈妈,我真的不知道能做点什么。我还没来得及好好报答你呢,你怎么可以倒下呢? 我只能努力地挤出笑容来安慰她。

等女儿和妈妈睡着以后,面对自己的无力感,我悄悄地躲在洗手间里无声地落泪,巨大的压力之下,连"痛快地大哭一场"都成了我的奢侈品。

历经没日没夜的奋战,终于在一个半月以后,母亲出院回老家静养。我也随她回老家照顾了一段时间。要面对这样的家庭状况,以前高薪高效的工作单位是回不去了,而我们十几万的存款也在这短短的三个月里花了大半。疾病和死亡就像一个带着旋涡的黑洞,笼罩着我的家。命运究竟要将我带到何方呢?

所有的问题都是礼物

以前工作的时候,女儿经常被交给奶奶照顾,由于家里的变故,我开始自己照顾孩子,有时候带着孩子两头跑着照顾老人。疲惫加上经济压力,我常常活在自己的焦虑里,却忽略了身边这个可爱的孩子:

我不知道孩子什么时候悄悄地长高了。

我不知道孩子最喜欢的好朋友。

我不知道孩子最喜欢的动画片。

我不知道孩子最想干什么。

……

为了补偿对女儿的歉疚,为了拥有更自由的时间,为了方便照顾女儿和家庭。我想换一种生活:我考取了瑜伽教练证书,在瑜伽馆里带课,有了一份稳定的收入。家里开始有了一段难得的平静的日子,可是很快,这个平静再度被打破。

2015 年 6 月份,我发觉自己有了身孕。去医院检查,医生说需要静养。和老公商量时,他支支吾吾不置可否。我知道他考虑的是家里经济压力大,还有生病的老人,不想担负太多……

我心里非常矛盾、痛苦,不知道该何去何从,又恨他不能担当。

不知道肚子里的小生命是不是接收到了我的信息,40 多天的时候,他悄悄地选择离我们而去。从医院回来,我陷入了抑郁。整夜整夜地睡不着……老公也陷入了更深的沉默。

这个事情不能说是谁的错,可是就这么发生了。他心里也有愧疚不愿面对我,搬到了沙发去睡。两个人从此心门紧闭。渐渐地,两个人心间筑起了一堵高墙,谁也不想去逾越。

还没有挨到传说中的"七年之痒",我就感觉我们的婚姻将要到尽头了。无数个夜晚,我不知道该向谁诉说,泪水打湿了枕头。

无奈祸不单行福不双至。偏偏在这个时候,女儿又出现了一些状况:不想做女生,不穿女孩衣服;在班里不大合群,不大说话,上课互动也不积极;隔三岔五就感冒、发烧、咳嗽,不得不经常请假在家。

宝贝女儿的状态促使我开始翻阅大量的育儿、心理书籍,四处寻找可以挽救我的亲子专家。

2015年11月,一场朋友推荐的《家族系统排列》的公益课改变了我的人生。

在这场公益课上,我遇到著名亲子教育专家、心灵成长导师周虹老师。课后经过简单的交谈,她一针见血地指出我的问题,她说:我承接了母亲的苦难,可这苦难原本就不是我的,我纠缠在父母的关系里不出来,迟迟不关注自己最爱的老公和孩子,才让家庭状况百出。虽然当时我还不能完全理解周虹老师的话语,但是看着周虹老师温暖慈悲的笑容,我突然有了想大哭一场的冲动。她就是我要找的老师啊,难道冥冥之中,命运早有安排? 就这样,我来到了虹汇。

通过在虹汇系统的学习,我明白了女儿为什么出现问题。

家里出现这么多问题,尽管我们大人尽量伪装得很平静,可家里的气氛这么压抑,孩子内心感受到的便是莫大的分裂和恐慌。她那么小的年纪,根本没有能力消化这种恐慌:笑容开始在她脸上冻结,她用生病和怪行为来提醒我,妈妈你看看我吧,我需要你! 记得有一次感冒过后,她咳嗽持续了两个月都不好,或者女儿潜意识里也不希望好吧,这样我和老公就会放下大人世界里的冷战,把关注点放到她身上,这样似乎可以得到爸妈些许的关爱。

小小的女儿用生病和"不做女孩"的怪行为,一直呼唤我:妈妈,妈

妈,从你的情绪的世界里走出来,好好看看我!

在虹汇,我看到家排呈现的现场,爸爸、妈妈的关系出现问题,儿女们都被深深地牵绊进去。他们无奈、愤怒、讨厌、悲伤、叛逆、扮可怜、哀求……

在整个过程中,大家都能够清清楚楚地看到作为儿女对父母的那种深爱。他们有的想做各种各样的努力让爸爸妈妈和解;有的远远地逃离父母的视线;有的坐在地上假装生病引起爸爸、妈妈的注意;有的干脆给父母跪下,诚心诚意地求父母和好;有的人说,过好自己的日子,给爸爸妈妈树立一个好榜样;有的假装与另一半闹别扭,吸引父母帮着解决,从而引起父母对自己婚姻的反思……也有些人说,应该回到自己的位置,可是,却没人懂得该如何做才能真正回到自己的序位。所有代表都有一个共同点,那就是:他们无论如何都开心不起来,在他们长大成人后,都无一例外地没有办法真正进入自己的婚姻关系中,他们的视线都被父母牢牢地牵扯住了。所以,他们的婚姻也变得非常脆弱,他们不但折腾婚姻,还把挣的钱折腾出去,他们的潜台词是——爸爸、妈妈,你们不好好过,我也不好好活,这样我们就都一样了。这是一股隐秘的力量,原来我们的内在都在维护着这样一份对自己原生家庭的"归属和忠诚"。

泪眼蒙眬中,我感到深深的震撼,同时也明白了:我是小家庭氛围的创造者,我就是女儿的原生家庭,如果我不成长,将来孩子就会过得和我一样。我要为我的宝贝儿承担起自己的责任。老公不好好上班,孩子出现问题,我都有很大的责任。我要开始长大!

交会费时,我犯了愁,手里的现金已经很紧张。我一咬牙,把自己的保险基金退掉,毅然决然地交了会费。在这里我也遇到了我的买华师傅。

在师傅的督促和陪伴中,我每周都去上课,风雨无阻,把学到的知识拿到生活中实践。

爱在亲人之间流动

任何事情都有两面性,生活里出现的不顺利、不如意,让我们痛苦的同时,更是一份礼物! 没有它们,我们也许永远没有机会成长。

一个月后,我的家排个案开启:虽然生活中的我已经出嫁,为人妻人母,可是潜意识里我还深深地纠缠在我的原生家庭中——父亲因为怀着对年轻早逝的前妻的歉疚,不知道怎么面对妈妈、我的两个同父异母的哥哥还有我,他深深地困在那里。

而我插手父母的矛盾,带着很多的误解和埋怨,不但指责爸爸对妈妈不好,还怀着一副拯救者的心态去面对妈妈,根本"看不到"自己的老公和女儿。我结婚 6 年了,却没有真正出嫁,我的老公没有真正的妻子,我的女儿也没有真正的妈妈。

我暗下决心,要回归自己的位置。

回到家,看着沉默地玩着手机的老公,我想说很多话,话到嘴边又咽了下去,于是我动手写了一封长长的忏悔信。

刚拿起笔写下第一句,我的眼泪就开始止不住地往下流。

亲爱的老公,你还记得我们是怎么相遇的吗? 从 2002 年认识到现在,整整 13 年了,那些甜蜜的往事依然历历在目……大学中校园恋人走到现实生活中成为夫妻,是多么的不容易。我们都为此吃了很多苦。大学毕业,你为了我放弃了考研的机会。我换工作进外企,我到哪个城市你就跟到哪儿,始终不离不弃。那不是真爱又是什么呢?

而我又做了什么呢? 嫌弃你挣钱少,言语之间刻薄的一面尽显。

工作压力大的时候经常对你发脾气，平时对你总是挑剔，而你总是沉默地接受，很少跟我计较。我很少祝福你，总是担心、怀疑、打击，觉得你没能力。我只看到了我的需求和情绪发泄的需要，却从来没有完整地看见过你这个人。

上天赐予了我一个忠厚、善良、真诚、始终如一的老公，我却看不到，我看到的都是缺点。对不起，我感到深深的歉意和忏悔……

我哭着写着，写了一晚上。鼓足勇气给了老公，他看了以后什么也没说，只是把我的头埋在他的胸前，紧紧地搂着我……

后来，他出门上班前总是给我和妞儿一个拥抱。我们之间的坚冰慢慢地融化了。我听从师傅和老师的安排，开始放下平时的抱怨、唠叨，谦卑地俯下身去给老公、女儿洗脚，每天给他们做可口的饭菜，整理、归纳自己的小家。每天觉察自己的起心动念，放下对孩子的掌控，全然地去接纳孩子。经常写孩子和老公的优点发到朋友圈，每次都看到周虹老师和买华师傅的点赞，那是对我的关注和鼓励。孩子幼儿园的各种活动，我也是陪着她积极参加，家长发言我都会积极举手，争取上台的机会。宝贝儿慢慢感受到了来自妈妈的爱和认可，脸上的笑容越来越绽放。以前不爱举手、不爱发言的她，在班里越来越积极。我有时也会做一些曲奇饼干和小面包，让女儿带到班里，和小朋友一起分享。她在班里的人缘越来越好，也越来越喜欢集体生活。

睡觉前，我经常给孩子做抚触、按摩，用"零极限"的方式做清理，对女儿说："对不起，请原谅以前妈妈没照顾好你。感谢老天给了我这样一个可爱的女儿，我爱你。无论别人怎么看待你，你在妈妈心中永远是最好、最好的宝贝儿。"女儿感动得紧紧地搂着我的脖子。4月份的时候，女儿开始穿裙子了，6月份的时候，女儿扎起了小辫儿。一个妈妈对孩子无条件的爱和接纳，就是最好的滋养啊。她终于愿意认同自己的性别,快乐地做个女孩子了。买华师傅看到我发的照片,比我自己还要开心。

爸爸妈妈恋爱了!

元旦的时候,妈妈来郑州检查身体,在家住了几天。妈妈无聊的时候,我把虹汇电台推荐给妈妈听,教妈妈用手机收听虹汇姐妹的节目,没想到这些姐妹的成长故事深深震撼了妈妈。她几乎除了吃饭、睡觉,其余时间一直在听,边听边流泪。是啊,谁的人生是容易的呢?妈妈一直认为自己是最苦的人,她的苦都是爸爸造成的。那几天里,她"看到"了几百种人生,学会了换位思考,对自己、对爸爸、对这一辈子的生活开始有了反思。

回家以后,她和爸爸一起听,两个人开始互相理解了对方的苦,学习夸赞和感谢对方,关系竟然比年轻的时候还好了。就像一个人走着走着走到了墙角,无法再往前,觉得无路可走,于是放下往前的固执,一转身发现,生活的道路其实很宽广!

妈妈活到60岁的时候,终于学会了转身,重新获得了爸爸的爱。看到即是穿越,她的心脏病也减轻了很多,身上也不怕冷了,后背、手心、脚心有了发热的感觉。爱的能量真的好神奇啊,真的是世上最好的良药啊!过完年,妈妈治疗心脏病的药就停了。今年再去体检的时候,发现心脏功能恢复已经接近正常,她可以和正常人一样生活了。从此,我们不用再把大把大把的钱送往医院了。

爸爸还给妈妈买了老年电动车,带着妈妈一起去遛弯儿,去广场跳舞,天热的时候,带她去湖边散步吹风。妈妈像个重新恋爱的少女一样,每天都被幸福包围着,电话里经常乐呵呵地炫耀爸爸对她的好。

而我也在不知不觉中接受了爸爸,感动着爸妈迟来的爱情!

爸爸妈妈,你们好好的,我可以放心地回去过我的日子了,我再也不掺和你们的事了。

我退回到孩子的位置,过好我自己的生活,就是对你们最真挚的爱。我和老公孩子一家三口也会和你们一样过得很幸福,请你们祝福我,亲爱的爸爸妈妈,我爱你们!

金钱和爱一起回归

当家里的状况改善之后,我感觉自己又找回了力量。我要做点什么增加家里的收入呢?

面对金钱,我有一个很大的障碍,就是不好意思,不敢正大光明地谈钱。为了克服自己的心理障碍,我在微信朋友圈卖起了瑜伽服和禅意服,很坦然地面对金钱。一开始,我每个月也有一两千的收入,但这小小的开始,让我看到了金钱对我的垂爱和眷顾——我依然是金钱的宠儿,我依然活在它安全的怀抱里。

我也会教女儿,要好好地去爱惜我们的金钱。每次她都会把我给的零花钱工工整整地叠好。花出去的时候,对着钱恭恭敬敬地说:"钱宝宝,谢谢你,带给我好吃的、好玩的。我爱你!"

亲爱的女儿:你是一个不一样的新生命,你不会再和姥姥、妈妈一样被悲情、疾病所困扰了。你将来的生活是喜乐的、富足的。妈妈会一直祝福你!

我也把祝福送给更多的人,出门的路上看到有大肚子的孕妈妈,我都会在心里默默地祈祷:祝你们母子平安。去买东西,碰到热情的店家,很自然地说一声:祝你财源滚滚。当我们的内心愿意把爱与祝福给到更多的人,那份爱与祝福也会悄悄地回流给我们。

爱出者爱返,福往者福来。

今年6月份的时候,一家文化传播公司找到我,给了我一份不用打卡坐班,而且还有五险一金的工作,不耽误照顾孩子。感恩老天的眷顾,我又开始了新的职业生涯。

当家庭越来越和睦,老公的状态也越来越积极了。在进行忏悔静心的时候,我不但会为过去对老公的伤害真诚的忏悔,还会默默地祈祷他一切顺利,我愿意把每天的学习功德都回向给老公、女儿。这也许就是周虹老师说的"起心动念"吧。

虹汇课程开始以前,大家一起做祈祷的时候,我的眼前都会浮现出老公牵着女儿的小手向我微笑着走来的场景……心里好幸福、好温暖,睁开眼睛时常常是满眼的泪花。现实生活中,老公和老板的关系比以前融洽了很多,亲爱的他学会了用更柔和的方式去处理他的工作矛盾,工作越来越顺利。

曾经以为,所谓财富就是我们银行卡上的一串儿数字。走过困难,重获幸福之后,我明白了,金钱只是我们财富的一部分。健康的父母是财富,相爱的伴侣是财富,健康活泼的孩子是财富,真诚的沟通是财富,一家人相亲相爱更是财富!

当爱在我家流动起来的时候,我和老公的关系一天天和解。我家的宝贝女儿越来越喜欢花裙子,喜欢上幼儿园。老爸老妈越活越年轻、恩爱。老公的事业越来越有起色,我看见财富和金钱也在向我招手!

真的是那句老话儿:"家和万事兴"啊。

真正的财富

　　一想到穷人,你会联想到什么呢? 反正浮现在我脑海的是生活拮据、困顿,缺吃少穿,看见想吃的想穿的只能绕着走,嘴上常挂的是:"这个太贵了,买不起;钱要省着花"等。我认为这才是穷人,如果说小时候经历过一些这样的生活,我认同,可工作了十几年的我,怎么也与"穷人"两个字联系不起来:在金融机构工作,住着200多平方米的大房子,出入有车开,我怎么会与"穷人"这两个字沾上边呢?

　　但周虹老师一堂《与金钱链接》的课让我大跌眼镜,经过家排,我站在了穷人的行列,这让我怎么也想不通,感觉委屈,甚至有些愤怒。周虹老师好像看穿了我的心思,说:"你们对穷人的认识太狭隘了,虽然你们有一定的经济基础,但你们对照一下自己,你的归属到底在哪里? 你没有穷人的思维吗? 你真的爱钱吗? 真的与金钱有很好的链接吗? 当你花钱的时候,你的感觉是怎样的? 是喜悦开心还是纠结担心……"周虹老师一句句的话就像重锤一般砸在我的心上,我被砸懵了!

开始链接,为金钱建造大房子

　　"与金钱链接",我第一次听到这样的概念。在我的意识里,只知道工作挣钱,劳动挣钱。我在银行工作,挣钱都与效益挂钩,与存款、贷款等指标挂钩,与任务目标联系,各项指标完成的好收入就高,任务完成不好则不仅收入差,而且要挨批评。所以,我们一季度要开门红,二季度要时间过半任务过半,年底要年终冲刺,每到这些关键时刻,加班是常态。在我的印象里,挣钱伴随更多的是紧张、忙碌,甚至焦虑!

与大多数人一样,我们的工资都发到工资卡上,消费经常用信用卡,收到工资第一件事就是还信用卡,因为大多数人都是如此,为了方便大家,现在连发工资的时间都和信用卡账单日放在了同一天。所以对于我来说,金钱和数字差不多,在这张卡和那张卡之间转来转去,我从来没有想过与它要有怎样链接,或者感受它什么!而且因为用信用卡消费,消费的是未来,经常是花的时候没什么感觉,当对账单来的时候,一看吓一跳:怎么这么多? 内心一下子非常慌乱。回顾这些,我觉察到,我确实需要与金钱好好链接!

当我与金钱链接时,我觉察到自己以前对金钱没有尊重,当收到金钱时,我没有感恩,没有喜悦,即使有也是转瞬即逝。现在看到工资,虽然仍然是数字,看到的是自己的工作得到了认可;看到工资让我能去享受物质的丰盛,我感觉很开心和满足。而且这样想的时候,在工作中少了抱怨,即使工作紧张忙碌时,我内心是接纳的;因为有了觉知,我会更高效地工作,减少加班,让内心更轻松。

因为用卡消费多,我的钱包里,一般现金不会超过 1000 元,我认为装得多,花得快,如果丢了更不划算。我的钱包是老公去香港时买的名牌,将近六千元,老公看到我的钱包里只装几百元钱,经常说:"可惜了了这么好的钱包!"看不过去时,他会再给我放一些钱进去。每次听到他的话,我都很不以为然,说:"哼,我装的还是多的,我同事有的人只放二百元。"我的钱包以前非常乱,发票、收据等都往里塞。现在我

知道了,钱包就是钱的房子。你的房子是大是小,是干净整洁还是混乱不堪呢?如果我们是金钱,我们喜欢住什么样的房子呢?答案肯定是干净、宽敞的。

就如我们住酒店,快捷酒店和五星级酒店,在我们经济能力达到的情况下,我们更愿意住哪里?一定是五星级酒店。但我们经常选择的是快捷酒店,这就是周虹老师常说的归属。

其实老公把钱包送给我的时候,我虽然嘴上说喜欢,心里却说:买这么贵的钱包有必要吗?乱花钱!现在我看到,我与老公的格局差得有多远!非常感激老公。现在,我经常清理钱包,让金钱的大房子更加整洁、有序。

物为心之外化,钱包仅仅是反映了我生活的一个小侧面,我开始更加深度清理我的家,经常清理我的办公桌,让自己整个身处整洁、有序的环境中。

对金钱说"我爱你"

在我从小到大的意识里,一直有一个声音:万般皆下品,唯有读书高。谈钱很俗,钱与"铜臭"联系在一起,所以我读书还可以。虽然进了银行工作,整天与金钱打交道,与有钱人打交道,但我从来没有说过,甚至没有想过表达"我爱钱"。如果赤裸裸表达对金钱的喜爱不是拜金主义吗?这可是我们以前一直痛斥的呀!

但我真的不喜欢金钱吗?不希望更多的金钱来到我身边吗?当然不是,我努力工作,不就是为了获得认可,提高收入吗?如果把金钱比喻成一位少女,你心里喜欢,但从来不去赞美她,嘴上说的都是她的不好:她太瘦、她不够白,她有点笨,那么传递出去的信息其实是我们讨厌她，她怎么可能愿意待在你的身边呢！在课堂上，周虹老师给我们随口编了一首诗《钱，我爱你》：

钱，我爱你！

你给我带来漂亮的衣服，

你让我吃美味的食物，

你让我能去旅行，看美丽的风景。

钱，我爱你！

我真的需要你！

我跟着周虹老师念了这首诗，自己又反复读，对金钱的认识有了很大突破。我能很坦然承认我爱钱，能大胆表达对金钱的爱，感谢金钱让我们享受精神和物质的富足，便利我们的生活。而且，我开始影响孩子正确表达对金钱的感恩，我们对金钱有了一个可爱的称呼：钱宝宝。每次给孩子零花钱时，孩子都很开心说："谢谢妈妈，谢谢钱宝宝！"

有一天，我接女儿放学，她去学校门口的小卖部买文具，当她准备付钱的时候，先把钱对着嘴咕哝了几句，才把钱给店主。买完东西，我问她："你刚才说了什么？"她说："我对钱宝宝说，谢谢你能让我买东西，你要多多来我家呀，还要叫上你的兄弟姐妹！"逗得我哈哈大笑，孩子太可爱了！

向金钱表达爱，也让我突破了花钱时的内疚和恐惧。由于小时候生活在农村，经济不宽裕，内心一直有匮乏感，兄妹三个，目前我的收入是比较好的，可是当我买贵的衣服、做美容或去国外旅行时，我内心还是会很挣扎——爸妈还没享受呢，我这一件衣服是哥哥半个月的工资呀，太浪费了。

虽然钱也花了，内心却很纠结，花钱带给我的不是开心、喜悦，而是罪恶感和对自己的评判。婆婆有时候看到我衣服的价签会说:"买这么贵的衣服!"其实她说说就过去了,但我心里过不去。因为我平时不太爱逛街,如果逛街,遇到合适的,我会一次买几件。有一次,某名牌店庆,有折扣,我买了五件衣服,一下花了一万多元,衣服装了好几个袋子,我觉得拿回家太招眼了,仿佛做贼心虚,为了不引起注意,我把衣服放在汽车后备厢里,一件一件慢慢往家里拿。也不敢立即都穿上,新旧搭配,慢慢往外穿,这样才觉得安全。现在想来,我真是太委屈我的金钱了,我没有很好地体现它们的价值。就在写这一段的时候,想起来过春节时买的一件最贵的大衣,还在袋子里被捂得严严实实的,我要赶紧跑过去向它忏悔!我知道在我的意识深处,"不配得"仍然存在,我仍然要继续修这个功课。

我也看到,过去我之所以买很多东西,比如衣服,有时候是为了填补内心的空缺。我记得上大学时,看到班里很多城里的女孩子有很多漂亮的衣服,而我只有那么几件,内心有自卑感,在谈恋爱的时候也觉得不是那么自信。记得有一个外形好、学习好的男孩子,有一个学期每周都去找我,宿舍的同学都说他在追我,我却不相信,我说:"你们弄错了,我们是老乡。"宿舍的同学说:"怎么没见你其他老乡每周来找你,还打扮得那么整齐?"尽管我没有继续反驳她们,但还是不确信,因为我觉得自己没那么好。后来我和他相处了一段时间,却始终不太自信,尤其是他每次都穿得特别郑重,其实他是因为重视,我却经常为没有能和他的衣服相搭的衣着而感到很有压力。虽然工作之后我有能力为自己买好看的衣服,但内心的那个空缺有时候还会浮现,仿佛只有拥有更多的衣物才能让我内心感觉富足。而且我会重复购买,去年过年我一下子买了四件大衣,并不是我真的缺少,而是想占有,当真拥有后,内心对自己却有了更多的评判:又抵不住物质的诱惑!通过在虹汇课堂的学习和不断听虹汇电台的节目,我学着放下评判,不断整理、清理自己的衣物,看到自己已拥有了很多,内心变得越来越丰盈,被爱充满,买的衣服反而越来越少了。

现在花钱的时候,我都带着感恩,带着满满的喜悦和爱,感恩金钱让我享受到的满足,我值得、我配得拥有美好的生活!

放弃投机心态,真正尊重金钱

我本人大学时学习的是金融,又在金融机构工作,投资就是我的工作。回顾工作这十几年,在工作上我的业绩还不错,但在个人投资方面,就差强人意了。我投资过基金,投资过股票,跟着股市起起浮浮、涨涨跌跌,总体算下来根本没有赚到钱。

我一直很困惑,当然我知道,在这件事上,我没有投入太多精力,存在投机心理,而且股票投资本来就是高风险投资。不断的成长后,我更加认识到,在投资时,我很盲目,对收益没有预期,对风险也没有评估。只是随大流,涨了还希望再涨,跌了又陷入恐慌、担心、焦虑甚至麻木中,不再看。我曾经有一只股票持有了两年多,后来根本看都不看了。而且那个时候,我也不找证券公司的专业人士指导,认为自己也是搞金融的,再找别人,多没面子!在股市行情好的时候,我把手里80%的资金投入股市,这本身就是冒险,当股市跌的时候,又把每个月的工资拿去弥补亏损。这反映了我对金钱的态度:随意、跟风、傲慢,还有恐惧。在这样的心态下,怎么可能赚到钱呢?

现在我意识到股票投资,技术层面固然重要,更重要的是内心的坚定、信任,而不是投机、侥幸、抓取。我再去投资时,投资股票,我会找证券公司的专业人士去沟通;投资其他,我更看重的是对方的信用,

而且我自己预先有一个基本判断,盈亏点在什么地方,我能不能承受。听从内心,尊重金钱。

今年上半年我买了一只股票,持有了三个多月,还没有涨到预期的价位,但因为计划一个月后要用钱,我去咨询一位证券公司的专业人士,他建议我尽快出手,避开后期调整。我听从了他的建议,不贪那一点涨幅,而让自己陷入下跌的担心中。

我开始更多基于自己的兴趣去投资,比如我特别喜欢珍珠饰品,自己拥有以后,又去对市场做了一定考察,和老公商量之后,我们进行了少量投资。珍珠饰品低调、优雅,很能彰显女人温婉、成熟、大气的气质,这正是女人学习成长的方向,我觉得女人都应该拥有一套珍珠饰品。于是,我将珍珠饰品带给虹汇女人,让姐妹们更便利地享受物美价优的珍珠。一位虹汇姐妹挑了一条珍珠项链,姐妹们都说非常适合她的气质,脱俗又富贵。她说大家都把她夸得飘起来了,她自己开心,还推荐自己的好朋友找我选珍珠项链。我收获了财富,更重要的是,姐妹们选到适合自己的饰品时,那喜悦的心情让我非常满足。

敞开胸怀迎接金钱

当我放下了对金钱的许多限制性的信念之后,我对老公的态度也变了。这两年因为老公去外地投资的事,我们没少发生冲突,尤其是他借钱去投资,让我一直处于担心中。我曾多次对他说:"你到底投的是什么项目,到现在都没有收益? 当初跟你说,不要投,就是不听……"听多了,老公也特别烦:"我借的钱又没有让你还!"虽然经过学习,我不会和他大吵大闹,但心里一直不信任他。

现在,我知道无论语言的攻击,还是内心的不信任,都不是祝福的能量。担心是很强的负能量,应该把担心转化为祝福。我看到老公的坚持,佩服他的承受力,即使在压力很大的情况下,他都保持乐观心态,这不就是成功者的状态吗!

他非常有胆识,刚毕业时月收入不到 500 元,为了来郑州找份新工作,给别人一个好印象,花了 1000 元去买衣服。他很有眼光,年纪轻轻就买了房子,而且是复式房,并认定我们住的就是未来的市中心,事实证明老公是对的。他非常有品位,追求生活品质,着装讲究,对品牌非常有见地,家里的电器、家具也都是品牌的,安全耐用,极少维修。他有梦想,希望我们过上夏天去瑞士滑雪,冬天去夏威夷晒太阳的生活。他很孝顺,公公尿毒症换肾,常年服药,全部自费,开销很大,老公总是说全力治疗;还安排公婆去北京旅游,去湖南参观毛主席故居,公公去世前说想看海,老公就亲自开车带他去了连云港;生活中,公婆有时候比较唠叨,老公即使不同意他们的看法,也很少与他们顶撞,总是尽量让他们开心。他能承担,曾经为了投资而借了钱,但是他能够承受这样的压力。他乐观,无论在任何时候,都没有听他说过泄气或退缩的话,总是说:"你放心,不用你操心。"他好交友,与他交往的朋友都特别信任他。他很富足,从来没有图便宜买什么东西,都是喜欢才买;记得我们谈恋爱时,因为我喜欢吃螃蟹,他经常带我去吃河鲜,专门为我点大闸蟹;他去瑞士为我买的手表,去香港买的钱包、名片夹都特别有品质。他很细心,我的车的保养、保险都是他安排好,我从来没操过心。他很包容,无论我如何挑剔,不理解他,不会做饭,他都没有说过我,我学的东西,他即使不理解,也都会支持。所有这些,都是干大事的人具有的品质,我坚信老公是干大事、挣大钱的人!

我放下对他的抱怨,放下担心,开始祝福他,赞美他。偶尔又有担心的念头出来时,我能及时觉察到,我会去散步,或独自待着,化解自己的情绪。有一次,老公从三门峡回来,我又忍不住问他项目的事,他说还要再等等,我一听就有点烦:"上次说一个月差不多了,怎么又要再等等? 等到什么时候!"老公看看我,没再说什么,和女儿去了书房,我真想冲进去,但立刻意识到,如果我冲进去,很可能吵架。我深吸一口气,告诉他:"我出去散步了。"我转了一个多小时,找了一棵树,靠着哭了好一会儿,等自己情绪释放了,才回去,避免了一场冲突。

现在,家里的气氛越来越喜乐明快,老公感觉越来越轻松,他对我说:"老婆,我们一定会越来越好的,我心里有数。"我相信他,也相信自己值得、能够拥有富足的生活。即使现在有负债,债务也是为了扩容我们金钱的容积,让我们有能力承载更大的财富。

我想对老公说:"亲爱的,我愿意陪你一起经历生活的高低起伏,我相信你,相信我们家庭的未来,我看到富足的生活正在向我们敞开!"

这两年老公在外地工作,在家的日子比较少,我带着女儿把日子同样过得美美的。重要的日子,如父母生日、中秋、春节,老公尽量回来,我们一家去看望父母,父母特别开心。妈妈总对我说:"你好好带孩子,让才文安心挣钱,他是干大事挣大钱的人,你们的日子好着呢!"前几天妈妈去我家,进门后就说:"这妞把家里弄得这么整洁!"父母从最初对老公去外地工作感到担心,怕我太辛苦,到看见老公的担当,看见我的有序,非常安心。他们对我这个女儿充满了自豪,深信他们的女婿是挣大钱的人!

通过在虹汇的学习,我具有了"看见"的能力,看到自己拥有很多:健康的父母、和睦的家庭、爱我的老公、可爱的女儿、良好的人际关系、干得得心应手的工作、不错的收入……我不再生活在过去,我有能力满足自己的需求,我值得过富足的生活。

　　真正的富人并不是银行账户那一串串干巴巴的数字,而是内心丰盈、从容淡定、身心自由,时时刻刻处于和平、喜悦中。现在的我真正感到富足从我的内心长出来,我走在了富人的行列,而且我还要继续提升,走向更加富足、自由的生命。

穷的病根是"缺爱"

我是个守财奴

"看那个女人多胖,难看死了!"用眼睛的余光,我看见两个四五岁的小女孩一边用斜视着我,一边互相咬着耳朵轻声地说着。尽管声音很小,还是传到了我的耳朵里了,这是我到学前班去接儿子的时候发生的一幕。

尽管我已经习惯了大家说我胖,但是从这些不谙世事的小孩子嘴里说出来的时候,我还是震惊了,连四五岁的孩子都已经觉得我胖得没法看了。

再回头看看我自己,180多斤的体重,要买衣服真的很是不容易,大码时装店里的衣服是好看,可是动不动上千元的衣服价格就像拿刀割我的肉一样,每每都是看着那好看的衣服,眼睛瞅着那价格标签上的数字,脑子里飞速地计算着这价钱我能在地摊上买多少件衣服,最终还是"理性"地放下那些心仪的衣服,继续上地摊上淘便宜的衣服。我这才叫过日子啊!对不对?一样的穿在身上的衣服,干吗要花那么多冤枉钱?

"180多斤的体重、套着从地摊上淘来的便宜衣服、不施粉黛的脸、头发随便用个皮筋扎在脑后",这就是我日常的光辉形象,您能"脑补"出来吗?

那天,儿子默默地跟我回到家以后,说了句:"妈妈,你减肥吧。"我特别诧异和委屈:我胖跟你小孩子有什么关系啊!妈妈整天辛辛苦苦为了你,为了这个家,不舍得吃,不舍得穿,省下每一分钱给你存着,你还觉得妈妈胖了,给你丢人了?太没良心了!小屁孩儿。

想想这么多年,"不舍得"是我人生的关键词。

随着新农村改造的脚步,我们家的房子被拆迁了,我舍不得丢掉才刚刚购买了一年多的家具和厨具,和老公一起收拾了家中所有能搬走的物品,甚至连个灯泡和垃圾桶都没有放过。

拆迁以后,我开始四处寻找合适的房子,给自己寻找以后落脚的地方。

朋友问我买房子有什么要求,比如面积、楼层、周围的环境等,我总是告诉他们:"没什么要求,只要价格便宜就行"——我怎么能够把手里的钱都砸到房子上呢?以后的日子还长着呢!

看了不少的地方,我特别喜欢当时在售的一个品牌新楼盘:那里毗邻主干道,出行方便,绿化也不错,内部商业、物业等配套设施都很齐全,最让我满意的是,这家小区还有配套的中小学,当时儿子即将入小学,因此我对这个小区是一见钟情——它几乎能满足我购买新房的全部期待。

我开始跟售楼人员咨询购买房子的事宜,当笑容可掬的售楼小姐热情地向我介绍完楼盘的所有优点的时候,按捺不住自己心中早已想问的最关键的问题,"请问多少钱一平?""8800元。"售楼小姐微笑着对我说。那100平方米的就是88万元啊!

在我的印象中,周围的很多朋友住的都是以前购买的小产权房,比这要便宜一半还要多啊!我瞬间被这"巨额"价格给震蒙了,不是我没有这么多钱,是我真的太舍不得了,我把钱都用来买房了,要是万一以后运气不好,挣不到钱了可怎么办呢?

我非常果断地离开了这个富丽堂皇的售楼部,这个价位远远在我的心理承受能力之上,而周围的大产权楼盘跟这个小区的价位相差不了多少,就是因为价钱的原因,我干脆将所有的"大产权"楼盘都排除在了我的选择之外。

于是,尽管我非常清楚"小产权"房不是合法的,但我还是倾心于它的价格,将自己的目光拉回到周边所售的小产权房。

有一天,一个朋友告诉我北四环边上有一个小产权房楼盘在售,我赶紧跑去看:这里绿化基本上是零,整个小区乱糟糟的,我仿佛又回到了我以前住的"城中村"。

再看看周边:出北门就是车来车往的北四环,出西门往就是北区有名的蔬菜批发市场。我对"批发"两个字特别敏感,这就意味着住在这里能享受比繁华的市中心价格优惠得多的蔬菜啊!每个月光买菜的钱就能省下不少了。日子不是过穷的,不会计算才会变穷。

"省钱过日子"是生活的不二的法门啊!

这个小产权的房子的价位很低,我不禁心中兴奋起来,这一下子就能省好几十万元呢!省钱才是王道,这时候在我的眼中,小区的那些"脏乱差"在我的眼里都成了浮云,小产权房的不安全因素也随着省了好几十万的兴奋劲随之烟消云散了——就这儿了,能省那么多钱!这就是最好的安排。

装修的时候,我也是什么东西都买最便宜的,原则就是花钱越少越好。装修完,把那些从老房子里拆下来的旧东西抬进新家,除了换了两个新空调,其他的都是从拆迁的房子里带出来的。我想,日子凑合着不就过去了吗!

小区里很多都是从附近的城中村拆迁过来的村民,可我发现,他们都没像我一样什么东西都是买便宜的。这些人,拆迁分了几个钱都给浪费得不成样子了？一旦政府停止发放生活费，拆迁补偿款都倒腾光了，以后你们就等着哭吧，我心里暗暗鄙视这些花钱不知道省着点的"土老帽"。

尽管如此，看着别人家都装修得比我家好看，我心里就多少还是有点不舒服，但是当听到她们谈起装修价位的时候，心里的平衡感就又找回来了。比起他们我还是省了不少钱的！这些人都不会过日子吗？装修得那么好，是能吃还是能喝？房子就是个睡觉的壳子，装得豪华与否，不都是晚上睡个觉？一年 365 天，也不能比别人多睡一天。省着钱留给自己的孩子多好，孩子长大了，要花钱的地方多得是，尤其是男孩子，房子、车子、媳妇，以后哪一样不是要花钱的地方？

儿子成了小小守财奴

儿子慢慢地长大了。从三四岁起，他就像个小大人一样，晚上总是跟在我的身边，我只要从一个屋子转到另一个屋子，他就踮起脚尖用小手"啪"的一声把灯给关掉，还会奶声奶气地说："妈妈，你总是不关灯，太浪费钱了！"

回想起儿子刚会说话时，我父母家里还有田，种了很多菜。我每次带儿子去我父母家里玩，回家的时候，车篓里总是装满新鲜的青菜。有一次，我们走的时候没有去菜地，儿子见车篓里是空的，就哭了，我赶紧问他为什么哭，儿子挥动着小手说："妈妈，今天我们还没有带菜呢！回家还要再去买，你太浪费钱了。"天啊，这熊孩子才两岁多，话还说不利索呢，竟然能说出这样的话，我很惊诧，却没有往心里去。

转眼儿子上学前班了，开学的时候，我给他买了本子和 3 支铅笔，上了半学期了，那三支铅笔居然还没有用完。但是我总能在儿子的文具盒中发现一些小铅笔头。开始的时候，我并不是很在意，后来见得多了，我就问儿子哪里来的铅笔头。孩子回答："妈妈，铅笔短了，不好削了，小朋友都扔地上不要了，我都捡起来，我还可以用，这样咱们家就可以省下买铅笔的钱。"听着才5岁的儿子这样说，我心里不知道是什么滋味，是啊，我也希望孩子能节俭，但这样是不是有点过度了？

还有一次，孩子跟着我去找一个朋友玩儿，到快中午的时候，朋友说："该吃午饭了，到我家去，我给你们做点好吃的。"我不好意思麻烦朋友，就说我们在街上随便吃点算了。六岁多的儿子想都没想就跟我说："妈妈，我们去阿姨家吃吧，这样可以省咱们的钱。"朋友听后大笑起来，说："你家儿子真是个人精。"

我的老天，我总想着省钱是自己的事情，怎么到了儿子这里竟然变本加厉地想去花别人的钱来省自己的钱？

我的儿子为什么会这样？我和他爸爸从来没有教过他这些，他的心思和处心积虑省钱的表现已经远远超出了同龄孩子。连一向主张节俭的我，都觉得孩子再这样发展下去十分可怕了。但是如何去纠正孩子的这些行为？书本上并没有现成的答案。

后来我才知道，孩子之所以变成这样，完全是效仿我的行为。孩子就是我自己的镜子，原来我才是抠门儿的根源。

我算计着过日子，省钱的这种感觉像毒品一样控制着我，我上瘾了，戒除不了了：一天不花钱买点便宜的东西，就浑身不舒服。在我的意识中，自己就是穷人，即使手里有了点钱，在我看来那只是银行存款上的一个数字，跟我没有多大的关系，我依然还要辛苦努力、俭省过日子，要是改变这样的生活习惯，我就找不到自己了。

可是，身边那些我认为铺张浪费的朋友，并没有变得穷困潦倒；反倒是守财奴般精于算计的我，倒像是有点穷困潦倒的迹象了。

看着自己简陋的房子,凌乱的家,快要"收拾"不住的儿子,日益发胖的身体……连我自己都开始讨厌自己了,我甚至好几年都不愿意照镜子,任心里的不如意滋长到脸上……

当我正在迷途中挣扎的时候,在我想要努力为了儿子而改变却又不知道怎么改变这一切的时候,我的老同学——后来成为我师傅的陈耀辉老师把我带到了周虹老师的身边。

特别感谢我的师傅,是她手把手把我带进虹汇大门,一步步领着我找到自己"贫穷"的根源,开始艰难的蜕变。

"缺爱"是贫穷的病根

虹汇的财富理念是:金钱财富,不光是数字的增加,还包括精神上的富有。

这与我以前理解的只要有钱就是富人的观念大相径庭。周虹老师说我是精神上的赤贫,赤裸裸的穷人。

事实真的是这样吗?

虹汇有个特色课程:家庭系统排列。在家排的现场,我父母的代表一上场,我就抑制不住自己的眼泪,积聚了40来年的一腔愤怒化成委屈的泪水流个不停。不是在这个场域,我真的意识不到我是这么的怨恨父母,我自己都吃惊这是为什么,周虹老师告诉我们,这就是要我们写0~18岁重要事件的原因。

在我们小时候的那个年代,因为物质的贫乏使得父母他们总是忙于奔波和生计,艰难度日,能省则省,这是那个年代的特点。我未能得到很好的照顾,总是饥一顿饱一顿。

从心理层面的因素来说,我们小的时候一旦哭闹,妈妈就会抱起

我们喂奶,因此我们从小就把口腔安慰和安全感联想到一起。吃的欲望,代表着想要得到爱,想要安全,想要有人照顾。我们姊妹三个年龄间隔小,父母照顾不过来,小时候我经常被送到亲戚家生活,于是我从小就感觉缺乏爱和安全感,原来这才是我胖的真正原因,也是如今我怨恨父母的原因——我没有得到充足满足的爱。

我在心灵空虚的时候毫无限制地吃东西,吃完之后就有一种特满足的感觉,时间长了,我就吃成了现在这180多斤的身材。

为了向更多和我情况类似的姐妹们分享自己的经历和经验,我在虹汇电台录制了一期节目:《父亲将我推开源于深沉的爱》,里面详细解读了这个问题。

在疗愈"内在忧伤小孩"的课程上,我看见好多的姐妹都是流着泪诉说孩童时代父母留给她们的毁灭性的语言打击:"你真笨!""你干啥啥不中!""你怎么不去死?"……再一次深深震撼了我的心灵。这些语言像魔咒一样遥控着她们以后的人生。

也就是在这节课上,我看到了自己和她们的不同。我从小是在父母和亲朋好友的夸赞下长大的,我的父母从小就认为这小妞"搁哪儿哪儿中"。我的一生没有感觉到生活有多大过不去的坎儿。原来这是因为我父母深信不疑的祝福!

再次感恩我的父母,你们是我最正确的父母!

虹汇还有个让我瞠目结舌的理论:越会花钱的人越有钱,越舍不得花钱的人越贫穷。我刚看见这句话的时候就像是一不留神踩着我最害怕的动物蛇一样,条件反射似的扭头就跑。在惊魂未定之余,我慢慢平复自己的内心,来探究颠覆我40年观念的真相。

舍得花钱和不舍得花钱本质就是思维模式不同:

"不舍得花钱"的人的思维模式,永远都是:钱是省出来的!买东西的时候是想能便宜就便宜,攒下钱还有其他的用呢,等以后攒多了再买,想的都是等有钱了,以后怎么样怎么样……

"舍得花钱"的人对喜欢的东西,永远考虑的都是:如何才能够买到它呢?如何才能赚到那么多的钱呢?每天想的是如何才能赚到钱,而不是想着有了钱之后怎么样?就这一个差距,使得舍得花钱的人赚钱的点子、路子、方法越来越好,这些都是伴随着欲望,野心成长着,今天开上了桑塔纳,明天又喜欢上了奔驰。每天都想着怎样才能赚更多的钱,而后开始调整自己的工作、事业,进而把自己喜欢的东西买到手,然后就过着在我眼里"铺张浪费"还越来越有钱的生活。

我们内心长久地向往什么,世界就会来实现什么。这就是宇宙的吸引力法则——心想事成!

反思自己的生活,我的今天正是我过去起心动念的结果,那么,明天的结果,也必然是今天的起心动念。

在《九型人格》课程当中,我发现自己最大的习性就是恐惧。原来我不敢花钱还有另一面:恐惧过去以及将来未知的生活。

我从小到大就是在教育着只有节俭才能省下来,越节俭才能攒下钱,不管赚多少,只有剩下来,才是自己赚的。这些观点是我的父母在那个时代总结出来的经验,而我就是那个不折不扣的传承者。

虹汇的作业好奇葩,在"我的清单"这项作业中:我才发现自己居然拥有不少的财产,房子四套,还有存款若干,而我却像个守财奴一样生活。

金钱是有灵性的,如果碰到一个内心真正开心的人,把它用到让人感到开心的事情上面,那么它也会开心。其实,钱花出去的时候产生出价值,金钱会有成就感,一传十、十传百,金钱都愿意到我家来。它就好像是在外边玩儿,并不是真的离开了我。我越恐惧、忧虑,我的钱在外边

越不愿回来;我越安心、快乐,钱也会越快越多地又回到我的身边。

找到了我寻找好久的答案,我心里暗暗做了个决定:我要开始花钱! 花钱! 花钱! 而且要用尽洪荒之力花钱。再也不想做守财奴啦!

我要开始改变自己,从而来影响我的孩子。

回归富人

改变,从爱上自己开始。我首先开始改变形象。形象是人的一张最直观的名片,周虹老师经常说:"你的形象价值百万! 美丽一个女人,幸福一个家庭。"

我决心让自己变成一个美丽的女人,决心让我的家庭幸福快乐。

穿着适合自己的漂亮衣服、喜欢的鞋、挎着自己喜欢的包包,感觉自信心满满。我开始大胆、随心所欲地挑选我喜欢的漂亮衣服,不再去过分关注价格——原来我也是个有钱人啊! 我享受着镜子中美美的自己,不再恐惧。

当我穿上那些适合我的漂亮衣服后,居然还收到了陌生人的赞美:"原来胖人也能穿得这么好看啊!"尽管如此,我还是对自己的身材不满意,于是开始减肥。

我在家附近的会所报名开始练习瑜伽,让僵硬的身体慢慢地伸展、打开,以此来慢慢打开自己的内心。通过运动来清理自己的负面情绪。渐渐地,我也真的开始爱上了自己,我重新回到镜子面前,每天对着镜子告诉自己:我相信你会越来越棒。

先生也受到了我的影响,最近又给我添置了一台超级棒的越野车来奖励我的蜕变。

在闲暇的时候,我们一家四口会开车到附近的景区、农家乐游玩。

我们有一个共同的心愿——和孩子们一起长大，一起享受，一起品味生活中的无穷乐趣。

我们开始带着孩子去环境优雅的高档酒店用餐，心安理得的享受"有钱人"的生活。记得第一次去的时候，儿子走到酒店门口就问我们"老爸、老妈，你们发大财了吗?"

"当然，孩子!"

"噢! 太棒了。有钱老爸、有钱老妈，我爱你们!"

我扭头看8岁的儿子，这小家伙竟然夸张地挥着手臂，像是在喊口号。我也开心地笑了，就问儿子:"那你是什么呀"! 小家伙换只手臂继续挥舞:"有钱人，有钱人的儿子!"把门口的服务生都逗得哈哈大笑。

当我用爱充盈自己，不再斤斤计较地盘算省钱过日子时，生活便带给我一连串的惊喜。

我每次吃饭都是带着"觉知"去吃，我总是问自己:今天的我还缺少爱吗? 还需要用食物来满足自己心灵的空虚吗? 答案是:不需要! 然后我感觉自己没有那么饿了。现在，我瘦身30斤，这是爱上自己，舍得花钱后，生活送给我的最好的礼物。

不知不觉中，儿子也有了喜人的变化，几乎所有的老师都开始夸赞他。他加入了学校的足球队，潇洒地驰骋在绿茵场上;被选为班级干部;开始承担家务;在暑假期间开始实践自己挣钱的梦想……

先生的生意也带给我们越来越多的惊喜，我自己也做兼职工作，收入大大出乎我的意料! 我们用于投资的房产也在不到两个月的时间升值十几万，在我家门外玩耍的钱宝贝带着更多小伙伴欢快地跑回我的家………

一场长达40年的误会终于解开了——原来，我是不折不扣的富人!

残疾人的富庶人生

金钱为什么不喜欢我

2014年7月，为期一周的暑期培训结业典礼刚一结束，我就迫不及待地收拾行李赶往火车站，归心似箭啊！候车时我给老公打电话，却一直无人接听。直到坐上火车，电话那头传来的依然是冰冷的滴滴声，发的短信也石沉大海。这可不是老公的风格呀！我不禁疑虑重重，究竟是怎么回事啊？

就这样，熬了7个多小时，我终于在第二天清晨回到了郑州。

打开家门的一瞬间，我惊呆了：家里刺鼻的烟味扑面而来，客厅的电视开着，对面沙发上躺着昏昏沉沉的老公，茶几上横七竖八躺着几个空啤酒瓶，地上散落着十几个烟蒂……这哪是我平时熟悉的干净整洁的家呀！短短一周时间，我的家、我的老公怎么就成了这个样子？

我强忍怒气，把沉睡的老公摇醒，冷冷地问道："孩子呢？"

睡眼惺忪的他盯着我看了半晌才缓过神来，声音沙哑地说："去姥姥家了。"

我"哦"了一声便不再理他，开始愤愤地收拾家务。

彼此沉默了十几分钟，一直坐在沙发上的老公忽然说："我昨天晚上喝醉酒跟人打架了，对方可能受伤比较严重，被送到了医院。"

啊？他的话宛如晴空霹雳！我停下手里的活儿，转身瞪着他，怀疑是自己听错了。

他低着头不敢看我，双手不停地按揉着太阳穴，继续用低沉的声音说："昨天孩子去姥姥家了，我下班后不想回家，就在街上跟人打扑克，打到十点多，就跟牌友老陈到饭店吃饭喝酒，有点喝高了，后来不知怎么我们俩就打起来了，我把他给打伤了。再后来，老陈被救护车送往医院，警察则把我带到派出所做笔录，然后就让我回来了。"

人生第一次遇到这么大的事情，我一时间也不知该怎么办才好。去了医院我们才知道，伤者腰椎的一小段出现了骨裂，需要住院治疗3个月。警察判定我老公负全责，治疗费、营养费、护工费、误工费、精神损失费等杂七杂八总共需要7万元左右，全都由我们承担。

那几个月，我感觉天都快要塌了。已近不惑之年的我们都是普通的工薪阶层，每个月的收入都是固定的死工资。买房时跟亲戚朋友借了几十万，每个月还要还银行的房贷，平时除了日常生活开销，稍微攒点钱就用来还账了。当时我们手里别说7万元，就连7000元也没有。

但事已如此，没有办法。最后，我们东拼西凑，终于借到了7万元钱，总算把此事了结。

在那两个多月里，我嘴上没有抱怨老公，没有跟他争吵，但心中的愤怒和委屈却在不断发酵：

为什么他如此败家？

为什么我的生活如此困顿？

为什么挣钱如此艰难？

为什么上天对我如此不公？

自从1999年大学毕业，十几年来我兢兢业业地工作，勤勤恳恳地持家，却始终觉得金钱不喜欢我，生活捉襟见肘，毫无富足可言。2000年我们结婚，最初几年我在一所高中任教，他远在几百公里之外的部队服役，工作相对稳定，但工资不高，仅够彼此的日常花销而已。后

来,女儿一岁半时我考上研究生,并从原单位辞职。此时,没有固定收入的我们娘俩仅凭老公每月寄来的1000块钱无法满足生活所需,于是,学习之余,我还得兼职两份工作,每周两天半在大学教课,晚上做翻译,辛苦过活。

2005年,老公终于转业回到郑州,而我研究生毕业后也如愿进入大学执教。然而,现实生活却未能如我所愿富裕起来。为了拥有自己的住房,我们拿着手头仅有的一点积蓄,再加上跟亲戚朋友借的十几万,买了一套商品房。从此以后,这些外债就像一座大山一样压在我们头上,平时省吃俭用,只想攒钱早点把账还完。3年后,为了方便上班,我们把房子换到了离老公单位较近的地方,于是,除了原来的债务,我们又新增了20多万的房贷。

生活已然如此艰辛,老公却又因为打牌喝酒付出了7万元钱的额外的代价,这更增添了我对他的怨气。况且,那件意外发生之后一个多月,我就被派到上海外国语大学做访问学者,单位每月只发1000多元基本工资,勉强够我一个人的日常生活开销。

那么多的外债、每月的房贷、孩子的教育费用……所有这些都像噩梦一样令我窒息。这样穷困潦倒、憋屈苦闷的日子还怎么继续下去呢?我越想越绝望!

当我向闺蜜诉苦的时候,她建议我到虹汇学习,说她本人已在虹汇跟随周虹老师学习一段时间,收获颇大。对于周虹老师,我久闻其名,坚持收听她在电台的节目也已3年有余,对她的能力深信不疑。然而会费却让我望而却步,已经身无分文的我去哪里找这笔巨款呢?就这样,犹豫着、渴望着,在虹汇外徘徊了几个月之后,对于困窘的生活状态已经束手无策的我终于咬牙借钱加入了虹汇,期待周虹老师帮助我结束这噩梦般的"负翁"生活。

我亲手破坏了和金钱的关系

第二次去虹汇上课时,恰逢周虹老师讲两性关系,她请大家评价自己的老公,我不假思索地脱口而出:"他没啥优点,不思进取,一无是处。"

本来微笑的周虹老师脸色忽然严肃起来,说:"亲爱的,我想问你,你老公是正常人还是残疾人?"

"他是健健康康的正常人。"我声如蚊蚋。

周虹老师提高了声音:"那你有没有一点感恩之心? 你右腿有明显的残疾,而你老公是个四肢健全的人,他凭什么要娶你? 他娶你的时候遇到过多少阻力你知道吗? 但他最终义无反顾娶了你,十几年来对你不离不弃,仅凭这一点,你就应该感激你老公一辈子!"

众目睽睽之下,我恨不得找个地缝钻进去。周虹老师说话怎么如此不留情面? 这么多年来,几乎从来没人在我面前如此赤裸裸地提及我的残疾,而且周虹老师的言下之意是说我配不上老公。怎么会呢? 我虽然一条腿残疾,但工作生活两不误,挣钱比老公还多,而且感觉处处都比他能力强。我哪点配不上他?

下课回到家,我忍不住躲在卧室大哭起来。难道这就是传说中周虹老师的"手术刀"? 下手也太重了吧! 哭了许久,我开始放下悲伤,认真思索周虹老师的话。

我跟老公是大学同学,想当初他也算是全系数一数二的大帅哥,而且特别善良。我们熟识就是因为我大学时有段时间生病在校医院住院,他"五一"假期一直在医院照顾我,一来二去,我们便有了感情。大学毕业后他到部队服役,虽然分隔两地,但鸿雁传书,不到一年我们

便走入了婚姻殿堂。

婚后我也曾问他："我们的婚事你父母没有反对吗？"他轻描淡写地说："刚开始知道你的情况时有点顾虑，不过后来我一解释他们就没事儿了。"然后我又想起了毕业纪念册上一位男同学给老公写的赠言："哥们儿，你能选择我们的 Helen，真心佩服你！"当时我还不以为然。

现在换个角度，站在老公的立场上想想，他当初能够排除一切阻力娶我进门，那是多么深沉的爱，那需要多大的勇气，那里蕴藏着多少付出的准备和男子汉的责任感！可这么多年，麻木的我却始终没有看见这个男人的担当，甚至根本就不愿意正眼相看身边这个风雨相伴了十几年的丈夫，还指责他不思进取挣钱少，抱怨自己嫁错了人。

周虹老师经常说："女人要相信并祝福丈夫能成大事、挣大钱，这样的起心动念是真正的物质力量。"

想到这里，我不禁自责：这么多年来，我一直认为自己一无所有，是个穷人，而且从来也不相信老公有能力挣大钱。事实上，不是他没有能力，而是我一直没有给他机会和支持。原来，身边这个朝夕相处的人就是我人生的一大笔财富呀？于是我暗下决心，想要接近财富就从这里开始吧，从真正看见身边的贵人——亲爱的老公开始。

从那天开始，我一层一层擦去遮蔽双眼的指责和抱怨，每天发一条赞美老公的微信，比如，"亲爱的，感谢你这么多年一直照顾我，包容我！""你今天健身的姿势好帅哦！""谢谢你今天接宝宝放学！""当初我家有农活的时候你周末都会忙前忙后帮我爸妈，不愧是一个女婿半个儿呀！"

第一次收到我的表扬时，老公回了一个惊奇的表情，然后直接转给我一个 52.10 元的红包。估计他当时心里会有点纳闷：媳妇是不是哪根筋搭错了？再后来，我每天坚持给他发微信，他则会偶尔调侃：

"你现在终于发现自己嫁了个多好的老公了吧?"同时,我的每次表扬都会收到他的红包。这多好,表扬别人不仅有助于改善关系,而且还有钱赚,我的积极性就更高了。非常开心自己终于开始具有了"看见"别人好的能力,原来这么多年来,自己一直是身在福中不知福呀!

难道这就是周虹老师所讲的金钱的特点之一吗? 金钱喜欢和睦快乐的家庭氛围。如果一家人三天两头吵架,家里乌烟瘴气的,金钱肯定不愿到这个家庭,即便去了,也会很快逃掉。想当初,我家不也正是这样吗? 我一回家就拉着脸,看谁都不顺眼,金钱能喜欢我才怪呢!而现在,我学会了轻松、愉悦、幽默地与老公和孩子沟通,家里不再硝烟弥漫,金钱也就慢慢愿意跟我亲近了!

加入虹汇不久,师傅毛帆看到我以前写的文章,便推荐我加入虹汇官方微信平台编辑部。从最初的普通编辑,到小组长,再到编辑部副主任,成为虹汇服务团队的一员,短短几个月时间,我凭借着自己的文字特长和耐心细致,在编辑部这个舞台上充分彰显着自己的天赋,在服务虹汇大家庭的同时,也收获了更多的财富。第一次领到编辑部稿费时,我心里乐开了花。原来,金钱也并非不喜欢我嘛! 2015 年虹汇出版了《养孩经 女人经》一书,我作为"写作天使"参与了初稿的编辑工作,利用自己的文字优势为一些作者修改、润色稿件,竟然收到了姐妹们很多的金钱回馈。

就这样,当我"看见"了身边的贵人,我便看见了成长的希望,同时更看见了财富在向我招手。

就在我信心满满,努力成长的时候,师傅提醒我说:"你已经发现了金钱的一个秘密,并且正在开始跟它链接。不过,你现在的成长有点太使劲儿,应该更加顺其自然一些。"

太使劲儿? 我有点不明白,难道生活和成长不应该使劲儿吗? 天

道酬勤,不努力、不付出,哪里会有顺其自然、轻而易举的成功和财富呢?

应该是洞察到了我的疑虑,没过几天,周虹老师便在虹汇课堂上又给我做了一次更加"心狠手辣"的手术。记得那次课堂上,我向老师提了一个问题:"老师,周末我女儿总是睡懒觉怎么办"?

周虹老师说:"谁规定周末不能睡懒觉啊? 孩子学习了一周,周末不就是用来放松休息的吗? 你对自己要求太高,然后又把这样的标准放在孩子和老公的身上,他们累不累呀?"

"可是,可是……"我还想狡辩。

周虹老师没容我说完,接着问了一个令我终生难忘的问题:"假如你面前有这样一个选择:你的右腿可以恢复健康,但老公和孩子会离开你,你会如何选择?"

犹豫了片刻,我给出了自己的答案:"我愿意让自己的右腿恢复健康。"

话音刚落,我就听到周围姐妹们一片唏嘘之声。

周虹老师顿了一下,缓缓说道:"亲爱的,你知道吗,这就是你对生命和金钱强大破坏力的罪魁祸首! 自7岁残疾至今,你始终不愿面对这个现实,反而不断折腾,试图想方设法来证明自己很有本事,从而遮盖自己残疾的事实,你一直在使劲地、努力地证明自己是个超出正常人的人!"

周虹老师的一席话像一记重拳狠狠击打到我貌似强大、实则脆弱的内心深处,委屈的泪水刹那间夺眶而出。

周虹老师竟然如此神奇,一下子就看穿了我深藏心底的秘密,她所言一点不虚。7岁那年由于一次医疗事故,我落下了右腿的残疾。30多年来,无数个夜深人静的夜晚,我望着辽阔的宇宙总会情不自禁地幻想:也许有朝一日科技足够发达,我可以移植一条健康的腿呢?或者冥冥之中会有某种神奇的力量,被我的虔诚所感动而把我变成一个健全人呢?

从小到大,在周围所有人眼中,我无疑都是一个优秀的人:学习用功,成绩总是名列前茅;参加工作后尽职尽责,获得诸多荣誉和奖励。还业余从事翻译工作,出版了八部翻译作品。

对我而言,"学习、工作和挣钱"就是我生命的寄托,它们是我向社会和他人证明自己能力和价值的重要手段,我从别人的赞扬中获得了莫大的成就感,金钱让我体验到了安全感,让我暂时忘却了身体的残缺。但是和身体残缺较劲的能量却在不停地发酵,除了努力证明自己并不残缺,是正常的、甚至是卓越的之外,我无法用心与老公和女儿互动,不曾关注到他们对我的付出和需要,心灵沟通少之又少。我把自己投入到一场孤军奋战的人生旅途中,我取得成就,沿途的人给予认可,而我仍是独自前行。我以为没有人来温暖我,让我依靠,我不能放松、不能懈怠,因为我没有回家,我在征途中。

就在当天晚上,师傅毛帆给我布置了一个奇葩作业:每天在微信朋友圈发一条自己的优势,夸夸自己,否则就罚款1000元。

这可真给我出了道大难题。朋友圈几百个人,朋友、同事、老师、学生,面对那么多人,我怎好意思公然"自吹自擂"呢?纠结了半天,看在那1000元钱的面子上,我还是硬着头皮发吧。

我在朋友圈里发的第一条优势是自己曾经翻译出版的书籍,发完之后赶快把手机关了,一夜忐忑,不知像我这么低调的人发了这么一条高调的信息,会引起什么反响。次日早上打开微信,我惊喜交加:那条以"美好的自己"开头的朋友圈信息,竟然获得了满屏的"赞",还有各种各样的赞誉点评!

如此美好的开始不禁让我信心倍增，原来，我的生活并非一片贫瘠，亲人朋友们的赞许都是对我真挚的爱，我是如此美好富足！自此，我每天早上醒来的第一件事几乎都是去朋友圈发"美好的自己"。什么工作认真负责啦，什么深受学生喜欢啦，什么科研能力突出啦……每次都会赢得一片赞赏。不过奇怪的是，周虹老师却从来没有给我任何点评。难道她没看见我发的内容？直到有一天，当我实在没啥可以表扬自己的时候，就随便发了一条："今日爱心晚餐：黄瓜木耳，清爽可口。"却意外获得了周虹老师的"秒赞"："这才真正'走心'了，这才是'在位'。"我似乎有点明白老师的深意了。

之前我发的都是关于学习、工作方面的，那些是我一直特别注重，但却都是外在的东西，那还是一名战士在战斗啊。现在的我，早已为人妻、为人母，可是，这么多年来我有没有承担起妻子和母亲的责任？有没有真正在自己的位置上？有没有"回家"？30多年来，我一直不断地努力学习工作，即便结婚生孩后，我大部分的时间和精力也都奉献给了学习和工作，拼命挣钱，挣了钱却舍不得花，想要存着以备不时之需。其实，这一切都源于我内心深处那种挥之不去的不安全感：

要是我生病住院了怎么办？

要是我丢了工作怎么办？

要是老公离开我了怎么办？

……

总有这么多的忧虑在时刻折磨着我，把我捆得越来越紧。仔细想想，我的这种不安全感实际上源于幼年时期的那段经历。我因医疗事故致残以后，父母将年仅7岁的我一个人留在了医院，只是隔三岔五去看我一次。就这样，我在医院独自生活了将近两年，于是那种深深的孤独感和无助感在我未来的生活中便如影随形，挥之不去。在潜意识里，我认为父母不可靠、亲人不可靠、医院不可靠……除了自己没有可以依靠的人。

在进入到其他关系里时，我也想当然地认为对方不可靠，所以我不信任老公，不相信孩子，对所有人都怀有戒心，用一层一层的怀疑将自己包裹起来。

原来，正如周虹老师所说，我所谓的生活不顺，所谓的金钱不喜欢我，原因无他，皆是因为我内心深处对父母无言的指责，我拒绝接受自己身体残疾的现实。我一直在不断地折腾，不断地向外寻求，不断地跟命运抗争，不断地跟生活和命运拧巴着过。我宁愿放弃工资、抛下老公孩子也要外出学习，独自打拼，想要通过文凭和工作来证明自己。

老公之所以下班后不愿回家而在外打牌喝酒，是因为他没有一个温馨的家，没有一个温柔、娇小的妻子在家等着他，依靠他。想到这里，我羞愧不已，这么多年来，原来是我一直误解了金钱，不是它不喜欢我，而是我没有守好妻子和母亲的位置，我一直在折腾，财富和幸福是我一手破坏掉的！

臣服命运　迎接财富

找到了生活纠结、财富远离的根源，我在师傅毛帆的引导下逐渐成长。通过家排，我看见了父母的不易和无奈，理解了他们这么多年来始终生活在愧疚之中，更看见了他们对我深沉的爱！于是，我坚持每天晚上感恩父母，给父母洗脚，怀着一颗谦卑之心和感恩之心与他们和解。同时，我勇敢地接纳自己的命运，承认自己的残疾和渺小，放下怀疑，回归家庭，享受三口之家的温馨生活！

尽管每天早上六点半就要乘坐班车前往一百公里外的单位上班，

我会在前一天晚上提前准备好次日早餐的食材,第二天早上提前半小时起床为老公和女儿做简单的营养早餐。尽管睡眠时间少了一点点,但一想到亲爱的老公和宝贝女儿可以吃到健康放心早餐,心里洋溢着满满的幸福。晚上下班后,我会换着花样熬各种各样的杂粮粥,均衡饮食。每到周末,我会上网查各种菜谱,一步一步地学做"大菜":咖喱牛肉饭、菠萝饭、粉蒸丸子、清蒸鲈鱼、红烧排骨、羊肉糊汤面……老公和女儿每次都赞不绝口。喜滋滋的我心里明白:真正的美味并不需要多好的食材,也不需要多高的厨艺,最重要的是烹饪者的爱心和用心。

对于本职的教学工作,我一如既往地尽责,但不会再像以前一样那么看重领导的赞赏和外在的荣誉。下班后,我不再把工作带到家里,而是陪女儿聊天散步,和老公一起慵懒地看电视。对于他们,我也不再过多地要求,不再逼迫老公去做兼职,不再苛求女儿成绩必须优异。每逢周末,我们经常一家三口或者邀约家人朋友到市郊周边游玩、烧烤,尽情享受生活!

微信朋友圈里,"美好的自己"依然每天如约跟大家见面,而我的自信心也越来越强,用我自嘲的话说,其实就是脸皮越来越"厚"了!正如师傅一直鼓励我的那句话:亲爱的,一切的束缚和限制都是我们强加给自己的。

渐渐地,我感觉心里越来越敞亮,以前很多让自己纠结的事情变得不再那么重要,脸上的笑容也越来越灿烂。每天走进办公室,同事们跟我打招呼的方式都变成了:"早上好呀,美好的人儿!"我心花怒放,同时也衷心地希望自己的快乐可以感染身边的每一个人。快乐,更是一种财富!

记得周虹老师曾对我说:"亲爱的,你已经努力奋斗了40年,接下来的日子里,就让自己放松下来,尽情地享受生活吧!"

是的,享受金钱,享受生活!金钱是世上最有灵性的事物,它喜欢那些愿意靠近它、尊重它、享受它的人,它喜欢流动,喜欢被花在喜乐的事情上,给人带来愉悦和快乐。

我是大学教师,和老公的收入也算是"中产",但平时在吃穿住行方面却缩手缩脚,什么便宜买什么,生活根本谈不上品质。现在,当了解了金钱的喜好之后,我开始敞开自己,跟金钱链接,为以前对它的误解而忏悔,决定真正享受金钱和财富带给人生的快乐与富足。

我买了三件颜色亮丽、款式飘逸的古典风格的衣服,花了不少银子。因为我真心喜欢她们,它们让我变得漂亮脱俗。所以,感恩金钱带给我满满的喜悦和快乐!

在日常生活中,我也开始"大手大脚"了。出门时也舍得打车了,在超市里也舍得买正价商品和价格贵的水果蔬菜了……

2016年春节,我们三口到东北旅游,这时的我不再心疼花钱。平生第一次坐飞机,在各个景区及酒店之间来往都是打车,不再委屈自己,尽情品尝了东北美食,还游览了知名的东北雪乡。此次旅行共5天时间,我们花了一万多块钱。搁在以前,我说不定多么心疼呢,但这一次,我不再纠结,不再有负罪感。

从容祥和的生活,享受财富在情理之中。因为美好的我值得也配得!

2016年2月,我和周虹老师一起走进虹汇电台直播间,坦然地分享自己与财富之间的故事《顺从命运的人更富有》。我不再对自己残疾的事实遮遮掩掩,我愿意接纳命运的一切安排,感恩所有的发生,勇敢地表达对金钱的赞美!

说来奇怪,以前我努力赚钱,使劲儿存钱,节衣缩食,结果不仅没能享受生活,反而时不时会有各种意外将我好不容易积攒的钱给花

掉。但现在,当我开始接纳命运,回归家庭,不再刻意存钱,愿意享受金钱带给我的快乐时,金钱却回归我的怀抱,笑着跳着来到我的生命里。

2015年底,投资了六七年都毫无音讯的3万块钱竟然奇迹般地收回来了。同时,由于我回到妻子和母亲的位置,安心做好老公的后盾,不再给他太多的压力,相信他一定有能力给我和孩子富足的生活,老公有了更多的自信,也有了更多的时间和精力投入自己的工作当中。当年年底,他由于工作成绩突出,被单位评为"先进工作者",获得了更多金钱的奖励。而5年前老公单位团购的另一套住房也顺利交房,我听从他的安排,将房屋出售,不仅还清了此前所有的外债和银行房贷,手里还剩下几十万元,足够买一辆盼望已久的汽车代步,开启我们的幸福之旅!

而我呢,从2016年初开始,应女儿的要求利用周末两个小时给她辅导英语,同时顺便又辅导了几个跟她同龄的孩子。教学本就是我的专业和特长,教这几个中学生对我来说轻而易举,就这样,我又轻轻松松增加了一些额外的收入。

此外,我在虹汇的编辑工作,以及担任"虹汇好师傅",不仅可以服务虹汇,积攒功德,而且使我的荷包又鼓大了哦!就在几个月前,一笔被拖欠了4年之久的翻译稿费竟然神奇地到账了,简直是喜从天降!4月份,我顺利通过了副教授的评审,暑假过后开学,工资自然是跟着上涨喽!哈哈,想想就开心啊!

原来,金钱那么爱我!原来,我是如此富有!

现在的我,已经真正看见了生命中的富足,愿意享受财富、乐享生活。其实,富足并非只是存折上的一串儿数字,它就是每个人自己选择的归属。

最后,我想以一首我喜欢的美国诗人的小诗送给自己,和亲爱的读者共享:

我会采更多的雏菊

如果我能够从头活过,

我会试着犯更多的错。

我会放松一点,

我会灵活一点,

我会比这一趟过得傻,

很少有什么事能让我当真。

我会疯狂一点,

我会少讲究些卫生,

我会冒更多的险,

我会更经常地旅行,

我会爬更多的山,游更多的河,看更多的日落。

……

我会多骑些旋转木马,

我会采更多的雏菊。

50 岁才学会为自己花钱

以前,我是个有福却享不了福的人。丈夫是某领域的专家,事业如日中天,独生女儿学业优秀,正在外地读研,我 50 岁就享受起退休工资,不愁房子不愁车。可这样的条件,我却享不了清福。

过完 49 岁生日不久,医院诊断我是膝关节老年退行性病变。我陷入了巨大的恐惧中。42 岁开始,患肩周炎,胳膊无法抬起;45 岁时,关节炎上身,不能下蹲,上下楼梯困难,右腿一度不能自主弯曲,病痛把我折磨得痛苦不堪。我焦虑、烦躁、失眠。随着年龄的增长,各种机能的退化,我面临的是置换关节、拄拐杖、坐轮椅……想着这样的未来,我的精神处于崩溃的边缘。

开始为自己活

有幸听到了虹汇创始人周虹老师的试听公开课,我被迷住了!

看着优雅、美丽、智慧、大爱的周虹老师,看着老师打造出来的这群仙女们,我暗下决心:我要和她们一样!

试听人员可以问周虹老师一个问题,我眼巴巴地问:"我把自己活丢了,怎么办?"周虹老师问:"你多大了?"我说:"3 个月后就过 50 岁生日。"老师接着说:"开始为自己活吧。"我一脸茫然。

我的人生信念就是:人活着就要使别人更幸福。为自己？我在见这群"仙女"之前从来没想过。站在周虹老师旁边,我的眼泪抑制不住地夺眶而出。就是这次经历把我震撼了。

要为自己活一把！我要找回自己,活好自己,让生命为自己重新绽放。于是,我把加入虹汇作为送给自己 50 岁生日的礼物！

这一次的生日礼物我很大方,这次花钱是我的一个突破,倒不是说没有花过大钱,而是第一次把钱花在了看不见也摸不着的通往健康幸福的成长之路上。

这是我一踏进虹汇就改变的金钱观。以前,我的金钱观就是:吃不穷,穿不穷,计划不到要受穷;赚钱没有省钱快;平时尽量多存钱,以备不时之需。这样的金钱观透着我对未来的诅咒,这是深深地不安与恐惧。

原来,我没有为美好的未来过日子,我时刻准备着走入"不时之需"中。直到周虹老师为我做家排时,我才看清这一点。我守在爸爸的身边。爸爸在生命最后的日子深深地影响了我对未来的判断。

父亲因直肠癌住院,刚住院时是走着进去的,他身高一米六五,体重 96 斤。在医院住了一个月,是躺着被接回家的,体重下降到 82 斤。住院时,医生说,他们前段时间刚给一个 82 岁的老人做了手术,效果很好。我父亲是在经历了术前各种检查、输液、灌肠等,手术进行中,主刀医生出来告诉我们:癌症已扩散,无法手术切除,让我们家属给个意见。我们能说什么呢？最后只是做了个"人造瘘",就将刀口缝合了。我父亲一辈子没有住过院,将近 80 岁的老人,临终之前住院白挨一刀,现在想来,就是一个身强力壮的年轻人,没有任何病痛,在医院躺上一个月,经历了我父亲那样的医疗过程,估计也该丢掉半条命了。

现在,随着我年龄越来越大,各种疾病也找上门来,我真的非常恐

惧，觉得"自己有一个美好的未来"就像天方夜谭一样，不敢成为自己的信念。

有什么样的想法就会有什么样的花钱方式。我因为对未来恐惧不安，所以要存钱以防万一；如果我相信未来自己将是快乐、健康、富足的，那么一定会是另一种花钱方式。

天哪，我把钱用错地方了！

刚进虹汇时，我发誓要学会爱自己，可是我的问题所在是，不知道如何爱自己，不知道怎么做女人。

我要爱自己，我要做女人，我的钱要花在爱自己、做女人上。

第一次给自己买一系列衣服的过程让我终生难忘。我们的衣服由一个衣馆提供，当时里面还有一个老师提供色彩诊断服务，帮顾客搭配衣服，我很兴奋地一大早就去了。看着满屋的美衣，却怎么也无法和自己联系起来。

中午，服装老师来了，她让我坐在自然光线较好的一个大镜子前面，先在我颈下围了块大白布，然后用按色环有序排列的系列色布，一次次在我颈下调换，经过多次测试，她给出了适合我的颜色诊断。然后，服装老师就拿适合我的衣服让我试穿。

看着镜中的自己，我感觉这是我几十年来第一次认真在镜中看全身的自己，衣服很美，女人味十足。可是，我感到自己的短发和衣服不搭，再看我的脸——面色阴暗、眉头紧锁，我自己都被自己吓到了，心里对自己有种说不出的心痛、怜爱。这应该是我有生之年，第一次关注自己。

通过不断搭配试穿，我最终挑出同色系的衬裙、毛衣裙、毛衣外披、呢子大衣、羊毛围巾等五件衣物，每种搭配都拍照留影，方便我反复观看、欣赏。看看价签，系列搭配下来要万元以上，莫名的忐忑不安一次次袭上心头,但想想我现在已是虹汇女人,若连最简单的、最容易的着装改变都做不到,下一步的改变又从何谈起呢?想想我的年龄,时间不等人;想想看病花钱,那是一个无底洞……最终,由于我的不自信,害怕买错,我还是没有刷卡,恋恋不舍地空手而归。

两天后,我们在衣馆上课,课间,得到周虹老师的肯定后,我才最终刷卡。刷卡的那一刻,我轻松极了,如释重负,体验到了大家经常说的"太爽了"的感觉,自信油然而生,我终于在为自己而活的路上迈出了第一步。

人靠衣装,佛靠金装,你就是你穿的。这一系列衣服,让我美了一个冬季。同学、朋友的聚会,我不再为着装发愁,每次都是自信满满地参加,每次都受到大家的一致好评,大家都争相坐我旁边,与我聊天,我享受着"同频共振、同质相吸"的喜悦,聊天内容不再是客套的敷衍,而是心与心的碰撞和交流,能感受到彼此间爱的流动。聚会结束后的合影留念环节,大家一致要求我坐中间,我也愉快地接受了,享受着发自内心的快乐。看着聚会的合照,看着我美美的妆容,看着我笑靥如花的微笑,我被深深地滋养、满足,这才是我应该有的生活和状态!

这一系列的钱花下来,我发现自己总是乐呵呵的,很开心,很轻松,面色红润。想想以前花钱时的纠结,不关注自己,不舍得为自己花钱,不断地把身体这个本钱掏空,到头来还得跑医院看病。同样是花钱,可效果却截然不同,一个让人越来越丰盈喜乐,一个让人体验痛苦、沮丧和无奈。看来花钱真是一个人生的选择,我选择让自己丰盈和喜乐。

随着一次次为自己刷卡,我的着装不断被人称赞,我漂亮了、我被关注了,这时的被关注,让我内心十分愉悦,身体充满了持续的渴望和能量,这些能量滋养着我。以前学习、工作我也得到高度认可,当时也

十分高兴,可从未有过这样的兴奋和发自内心的快乐。上学期间,我一直担任班级学习委员,以帮助同学为己任,是老师的好助手;21岁本科毕业后,任我工作部门的兼职团支部书记,在干好自己工程师工作的同时,做些社团工作;后来又到高职高专做了10年的学生工作,被评为"郑州市优秀班主任"……这些荣耀我很珍惜,但是,一路下来,身体倍感疲惫,像是掏空自己。那时,我把自己的幸福、快乐,仅仅建立在别人的认可上,内心极度匮乏,从未想过让自己变得丰盈。那时,我活得像个工具,不能称得上是个活生生的人,看不到自己的状况,看不到自己的感受。今天,我在慢慢地看到自己,我会为此而情不自禁地流泪,就像是我的心得到了浇灌、滋养。

现在,我凡事先考虑自己的感受,充分享受金钱带给我的快乐,让钱在我的生命中快乐地跳舞。

"更年期"的症状不见了

刚入虹汇时我是齐刘海,超短发,标准的"男人头"。还自诩为环保、省洗发水、省水、省时间。着装也是中性的运动服类,自诩为简单、利索、耐穿。第一次去试听,我就强烈地感到,我与虹汇家人是多么的格格不入,觉得自己像一个星外来客,也像刘姥姥进了大观园。像姐妹们那样长发飘飘,是我内心渴望、向往的。周虹老师也说让我留长发,把刘海梳上去,亮出额头,那里有天眼,可旺夫,让自己活得敞亮。

短发慢慢留长的过程中,要花很多心思,为保持自己的美好形象,我可是买了不少东西:电直板夹、电卷发器,各种发卡、头花、头饰,买了定型啫喱水。我还到专柜买了插针、发卡,这样可享受他们提供的免费梳头,设计发型服务。每次上课,我都要提前一个多小时出门去做发型,看着镜中美美的自己,觉得再多的付出都是值得的,我把每次做的发型照片发至朋友圈,并写上:新年新面貌,从头开始。朋友圈里好评如潮,我更加倍受鼓舞。每天照镜子的时间无形中增加了许多。留头发的过程,实质是养心、爱自己的过程。

我还在化妆专柜办卡,可享受长期的修眉、化妆服务,我将时间和精力,慢慢更多地转到自己身上,从涂口红开始,购置一些化妆品,买各种不同颜色风格的围巾、配饰,使自己的外形多姿多彩。这样做,对一个 50 岁的女人来说意味着什么呢?我感到自己仿佛又回到了无忧无虑的少女时代,我的女人生涯才刚刚开始!

这样花钱的感觉真好,我享受着金钱带给我的快乐!

周虹老师说:"你能控制自己的身体才能控制自己的情绪,要让自己的情绪快乐,首先要让自己的身体快乐起来。"

想当初,为确诊我膝关节的病情,我一大早去骨科医院挂号,排队等待,医生简单看后,建议拍片,拍片需预约,当天时间预约完了,要约第二天,第二天按预约的时间去拍片,第三天按医院出片的时间去取片,取片后,再拿着片找大夫确诊。这个过程,让我痛苦不堪。我的后半生要这样度过吗?我宝贵的时间、大量的金钱都要花在医院吗?我一辈子不愿给别人添麻烦,现在还不太老,就来争抢有限的医疗资源,我不甘心啊!

于是,我花钱买了 100 次瑜伽小课,开始练瑜伽。第一次的瑜伽课,我至今记忆犹新,随着老师的引导语,我仿佛进入了世外桃源,周围的一切都不存在了,简单的体位,对呼吸格外地用心、关注,身心得到极大的放松。下课时,我感到神清气爽,耳清目明,心里充满了能量。随着一次次的训练,我对自己的觉察越来越敏锐,身体上向好的方面变化。我会蹲了,不怕冷了,手脚冰冷、皮肤过敏的症状消失了,

睡眠好了,身体柔软了,灵动了,有感觉了,我的身体进入了"逆生长"中,所谓"更年期"的症状不见了。

然后,我又参加了优雅仪态培训班。优雅是女子最高贵的品质,培训班让我实现了"做优雅女人"的梦想。小时候,电影、画报上那些衣着得体、举止优雅的名媛、淑女们,时常会激起我无限的遐想,现在发现有这样的培训课程,我太激动了。形体训练,会对你身体的每一个部位精雕细刻,比如,让肩部变得更薄、更清秀,腰变得更细、更柔软,腿变得更有力,走起路来更轻盈、挺拔。仪态部分,会教你各种美姿雅态,比如充满魅力的眼神表情、如何站得修长挺拔,如何坐得优雅高贵,如何走出风度和气质,如何照相更上镜,如何运用各种肢体语言来提升女性的魅力等。在训练的过程中,看着墙镜中的自己,我被自己的美、魅、媚态感动了。我将训练的不同阶段的美照发到朋友圈,每次依然是好评如潮,被朋友啧啧称赞。现在朋友见面,夸赞我最高频的词就是"优雅"。优雅的生活是我的梦想之一,没想到在50多岁时实现了,优雅将成为我半百后的人生主旋律,这是多么丰厚的一份礼物,这是多么珍贵的财富!

在虹汇,你的收获,永远比你当初想要的多得多,当初入会,只是想做一个真正的女人,为自己活一把!意外收获是:我的病痛没有了,生命进入逆生长状态,心理健康,人越来越喜乐,小家、家族的爱重新流动起来了。

我感谢自己,感谢自己的决定。原来生活是一场选择,我没有把钱花在医治自己的病痛上,我选择让自己的内在发生变化。只在病痛上做文章,不断地去医院看病,真是个无底洞,而我的选择,是让50岁的自己开始变得丰盈。我选择把钱用在自我投资上,用在讨好自己的生命上,用在让自己身心愉悦的事情上。感恩我生命中的金钱,我要让你流动起来,与我快乐的生命一起舞动飞扬!我享受着金钱带给我的富足、丰盛、幸福、快乐。

女人才是最美的风景

2015 年 8 月,我跟随周虹老师去北欧参加了家庭文化重塑之旅。年过半百,我第一次走出国门,圆了我的出国梦。以前,我都是忙于工作,忙于家庭,没有自己可支配的时间,也从来没想过自己外出游玩,尤其是跨出国门,一直觉得是想想而已的一个奢望,在虹汇竟然梦想成真了。

北欧旅行途中,我为自己花钱更任性了,只要自己感觉好,就毫不犹豫地买、买、买。我给自己买了"兰蔻"的护肤品;"迪奥"的眉笔、眼线笔、睫毛膏、眼影、腮红,口红一下买了三只;"雅诗兰黛"的"小棕瓶"等。还买了皮草小围脖、咖色皮草羊毛披肩、橘色大羊毛披肩,一个黄色牛皮手提包,两个"珑骧"的饺子包,给女儿买了鹿皮双肩包,这些物品我以前根本不会和自己联系到一起。

从法兰克福转机,到爱沙尼亚首都塔林、芬兰首都赫尔辛基、瑞典首都斯德哥尔摩、挪威首都奥斯陆、丹麦首都哥本哈根,一路走来,不断有外国朋友友好地问我:"Where are you from(你从哪里来)?""You are very beautiful(你很漂亮)。"我自豪地告诉他们:"I come from China(我来自中国)。"我们长裙飘飘,一看就是一群富有、健康、喜乐的人,所以才会引起别人的注意,被别人关注,成为一道靓丽的风景。

在瑞典首都斯德哥尔摩市中心的参议院广场,有几个穿着考究的金发游客一直对我微笑,我也对她们微笑,微笑是无声的语言,我们同时向对方走去。她们告诉我,她们来自瑞士,我也用英语告诉她们,我

来自中国。我们还手挽手合影留念。太自豪了，我给祖国争光了！在旅行中，这样的事情居然屡屡发生。

位于挪威首都奥斯陆东北角的维尔兰雕塑公园，共有169座雕像和700多个人物石雕，栩栩如生地表现了人从出生是死亡的各个时期的情况，因而又被称为"人生旅途公园"。

在公园的草坪上，我们一群人躺下，跟随周虹老师的号令一起翻滚，很多外国友人驻足围观我们。一个纽约帅小伙跑过来问我："你们来自哪里？"我自豪地告诉他："我们来自中国！"

在游轮上，我们一群人正在摆不同的造型互相拍照。在甲板上观景的各国朋友，竟然不再看风景，全部扭过头来看我们，并举起自己的相机，频频拍我们。我当时在二楼的甲板上看到这一幕，也被震惊了。后来，我们在拍风景，外国朋友把我们当成风景拍，这种场景不断上演，我们都习以为常了，太开心、太自豪了！我被不断的询问：你们来自哪里？有些人会问我们是日本人吗，是韩国人吗？我都会微笑地告诉他们我们来自中国。他们不断地给我们竖起夸赞的大拇指。我知道，这是对我们团体的夸赞，我们虹汇女人为国争光了，我是她们中的一分子，荣誉自然也有我一份啊！

在法兰克福机场转机等候期间，机场商场导购主动来到我身边，陪我购物，使我的购物体验更加愉快，我在机场又买了一个可随身携带的拉杆箱，旅途更加轻松愉快。尤其值得一提的是，在周虹老师的指导下，我买了一个漂亮的"阿玛尼"蓝色拉链大钱包，为源源不断来到我生命中的金钱安排了一个更宽敞舒适的住处。现在，每次使用这个钱包，我都会不由自主对钱产生深深的敬意！

我爱金钱，享受着金钱带给我的好感觉，体验着金钱的价值，我知道自己拥有丰盈富足的人生。

　　女人是家里的风水,女主人的身体健康、心情愉快,就是对家庭的最大贡献。现在我的家庭和谐幸福,先生的头疼不治而愈,体型健硕、健步如飞,丝毫不输年轻人,承担的工作越来越多,家庭收入稳步增长。女儿越来越亭亭玉立、貌美如花、人见人爱,向着自己的目标稳步前行。我们三人只要时间合适,先生就安排各种旅游,女儿全程策划,我开心地跟随,尽情享受花钱带来的各种美好体验。家和万事兴!

　　感恩我的虹汇好师傅刘文英、林之林对我的指导、帮助,避免了我成长过程的内耗,感恩毛帆秘书长在我入会初期对我的鼎力相助,使我很快步入正途,感恩李霞、张娜、薛丽娟、祝玮、马艳玲等老师对我的无私支持和帮助。我爱虹汇大家庭!

　　如今,50 岁的我生命激昂、青春妩媚、身体健康、两性欢愉。我在虹汇电台做了一期节目,题目就是《虹汇女人有多色》,分享我的成长经历和感悟,大声地告诉大家:我,太富有了!

穷人思维之囤货

对财富的渴望与怀疑

大概 2000 年左右，在郑州生活了多年的姨妈准备举家去北京定居、发展，打算把郑州的房子卖掉。

这房子地段不错，交通方便，小区环境绿化特别好，物业管理高档、完善，每次去她家，小区大门口的保安都会向我们立正、敬礼、问好，我特喜欢这点，感觉在这里被人尊重，受人注目。

这么好的房子，宽敞明亮，家具、家电及各项设施齐全，我好喜欢，好想拥有它，可是我们的收入有限，存款不多，凭我们当时的收入和存款，远远不够。我们双方父母、亲戚家里经济条件也都不是很好，我们也不愿给家人带来负担，而且即使借了也不知何时能还钱给人家。那段时间，我心里充满矛盾、焦虑和不甘，但是最终还是选择了放弃。

现在知道，那是对自己拥有财富持有怀疑的心态。

从小生活在农村的我，基本没有出过远门，郑州是我来过的最远的一个城市。在这个城市里，后来我有了属于自己的房子，我不再是个居无定所的流浪儿，我成了这个城市的一分子，感到很自豪。可是买房的经历让我深深地感受到钱的重要性，没有金钱的支撑，什么也做不了。从那时起，我的心里便深深地埋下了对金钱渴望的种子！

不停囤货

有了孩子后,老公的事业稳中有升,家里的经济条件也在一点点好转。为了更好地照顾家庭和孩子,能让老公在外安心工作,我听从老公的建议,选择做了全职妈妈,这样家里少了一份收入,而孩子每年的教育投资却是一笔不小的花销,家庭开支也越来越大。为了减轻老公压力,我便想方设法节减开支。我算了下,孩子的教育投资不能少,生活质量也要有保障,便只有从自身节约开始。

我不再舍得为自己花钱,不再打扮自己,对自己的衣着不再有那么多的讲究,逛街时,哪儿有特卖打折的,一定要进去看看,只要穿着合适,价格便宜就行,衣服款式新颖与否,不再是考虑之列,经常在换季时去淘衣服,今年买了,明年再穿,也淘回去一些穿不着的衣物。老公对我的这种行为颇有微词,说我买回去的不是衣服,简直就是一堆垃圾。去超市购物时,只要碰到大减价的、搞促销活动的商品,无论现在是否用得着,我都会买回家大量地囤着,家里经常堆放着成提的卫生纸、桶装的洗衣液、成袋的大米、特价的面粉……不大的房间里,到处堆放着东西,看起来简直像仓库一样。虽然贮存了足够多的东西,但生活中,我还总是觉得缺少什么,总觉得不够用,遇到打折还是蚂蚁搬家一样往家运东西……

我把自己的精力更多的用在家人身上,既然花了那么的金钱和时间给孩子报课外班,那么对于孩子来说,她的学习成绩应该比以前有明显的提高和进步才对,所以我对孩子每一次的测试都充满了期待。但结果并非如我所愿,孩子的学习成绩不稳定,特别是数学,竟然有一次只考了70多分,让我难以接受,对孩子的殷殷期待变成了失望,我

的心里对女儿渐渐有了愤怒和不满,对孩子的指责也多了,明显感觉到孩子对我越来越疏远,脸上的笑容越来越少,对学习的兴趣也降低了。孩子越是这样,我心里的怒火越是旺盛,家里经常会出现这样一幕:妈妈在旁边不停数落女儿的作业完成情况不好,女儿则无动于衷、一脸麻木,有时妈妈前脚刚出门,女儿后脚就跟着把房门重重地关上反锁……老公出差回来了,我把对孩子的不满撒到老公身上:嫌老公整天不在家,也不关心孩子的学习;现在孩子越来越不听话了,简直就管不了;我在家里既要管孩子们的学习、吃喝拉撒,还要没完没了地做家务,没有一刻清闲的时候,心里真是烦死了!

　　既然管不了孩子,那就让老公多听我的也好啊,可是他又怎么会被我控制呢,根本不吃我那一套。我对老公的不满也越来越多,面对我的不停地唠叨,老公有时也会不耐烦,我们常常会因为一点鸡毛蒜皮的小事开始拌嘴,甚至"冷战"。这不是我想要的局面,其实我心底也不知道要过成什么样,所以对管他们也是自以为是。我觉得老公、孩子好像都不是我的一样,和妈妈的关系也一再出现问题。怎么会这样呢? 我纠结、迷茫、无助,家庭生活陷入了低谷。看着眼下的生活,问题百出:亲子关系不好,孩子教育不好,家庭氛围不好,和老公的关系也不好,不会解决问题、总是激化矛盾,我的情绪也不好……

　　老公觉得我需要成长、改变的方面太多了,毅然把我送进了虹汇学习。

看见贫穷

　　2015 年的 11 月份,我有幸进入了虹汇这个温暖的大家庭,遇到了我的好师傅李霞,她告诉我:我的囤货行为的背后,其实是由于内心的匮乏造成的不安全感在作怪。就像一个饥饿的人对食物的渴望一样，好像只有拥有足够多的食物，内心才有安全感和满足感，不用担心再变回穷人。自己潜意识里害怕穷，所以，抗拒和穷纠缠在一起。

就像是一个站在穷人堆里的人，振臂疾呼"不能再穷下去了"，但是不知何为富，以为不停囤货才会摆脱穷人归属。富，不仅是物质的丰富，更是内心的富足。可是我内心匮乏，不认可自己。而老公这几年的变化越来越大，家里的生活条件也越来越好，可以说一年一个样。老公的进步和变化，既让我欣喜又让我感到恐惧，我害怕被老公远远地甩下来。于是我不停地抓孩子的学习，抓老公的缺点，不断折腾，从来没让自己不断地成长。

明白了这些问题，我好像找到了方向，放下自以为是，接纳自己内在的匮乏，我要长大、成熟起来。

我开始给自己投资，买好的化妆品和漂亮的衣服。好的化妆品总是价格很高，以前从来就不敢想去拥有，现在不考虑价格，我要买适合自己用的，哪个女人不想自己的皮肤好、年轻漂亮呢？以前买衣服，我总喜欢去人多的地方，买打折处理的衣服；现在，再经过那样的地方时，我都会自嘲一笑，我要买真正自己喜欢的，只要我喜欢，即使价格不菲，我也会毫不犹豫地买下。虽然现在买的东西比以前买的价格要高，但是没有浪费，觉得自己非常尊重和爱惜自己花的钱，这种感觉在以前是没有的。一味节约，不舍得为自己花钱，是对自己人生的偷工减料！

我是家里的女主人，有责任为家里创造良好的环境。我重新将房子进行了装修，根据房子的大小，充分利用空间，定做了全套新的家具，并将女儿的房间装修成她喜欢的风格。整个房子装修后，焕然一新，看起来更加的赏心悦目，视觉空间也大了，不再有之前的拥挤、杂

乱,物品摆放得更加整齐、有序。以前我花钱买东西就像是负担,现在非常用心,不再疯狂地囤货了,同样是买面粉、洗衣液,我会挑选包装更小,更加精致的,能省出许多空间。以前像仓库一样的家彻底消失了,整个房子更加的整洁、明亮、舒适,感觉自己的内心也越来越有序、平和了。

我的生活,逐步朝着喜乐的方向发展,心态转变了,人也变得越来越自信了,不但穿衣风格有了变化,整个人也精神了,好多人都说我变年轻、变漂亮了,长裙飘飘的像仙女一样,如鲜花般绽放。我还给自己办了一张健身卡,我要拥有更加健康、美丽的身体,体验和享受金钱带给我的快乐与自信。

对于孩子的教育投资,我也有了新的看法,不再认为给孩子花的钱越多越好,而应当尊重孩子的想法,给孩子真正想要的,这样才是尊重金钱,才能使金钱体现出它的最高价值。以前,总认为给孩子报的课外班越多越好,这样孩子才可以学到更多更全面的知识,所以孩子的时间每天都被安排的满满的,甚至节假日也没有休息的空儿,哪有时间玩儿呢?孩子对这种情况很抵触,不想去上课外班。有一次,女儿实在不愿意去了,对我说:"妈妈,今天给我请一次假吧,我不想去了。"我威逼利诱,软硬兼施,想方设法让孩子去上课,结果孩子妥协了,嘟着嘴,很不情愿地去了,我的目的终于达到了。作为妈妈,我从来没有考虑过孩子内心的真实想法,不知道她的内心世界是什么样子的,所以产生矛盾与冲突也是不可避免的。那时的我,是个曾被周虹老师称作"可怕程度超过80分的妈妈"。

现在,我有了为女儿花钱的智慧。

女儿天生一副好嗓子,在学校合唱团里是主力队员,也是声乐部长,她漂亮、阳光、开朗、人缘好,老师孩子们都喜欢她。有一天,女儿对我说:"妈妈,今年我们学校的合唱团要去北欧演出,我想参加,行不行啊?"女儿特别想去,去年她已经参加过一次,需要一笔不小的费用,而且她的兴趣班肯定也要受影响。但是,对于孩子而言,这也是难得的机会。所以,我遵循了女儿的意愿,也让金钱发挥它的最大价值,让它带着孩子奔向真正的自由与快乐,帮助孩子实现她的心愿吧!

不知不觉,随着内心的变化,我也更愿意展示自己了。2016年3月,虹汇电台成立。这是一个与众不同的电台,它虽然不是一个专业的电台,但它是足够真诚的电台,我非常愿意把自己成长过程中的一些故事通过电台分享给大家。我每次听着自己剪辑出来的节目时,心底总会涌出些许的自豪感,孩子也认为妈妈不一样了。

对于男人来说,家就是他的充电器。一个幸福有爱的家庭氛围,会让男人充满激情,吸引更多的财富与他相伴。而女人,就是家里最好的风水。我真心希望自己能够做一个好女人,做家里的好风水,让老公的事业更加出色,让我们的家庭更加的富足。

有了好的心愿和目标,我便更加努力地学习。以前总是对老公、孩子有掌控、有对抗、有抱怨、有不满,家中大小矛盾不断。去年春节,我们要回娘家走亲戚,老公已经提前准备好了年礼,但我对老公拿出来的礼物非常不满意,认为没一个上档次的,没一件我能看上眼的,我气呼呼地对老公说:"这就是给我爸妈准备的吗?有一个好的没?我看没一个像样的,这些东西我一个都不要,你爱送谁送谁,我要重新买。"大年初一,我很生气,一个人跑大门外哭去了。最终,老公还是依了我,重新买了年礼。

这件事,在虹汇的课堂上成了笑谈,而我也被周虹老师誉为"虹汇第一奇葩"。现在的我,甘愿俯下身来,在老公回家的日子,给他洗脚、按摩,在家听老公的,不再指手画脚和他对着干,老公对我越来越好。

对孩子,我不再把目光只盯在孩子的学习成绩上,一味地让孩子埋首在课本里。我经常用心和孩子沟通、聊天,学着做孩子心目中的好妈妈,认真听取孩子的建议,做孩子喜欢吃的饭菜,给孩子充分的自由,不再干涉她的生活,孩子也愿意主动和我分享她在学校的一些趣事,我和孩子的关系也越来越融洽,家里经常充满了欢声笑语。

渐渐地,家中氛围越来越好,驻外的老公也越来越喜欢回家了,即使工作再忙,他也要每周抽时间回家,陪伴我和孩子们。

老公的事业稳步攀升,投资也得到了不错的收益。去年 7 月,我们买了自己的第一辆车,20 多万元,一次性付款。老公的大手笔将我震住了,以前我只是梦想着何时能有个自己的汽车,但是没想到是这么高端大气的车。这个男人让我刮目相看,老公说,为了以后全家出行方便,当然要选性能高、舒适安全的车,自己用的一定要是好的!

对于生活中的这些变化,我真的很感恩,可是更大的惊喜还在后面。

前段时间,老公对我说要带我去看个房子,我没想那么多,就去了,谁料想竟然是一座在建的别墅,地理位置优越,环境一级棒,周围配套齐全,样板房的设计也很漂亮,是一个宜居的好地方,不过价格要好几百万元呢。我虽然有点心动,但是想想那个天文数字,又觉得不是我们所能承受得起的。连续考察了几次后,老公竟然真的决定买下这座房子。我心想,这个男人准是疯了,我们之前已经订了另外一套房子,哪有这么多钱再买这个呢!不知什么时候,老公已经付了定金,确定要买下来,而且还是以我的名义购买。几天后,办好了购房手续,而我,还像在梦中一样!我在想,这是一个什么样的男人啊?所做的事情一件件都让人意外、惊喜。对于这样的惊喜,我真是梦里都会笑醒的!

我感叹自己真是命好,嫁了这么好的一个男人!感恩我的公婆,生养了这样一个优秀的男人,感恩老公让我实现了自己的愿望,拥有了梦寐以求的大房子,感恩老公对这个家的辛苦付出!

现在的我们,从最初的一无所有,到现在不但拥有聪明、漂亮的女儿和活泼可爱的儿子,自己喜欢的房子、车子,还有源源不断奔向我们的钱宝宝,我始终坚定地相信,老公的事业会越来越好,我们家的财富会越来越多。连妈妈都说,我们的日子越过越富有,以后也会越来越享福的。从内心深处,我早就认为自己是个有钱人了,我也开始按照有钱人的方式生活,越来越幸福、美好,而我的内心也更加富足、喜乐、丰盈。

现在,我从容喜乐地接受金钱给我们带来更高更丰富的物质享受,内心深处有个声音一直在呐喊着:"钱宝宝,我爱你,深深地爱着你,我欢迎你,张开双臂迎接你,紧紧拥抱你,你是我们家一辈子的好朋友!"

引领孩子做富人

在虹汇学习后,我对财商教育更加重视,用学到的一些方法去有意识、有计划地培养两个孩子的财商。

首先:给孩子发零花钱。

从去年开始,每周六我会固定给两个孩子发零花钱。他们平时买零食什么的,都用自己的零花钱。

其次:做家务挣钱。

孩子平时的零花钱不够花,可以通过做家务来挣钱,如洗碗、拖地、擦桌子、扔垃圾、给爸妈捶背等,孩子通过自己的劳动,就可以轻

松、愉快的挣到额外的零花钱。

再次，孩子自己管理零花钱。

孩子对金钱的使用，我只建议不干涉，让孩子做自己金钱的主人，给他们充分的主动权。

女儿平时喜欢看书，经常买书，每学期都会订好多书。我会预估孩子一年大概需要多少费用买书，将这一年的费用一次性全部给她，专款专用。

当然，最重要的是，要给孩子们每人准备一个大大的钱包，保证她们的钱宝宝都有一个舒适、宽敞的家。我也要做一个真正尊重金钱的女人！

儿子和女儿都将自己的钱宝宝管理得很好，特别是儿子，对钱宝宝的喜爱之情溢于言表，三天两头地翻看自己的零花钱，随着零花钱越攒越多，他的钱包像充气的气球一样，很快就鼓鼓囊囊了。于是，我带着儿子去银行开了一张卡，专门存他的零花钱，拿着银行卡，他自己去柜台办理存款，那一次竟然存了 872 元钱，儿子兴奋极了。每次用钱换来他喜欢的东西时，他都开心得不得了，相信钱宝宝也有一样的感觉！

以前，见到掉在地上的钱我都懒得弯腰捡，直接视而不见。现在不同了，只要我看到，面值再小的钱，我也会捡起来。我家里的存钱罐有好几个，大门口的鞋柜上就摆放了一个，方便随时将零钱放进去。

2016 年 3 月中旬，虹汇大家庭举办了一场精彩的易货活动，这个活动成了孩子们大展身手的平台，易货、换货、标价出售、优惠活动、现场制作等。参与的孩子们都带了很多宝贝：各类玩具、课外读物、手工制品，甚至还有棉花糖自制机，现场活动氛围热烈，别出心裁的营销手段吸引了更多的小伙伴。孩子们通过自己的判断，根据自己的需求，购买或交换自己喜欢的、需要的物品。这次活动挣来的钱,全归孩子们自由支配,这也是孩子们最开心的事情。当然了,每个孩子的精彩展现都让妈妈们另眼相看,不得不惊叹于孩子们的商业头脑,对于孩子来讲,这是一个双赢的游戏,不但收获了自信和快乐,也开启了孩子的财商之门。

金钱不只是人们生活中赖以生存的工具,它是有灵性的,也是有生命的,你如何对待它,它就怎么来对待你。原来的我,对金钱有渴望,有恐惧。随着我对金钱观念的转变,我对老公和孩子的看法也随之发生改变,我的家庭也在朝向良性文化的方向运转:老公安心地工作,孩子快乐地生活,我自信地成长!

现在的我,拥有健康的身体,拥有爱我的老公,拥有一双聪明可爱的儿女,还有属于自己的房子、车子……我,在物质上是丰富的,内心是丰盈的,我是一个健康、喜乐、富足的女人。面对生活,我不再恐惧。

告别穷人思维,我要做知福、惜福、守富的幸福女人!

钱越花越多

不允许花钱的女人

　　10年前,富丽堂皇的售楼部门前,老公问:"这房子没毛病,可以定了吧? 朝向好、户型好,采光好,价格还也好。"

　　我斩钉截铁地答:"不行,物业费太贵!"

　　老公直接发火了:"你真不愧是头发长见识短呀! 这理由你也能说得出口? 我看你就是不想买!"

　　"是呀,我是不想买,咱们才毕业,不是应该埋头苦干艰苦奋斗吗? 怎么能这么早就开始享受呢? 再说买房还要背一身债!"

　　"钱的事情,我想办法,房子一定要买!"

　　于是,不可避免的一番争吵……

　　7年前,老公带我去买车,我一下怒了:"你上班的距离走路也就5分钟,买什么车呀? 太作了!"

　　老公说:"有了车就相当于我们的腿变长了,方圆两百里地说走就走。"

　　我更加愤怒:"养个车就不要钱的吗? 车喝的仅仅是油吗? 是钱! 你知道吗?"

　　老公很淡定:"买得起,就自然养得起! 贷些款,先把车买下来,而且你放心,只要有我,还得起。"

　　后来车是买了,我却哭了……

多年的观念冲突,终于有一天爆发了:我把一堆衣物放到老公面前,抱怨道:"看看哪些不穿了?需要买那么多衣服吗?每年、每季都买新的,自己又不管,不还是得我洗、我整理?咱俩是不是颠倒了?你应该是女人我应该是男人呀!"

老公气得直摇头……

说了以上三件事,想必各位已经明白,从前的我就是这样一个不允许花钱的人,因为花钱总是会带给我不安全的感觉。但不知老公哪儿来的底气,他就是喜欢花钱,好像从来没打算存钱一样,我很是看不惯,担心忧虑,冲突在所难免。因为花钱而吵架,已经成了生活中埋好的雷,说炸就炸。后来,我发现老公更加"勇往直前",随着他收入和职位的走高,我更难处处约束他,也只好作罢,但是不甘心也不服气。

老公在家的时间越来越少,我的工作则多年停滞不前。受不了工作和家庭的双重压力,老公建议我回归家庭。回家后,我每天像一个陀螺一样:做家务、带孩子、单调机械地运转着,日复一日地忙、累、沉重、麻木。老公不要求我赚钱,但对金钱的匮乏感和不安全感总是纠缠着我,让我心有不甘,时时想着"重出江湖"撑起半边天,不能安心在家。同时,我自认为生活的真相很沉重,不想让孩子重复我的命运,这时,我发现了一根救命稻草,那就是教育。

如果我的生活是口井,就像龙应台所说:"教育仿佛是一根垂到井底的绳子,下面的人可以攀着绳子爬出井来。"我开始大把花钱给孩子投资教育,报各类辅导班,花了钱就急于想要回报,要求女儿全方位努力勤奋,认为孩子要从小打好基础,长大才能不像妈妈一样过得那么辛苦。自此,我简直不能看到女儿自由的样子,每一件小事做不好都能招来我的责备、纠正甚至打骂。有一次,女儿作业签字晚了,我一定要坚持原则,说我们事先约定好的,过了时间就是不能签字,害怕老师批评的女儿哭着求我,可我铁了心,不但不心疼女儿,反说她用这种方式逼迫我破坏规矩,再这样就不花钱培养她了。在我的高压强制下,女儿天天抽鼻子清嗓子,有轻微抽动症状,但只要被我看见就又是一顿斥责打骂。

如此纠缠,日日上演,家无宁日,恶性循环。这就是我对金钱的态度:吝啬而沉重,不允许花出去,即使花了,带来的不是爱,而是控制与伤害。

有一天,疲惫的我对老公说:"你怎么不像以前爱我了? 对我一点儿也不关心,我天天为这个家付出,你还这么冷漠,对得起我吗?"

老公回答:"你让我爱你什么呢? 看看你穿的衣服,简直想连人带衣服一起换掉,这种形象能培养孩子的品位和审美么? 家里真的就是没有买衣服的钱吗? 再看看你的身材,什么漂亮的衣服能穿得下? 年纪轻轻就放弃自己,对自己就没有要求,而且自己不成长就严苛地要求孩子。你就折腾吧,这个家迟早被你折腾零散!"

老公的话像一记记耳光抽在我脸上,整夜无眠,我好委屈,天下哪有像我这样因为不花钱而被嫌弃的女人? 但委屈过后,我也觉得老公的话好像不无道理,他和金钱一起在一天天地成长,而我被旧的金钱观念束缚,故步自封、原地踏步,再这样下去,家庭还能不出问题? 我似乎需要改变自己了。

痛下决心准备花钱

2015 年,带着"跟上老公脚步"的期待,我第一次给自己投资,花钱走进了虹汇。

第一堂课是写族谱和 0～18 岁经历。其实,我和老公都来自农村,通过上学留在了城市,童年都没有体验过充分的物质保障。是什么造就了我们不同的金钱观呢?老公家境贫寒,父母忙于生计,无暇顾及他,他大部分都是和爷爷奶奶在一起。奶奶原本是大家闺秀,出嫁时嫁妆排了几里地,落魄后依然有大家之风;爷爷是一名军官,年轻时也是青年才俊,据说生前在最糟糕的境遇里,还是白衬衣每天一换。润物细无声,高贵的种子在老公心里早已生根发芽,但现实则是生计艰难,所以他一心要挣脱贫穷改变命运。学业结束,他想在城市立足,家里给不了多少支持,他只有靠自己的胆识、远见、信誉等去建设属于自己的家。

而我小时候,父亲是十里八村有名的生意人,家境尚可。也许是因为做生意不易,妈妈总是教育我要艰苦朴素,不讲吃不讲穿,只讲学习。记得小时候,我总是穿表哥的旧衣服,18 岁前不允许留长发、穿裙子。由于家庭的支持,我毕业后在城市贷款买了房子,但即便不缺钱,我却不敢花钱爱自己。俗话说"世上没有丑女人,只有懒女人",我就是那种典型的"懒女人":衣物不要时尚漂亮,只要普通随意就行;早上抹三下脸就冲出去上班,两周用不了一次洗面奶;不曾买过一管口红,不知道敷面膜;第一次拥有一套化妆品时,仔细研究先用哪瓶后用哪瓶;防晒?别闹,拥抱阳光,省钱还补钙!我不喜欢花钱,崇尚的是所谓的节俭、朴素、低调、内敛。

这"虹汇第一堂课",使我看清了我和老公不同金钱观后面的家族动力,对老公的消费观便没那么排斥了。

老师总是告诉我们:枕边有高人,要听老公和孩子的。

听他们的?这谈何容易!钱上的事理所当然的不能听呀。对于我这种家庭妇女而言,家就是我的主战场,不能丢——我人生的最大理想就是把老公变成搂钱的"耙子",把自己变成存钱的"匣子",掌握

住钱就掌握住了话语权的主动权。

虽然现实是：每个月那个匣子一空，向老公伸手就要低眉顺眼，不过这丝毫不妨碍我心怀壮志，一直蠢蠢欲动地试探各种成为"耙子"和"匣子"的机会，所以钱上的事，让我听他们的，等同于拱手出让我的江山。但过年前的一件事，让我的金钱观又刷新了一回，使我真正看到了自己和老公的差距。

将要过春节的时候，家里做清洁清理。我懂一点"断、舍、离"，但每次收拾，总也不见效果。那天老公下班回家，见我收衣服，手指点着几件衣服说："就这件、这件、这件，都不能要了啊！"随后，拿出一些钱道："明天去商场，缺啥买啥，以后跟着哥，过好日子！"那一刻，老公豪情万丈的那股劲儿，让我心潮澎湃，顿生感动和崇拜。我极力按捺住激动的心情，问道："怎么？以后不过啦？还是发财啦？"他耸耸肩把手一摊："没有发财呀，可给老婆买衣服的钱还是有的。这几件衣服多少钱？"我回答："700多元四件，折扣店买的，很划算呀！"老公亮明了观点："花7000元钱和700元钱买衣服，对咱们家来说，有区别吗？不影响大局，但对你来说，是整体形象的改观。是大事！钱是重要，但再重要也要为人服务。我们基本生活已有保障，以后的钱得用来提高生活质量，得有与咱家经济情况相适应的消费观。如果只拼命地挣钱、攒钱，看数字增长而不花钱去享受生活，那就变成了金钱的奴隶，失去了赚钱的意义。"

我怀疑地问："你确定不是在为自己的消费找借口？花钱还有那么多好处？"他更加得意："益处多多呀。像我，花钱买几件衣服，穿着得体有气场，出去谈合同成功机会就大，收入水涨船高，不比节省那一点衣服钱值得吗？我们结婚纪念日，花钱给你买件首饰，你心情大好，不折腾孩子不找事，后方稳定了，我在外工作动力更足呀。钱流动了吧？流动带来了幸福，这就是金钱的良性循环。超市门口排队买便宜鸡蛋的人，节省吧？一般来说他们的金钱流动很缓慢。其实，金钱观也是人生观，对待钱的态度也是一个人的格局体现。"

周虹老师经常给我们讲祝福的力量。一个人的事业、金钱、财富，会受到来自父母、伴侣、孩子的祝福力量的影响，所以作为伴侣，你能否坚定不移地相信你的老公是挣大钱、干大事、有大格局的人，直接关乎你家的金钱财富状况。过去的我从来没相信和认同过老公的金钱观点，但今天，听完老公的一席话，我暗吃一惊，是我去学习了呀，他没去，怎么他和虹汇的理念如此相通呢？难道老师的话是真的？

第二天，我试探着问女儿："你的零花钱够用吗？"女儿闷不作声，在我的一再追问下，才怯怯地告诉我实情。女儿的零用钱都来自于洗碗、洗衣服、倒垃圾、擦桌子这些家务活，有时出去吃饭，有时赶作业，有时不主动做，就失去了很多赚零用钱的机会，而我给的报酬标准也很低，所以她身上总是只有几块钱。她们的小团体有几个好朋友，轮流带钱买零食和大家分享，而她总是带的不多，时常感觉羞愧。有时同学过生日，她收到邀请后没钱买礼物，问我要也肯定是要不到的，就只好找个借口不去，回头听人家讲聚会的情形又很羡慕。

听完孩子的心声，我独自叹气，自己以前都做的什么事呀？记得有一年，老公花900元钱买了一件毛衣，可他那时一个月也就挣700元钱，这件事成了反面教材，被我数落了十多年，数落一次就觉得自己又牺牲奉献一回、委屈一回、高尚一回，好像站到了道德的制高点。就此攥住了他的把柄，一辈子都欠我的。

对孩子，金钱的沉重感驱使我逼迫女儿勤奋学习、多干家务少花钱，孩子原来这么压抑。这是典型的不在妻子位、不在妈妈位啊！而我自己，多年来吝啬而沉重，早已经忘了自己。其实，我所追求的朴素

更像是在逃避,逃避审美的欠缺,逃避与人沟通能力的不足,逃避打扮出挑会导致的关注和评价。我蜷缩在"朴素内敛"的大旗下,无声无息,自以为安全,其实也封闭了自我,像一朵花一样,还没有绽放就开始蔫儿了。

扪心自问,我要的是钱吗?我只是要钱带来的一种安全感。本来钱应该像一条河流一样,带着爱流过我生命的河床,但由于不自信和对未来的担忧,阻碍了那些本该朝我流动的金钱,爱也变得沉重而缓慢。多年来,我苦了自己,也苦了爱人和孩子。不能做被金钱禁锢的奴隶,我要拿出实际行动来,滋养自己,爱上自己,消除恐惧,给自己安全的感觉,让钱和生命的河流焕发勃勃生机。

花钱带来生机勃勃的家

每个虹汇会员都要选择一位师傅,陪伴自己成长,名为师徒,实为姐妹。我有幸目睹了我师傅李霞两年前的照片,着实让我惊呆了——以前整个一农村大妈呀!和面前的这位妆容淡雅,优雅美丽的女士根本不是同一个人呀。见我惊讶,霞姐鼓励我,说我经过学习也一定可以像她一样转变,于是我向霞姐坦陈对于金钱的尴尬境遇,霞姐说,你做个思想准备,明天陪你买衣服。也幸亏有个准备,要不然都会以为霞姐是托儿。店中一色的中式裙装,色彩明丽,轻薄飘逸,手感舒适,当然价格也不菲哦!这本该是挂在墙上欣赏的艺术品,或者是演员们的行头,让我日常生活中花大价钱穿这种款式的衣服,我既心疼又别扭。禁不住霞姐的劝说,我勉强买了两套。

穿上一段时间后,我理解了其中的深意:首先,轻薄舒适的质地,穿上就像进了五星级酒店,动作自动轻、缓、柔、美,心情也会随之轻松欢快,缓解沉重之感;其次,经过这次消费上的突破,以后再给自己买衣服时就不那么犹豫了;再者,这种衣服与众不同,引人注目,时间久了就不怕别人的关注和评价了。

在虹汇这个场域里,美女如云,又乐于分享,日日浸染,我也开始买衣物、丝巾、饰品、化妆品,不知不觉中有了改变。在虹汇一年一度的演唱会上,我第一次化浓妆、穿旗袍,被老师点名谓为"惊艳",那一晚,我感动不已:真是不当女人好多年呀!那天夜里睡觉,我都没舍得卸妆,仿佛做了一场美妙的梦,久久不愿醒来。这件事给了我很大的信心,原来做美丽的女人,做爱自己的女人,做会花钱的女人,这么美好。

在虹汇,每个人一点一滴的进步都会被老师和姐妹们看到并彰显,我也一样。虹汇电台的姐妹们观察到我的转变,约我录制了《我不敢花钱》和《虹汇"杜拉拉"转身记》两期节目,在节目里,我发自肺腑,吐露心声……

"懂比爱重要",我已经明白了我和老公不同的金钱观背后是不同的家族动力,认同了他的消费观念,自己也尝试着改变,我们的关系趋于缓和,家里又有了欢声笑语。

一天晚上,我给他洗脚时笑着说:"以前我真是没有见识,总是看不惯你花钱,其实多亏你及早买了房子和车位,家里大头儿的钱才增值了,要不然只攒钱,到现在恐怕什么都来不及了。现在我才明白,有些时候钱是越花越多的。真后怕,差一点拖了咱家大帅哥的后腿,否则就罪孽深重哦!"他怜惜地说:"傻媳妇儿,大钱是挣来的,哪是攒出来的?"我叹息道:"是啊,现在想想有什么不安全的? 吃不穷穿不穷,都是小事,却非要斤斤计较!"他柔声说道:"挣钱的事有我,我还有些才干,相信我,我是会越来越值钱的人。这是我工资卡,你拿着,不用怕,有我呢!人要多满足自己内心的愿望,慢慢心就开了,心开了的人情绪高昂、精神饱满,才能做好事情,做好事情才能吸引钱来呢!"我含泪带笑地点头。

有这样一位有担当、有品质、有远见的爱人,我是富足的,安全的。那一刻,我们的心又重逢,爱又回归了。

以前对女儿太严苛,我诚挚地向她道歉,今后从"家庭警察"的角色中撤退,不再去控制她的学业和日常生活。接着又和她约定了不附加任何条件的零花钱发放制度,女儿仿佛是即将干涸的池塘里的小鱼,恰逢甘霖,一点一点恢复着自由摆动,直至畅游。她可以开怀大笑,可以满院子跑着疯玩,可以豪爽地请小朋友喝雪碧,活泼的天性在复苏,笑容回来了,爱回来了,信任回来了!有一天路过绿城广场,见有小朋友在卖报纸,她主动要求参加,第一天就卖了 20 份报纸,赚到了一周的零花钱。我告诉她,将来她一定会拥有轻松、富足的人生。

现在,我看到了,金钱与爱意紧密相连。

我们是有爱有钱的家庭,爱在我家流动,钱也在我家流动,爱越溢越多,钱也越花越多!

"妈乐"与财富

"你到底买不买？整个郑州都买不到你穿的衣服，真是比皇宫里的娘娘都难伺候，就没见过你这么挑剔的人，你自己转吧！"

"要不是你不挣钱，没本事，我哪用得着这样来回比较？看上哪个早就买了！"

这是曾经我和老公在逛商场时经常上演的情景，像一部充满硝烟的电影，反复播映。我们用最恶毒地话攻击着对方，仿佛不是夫妻而是一对仇人，然后他愤然转身离去，留下我一人在偌大的商场黯然落泪……

这也是我婚后 5 年生活的一个缩影，小到买衣服，大到买房、买车、孩子上学，种种问题，只要和钱有关系，我们基本上都会大吵大闹，甚至到后来离婚都天天挂在嘴边。

虽然在郑州这座城市中，我们并不算穷人，甚至可以算是这座城市的中产阶级，但是，我觉得自己在精神上却像一个十足的穷人，对于好的东西，总是在内心觉得自己"不值得、不配得"，反而对于和外人发生的金钱关系，却是过分地"放纵"。

结婚 5 年，我一直都觉得自己是个穷人，经常会因为各种生活琐事和老公吵架，在有了孩子之后，情况更是变得越来越糟糕。老公因此也变得意志消沉，工作没有动力，本来有很多挣钱的机会，却因为种

种原因错过。于是,我更加觉得我们不是有钱人,更加不知如何面对金钱。

这成了一个恶性循环,最终将整个家庭置于一个巨大的泥潭之中,家庭中的每个人好像都不快乐,每天都在艰难行走,我也感觉生活黯淡,就像头顶上笼罩着一大团乌云,永远都不能散去。

我经常会想:到底是哪里出现了问题? 但总是百思不得其解,于是干脆把责任推给老公,直到我加入了虹汇,遇到了我生命中的贵人——周虹老师。

周虹老师总是说:"女人天生就伟大,一个女人决定着一个家庭的命运。"当我第一次流着泪、有点语无伦次地向周虹老师讲述我的故事的时候,她非常坚定地告诉我:全部是我的问题,是我的责任!"你什么时候真正感受到作为一个妻子、一个母亲的快乐,你的老公就会变得快乐,事业就会更上一层楼,孩子会变得更好,你们家的财富也会越来越多。"周虹老师说。

我曾经并不理解,只是单纯因为想早点脱离苦海,所以选择了跟随周虹老师,在虹汇和姐妹们一起"修炼"。不到一年的时间,现实慢慢印证了周虹老师的每一句话——我回归了妻子和母亲的位置,越来越快乐,老公的事业越来越好,更多的财富向我们涌来,我内心充满着欢喜,觉得自己变成了一个有钱人……

钱是不快乐的导火索

通过在虹汇的学习,我发现,不仅仅是结婚之后的 5 年时间,其实在我人生的 30 多年里,我从来都不是一个快乐的人,也从来没有真正正确地拥抱过财富。

在进入虹汇这个大家庭之前，我对于金钱的看法，似乎被很多世俗的、但又看起来十分崇高的观念所影响，比如"视金钱如粪土""钱乃身外之物，生不带来死不带去"等。

记得刚加入虹汇时，正赶上家排课，主题是"我和金钱的关系"。当时呈现的就是：我远远地望着金钱，金钱在不停地向我招手，很热情地招呼我，我也被它吸引着，可不知为什么，我却小心翼翼，在犹犹豫豫中靠近了金钱，本以为靠近后我会特别开心地去拥抱它，可是却没有，我直接靠在了金钱上。

做完这个个案，金钱的代表对我说："我那么喜欢你，为何我们不能相互拥抱呢？"周虹老师给我答案是："你虽然靠近了金钱，但并不是真正喜欢金钱，只是把金钱当作你的靠山，从本质讲，你还是一个穷人，因为只有这样你才有安全感……这种穷人的思维，总有一天会把金钱吓跑的，就像一个男人喜欢一个女人，每天都对她热情满满，可女人却不喜欢、不尊重男人，时间长了，男人肯定会逃跑。金钱也是有灵性的，你爱上它、尊重它，它才会愉快地来到你们家。"

周虹老师一语点醒梦中人，梦醒时分，我才知道自己的"病根"所在，因为我的原生家庭面对金钱的态度，很大程度上影响了我的金钱观和此后的生活模式。

记得有一次，我回妈妈家，当时我买了一套非常舒服但比较贵的睡衣，晚上妈妈来到我房间，询问了这套睡衣的价钱后，妈妈就批评我乱花钱。

其实，妈妈并不缺钱，可是她却恨不得总是一分钱掰成两半花。所以我买什么东西都是要思索再三，即使很小的一样东西，我也会考虑，到底有没有像妈妈说的那样，把钱花在了刀刃上？而且每花出去一次钱，我就会有一种罪恶感，甚至都忘记了花钱带给我的享受，所以

钱花出去也不开心。

记得刚买完房子装修的时候,所有的装修都是老公一人操心,因为我们两手空空从外地来到郑州打拼,几乎没有积蓄,甚至连装修的钱都是借的,又不想向父母伸手,所以每花出去一分钱我都会觉得心疼,买任何东西都要货比三家,不停地去砍价。我的父亲就是一个砍价高手,我在砍价过程中,把父亲的样子模仿得惟妙惟肖。

过年老公回老家了,于是就把买窗帘的重任交给了我。接到这个光荣而沉重的任务,我把棉纺市场里面所有做窗帘的商家,挨家挨户转了两遍,一天的时间都浪费在上面,脚都肿了,嘴皮都快磨破了,最终选择了一款我认为性价比比较高的。

可是钱花了,却并没有给我带来愉悦的感觉,相反,每每看到窗帘,我都会有这样的想法:我自鸣得意地去和别人砍价,觉得自己用最少的钱买到最好的东西,结果,后来看来,真是一分价钱一分货,我用了那么多努力买来的窗帘,成了我最不满意的东西之一。

因此,我的"不满意"慢慢积累,最终变成了一种愤怒,然后这种愤怒就像一盆脏水,被我泼到了老公身上——都是因为老公没有挣太多钱,所以我才会变成现在这个样子!

于是,文章开头我们逛商场时的那种冲突便频繁上演,我也慢慢被推入了痛苦的深渊。也因为这种痛苦,我曾试图通过自己的努力去改变这种现状,但是没有想到的是,适得其反。

越是挣扎陷得越深

我是家族中的长孙长女,被家族赋予了太多的期望。所以30多年来,我真的活成了父母期望的样子——坚强、独立。虽然披着一头长发,可内心住着一个男人,很多时候甚至排斥自己的女儿身,总喜欢用男人的思维去考虑事情。

所以,当结婚之后,各种在金钱上的冲突让我痛苦不堪时,我就会想:为啥我不是个男人? 这样我就真的可以像男人一样去拼搏、去挣钱,不用承受那么多来自家庭的压力、做女人的压力、做妻子和母亲的压力……

因为有这种想法,我渐渐不安分去做一个妻子和一个母亲,而想要和男人一样去打拼,去挣钱。

21岁大学毕业,我进入国企上班,26岁由于工作出色被提为最年轻的中层干部。顶着各种压力,我逆水行舟,越挫越勇,两年时间把负责的工作做到全省的标杆,成为全省兄弟单位学习的楷模。我每天早晨五点多出门,晚上八、九点才到家。老公心疼我,选择了每天尽量不去单位,在家工作,当然,也是想给女儿更多的陪伴和为婆婆分担一些家务。可是我完全不理解,每天只会唠叨他不上进,挣钱没有别人的老公多……

然而,我像男人一样去战斗,却并没有实现"挣很多钱"的梦想,依旧拿着固定工资,不管付出多少努力,做出多少成绩,工资并没有太多的变化。而由于自己的"抢位",老公也没能将全部的精力投入到能挣钱的工作上。

所以,工作了10年,我们还是没有积累出梦想中的财富。随着自己的欲望越来越多,我开始对金钱有了抱怨,有时也会怨天尤人,觉得是自己的命不好,甚至对周围的有钱人都带上了有色眼镜,觉得那些年纪轻轻就挣到很多钱的人,肯定都是走了歪门邪道,好像这样就能让自己的心里得到一些安慰。

越是挣扎就是陷得越深,在我几乎要放弃的时候,我认识了虹汇

秘书长毛帆老师,也就是我入虹汇后的师傅。

一次深夜 11 点多,我拨打了毛帆老师的电话,敬业的毛老师给我详细介绍了虹汇的课程,说:"虹汇的家族系统排列文化课程会让我清晰地看到我和金钱的关系,我为什么会认为'金钱是万恶之源'等。"我突然像找到了依靠和组织,然后开始了探索、学习的道路。

还位于男人,做快乐女人

在虹汇学习了一段时间之后,我才知道,我在金钱上的问题,不仅仅是因为我的原生家庭,更是因为我没有在一个妻子和母亲的位置上享受其中,没有成为一个快乐的妻子,一个快乐的妈妈。而老公用他的宽容和对家的责任,尽力地填补着我留下的空白,我竟然不理解他。后来每次想到这些,我都十分内疚和悔恨。

其实,我做的错事还不止这些。老公总是说:"等女儿长大一些再好好奋斗,我希望能更多地陪陪孩子。"

多么好的男人啊!但是我那时那么傻,那么不懂事。反而随着自己的工作一天比一天好,对老公更加不满,总觉得自己比老公有能力。于是,我离妻子和母亲的位置越来越远,财富也离我们越来越远。

为了显示我有能力,有时候帮别人买点东西,别人给我钱我都不好意思要,感觉和人家关系那么好,谈钱多伤感情。

我拿钱帮助别人时,感觉自己像个救世主,享受给别人钱、被别人喜爱的感觉。

记得两年前,我帮助一对孤儿,其实我家本身经济条件就一般,但是只要他们有诉求,我会毫不犹豫地给钱、给物,甚至花费很多时间去关心他们。

当时这件事情引起了媒体的关注，我觉得自己真的好伟大，改变了两个孩子的命运。以至于后来这两个孩子一遇到什么事情，就把我当作救命的稻草，每次都让我筋疲力尽。

跟着周虹老师学习后，我才明白：所有不顾自身实际情况"献爱心"的人，都是认为自己与家人不值得被爱，用金钱、时间和自我表现向外求关注，向别人要肯定。这样的人在原生家庭中往往是很少得到父母肯定和表扬的，是种极度缺爱的表现。

这就是为什么我离开自己应有的位置，把自己藏在假想的男人里，像男人一样在外面努力打拼却不怎么挣钱。我注重观念的约束，外在的评判，这推着我得到一个又一个美丽的光环。因为我缺乏自我肯定，骨子里需要得到家人和外界的肯定，但是，外在的肯定哪里比得上自我肯定来得实在持久，为了不断获得肯定，我只有不断地拼搏，越拼越勇。金钱在我这里只是个概念，引发的是评判，我没有想过她的价值，金钱并没被我爱着。

生活很诚实，它从来不欺骗我们。生活告诉我需要钱，生活处处需要钱，我必须得重视金钱。而周虹老师经常告诉我们的是：回到自己应有的位置上，去崇拜和跟随自己的男人，相信他们，我们只有做好了自己，找到了一个女人应有的快乐，一个家庭才会良好运转，金钱和财富才会来敲我们的门。

财富和金钱都是吸引来的，它更喜欢人们尊重它、喜欢它、享受它，而不是仅仅把它当作一个银行里的数字。

当我改变了对金钱的看法，内心没有了那么多委屈和怨恨了，心也开始回归平静，每天把家里收拾得清清爽爽，真正回归了家庭。我不再挑剔婆婆的缺点，不再抱怨工作的不顺心，不再嫌弃老公

挣钱少……

我对老公也更加信任,我们之间减少了内耗,减少了家庭摩擦成本,老公可以有更多的精力去赚更多的财富。

当我内心开始变得温柔,回归到妻子、妈妈位置上,真正变回女人之后,女儿原先的吃手现象也没有了,因为我给了她更多的安全感和爱。每天我送她上幼儿园的路上,我们用不标准的语调大声歌唱,唱出我们的幸福,她会大声地表达:"妈妈,我爱你,我好幸福!"

老公从一家省级报社辞职了,而我在精神和生活上都给予了莫大的支持,我坚定地告诉他:我相信我的老公是个干大事的人,只要他开心、喜欢,我就会做他最坚强的后盾,也许我们家暂时收入会减少,即使失败了,我会养他,陪他一起吃菜喝汤。那一刻,我看见老公眼睛湿润了,他动情地诉说,他的一个哥们也想辞职,但是老婆、家人都坚决反对。他真的很感谢我给他的信任和支持,觉得我越来越像他的灵魂伴侣。

每天早晨,我会给老公准备好可口的饭菜,晚上他拖着疲惫的身体回到家,我会悄无声息的倒上一杯茶,再给他洗脚按摩一会儿。

当我回归妻子和母亲的位置,用爱和快乐去经营整个家庭,爱开始流动,金钱也随之开始流动,爱如潮水,金钱也会如潮水。生活中,我与金钱的关系也在悄悄改变着……

我给女儿花700多元,买了两件"吃饭衣",她穿起来很好看、很舒服。因为肩膀上有两个天使翅膀,所以每天女儿吃饭穿上它,就会特别地开心,会说:"妈妈,我要穿上'天使衣'吃饭。"每一个看见宝贝吃饭衣的人,都会赞叹不已。

我慢慢发现,自己对金钱的态度发生了变化,开始喜欢花钱带给我的那份喜悦了。

闺蜜要从日本探亲归来,提前一周就说:"你们几个都赶紧把购物清单发给我,我速去采购。"于是,姐妹几个都列了一个长长的购物清单。

当她回国后我们聚在一起吃饭,大家惊奇地发现,只有我的购物清单全部都是自己的各种护肤用品和日用品,其他人几乎都把自己忽略了。

现在的我,对于美、对于生活,会比以前更加认真对待,会隔三岔五地给家里添置一些精致的绿色盆栽,我开始有女人味了。

有时候,我更愿意为体验去花钱,这也是为自己投资的一种方式。在我家里,随处可见很有设计感的物品,精致、精细;我甚至支持老公花上千元去买一个喝茶的杯子,因为他值得拥有。不知不觉,这样的生活让我由内而外地快乐起来。

创立"妈乐"开启财富之旅

当我们家庭带着这种积极、乐观、上进的观念去看待金钱,它真的开始越来越喜欢我们家,财富也越来越多。

老公辞职后,他的工资比之前高了很多倍。在很多人用高薪"挖"他的时候,他选择了一条更为广阔的路:创业,创立了"妈乐"这个互联网平台。

现在,老公就像是一架斗志昂扬的战斗机一样,一飞冲天,我们进入到了不再以月工资来评判收入状况的阶段。虽然才创业不到半年,但老公的公司发展势头非常好,我们家庭的收入也是水涨船高,以从未有过的速度增长。

事实证明,老公的才能实在是惊人。他成了郑州这座城市中有影

响的人,他的公司也越来越好,很快就有了可观的现金流,运转良好。他说,别人给再高的薪水也不干了,他要给我和女儿带来更富有、更加有品质的生活。

值得一提的是,这个世界真的很奇妙。因为周虹老师和虹汇改变了我,也改变了我的家庭,在我的感召和介绍下,老公也结识了周虹老师。而周虹老师和老公一见如故,他们现在成了非常好的合作伙伴。

老公创立的"妈乐"互联网平台,其核心的价值观和虹汇几乎一模一样:不教女人们怎样去养孩子,而是引导女人们如何快乐地做一个好妈妈。

这样的理念很快就受到了无数妈妈们的肯定,妈乐也在短短的半年时间内引起了业界的关注,很多知名投资人都表达了投资的意向。

"妈乐做的事情,是改变很多家庭的事情,所以太伟大了!"经常会有粉丝这样评价"妈乐"平台。

得到父母的祝福和我的大力支持,老公的公司越做越好。

老公总是说:"我非常感恩周虹老师,因为她不仅改变了我们的家庭,也为我的创业提供了非常好的方向。我非常认同周虹老师和虹汇的理论和价值体系,会用一生去追随周虹老师,愿意为弘扬虹汇的精神做最大的努力。"

而周虹老师经常在我面前表扬老公,她说老公和她的链接非常深,所以第一次见面她就感觉,虹汇做了很多年准备就是为了等待妈乐。而且周虹老师能清楚地说出老公的很多优点,在她眼中,老公是一个才华横溢、心胸宽广、目标清晰的人,能量比我高得多,为人真诚,做事踏实,眼光独到、敏锐、高远,是一个干大事业的人。

每次听完这些话,我都非常惭愧,我想,自己和老公生活了这么多年,竟然意识不到他是一个有能力做大事、挣大钱的男人!

在报社上班时,老公一直都是报社公认的大才子,写过数不清的让读者称赞的作品。2008年,他全程采访了伟大的北京奥运会,还是北京奥运会的火炬手。

当纸制传媒慢慢衰落之时,他毅然决定辞职,去一个新的天地去实现自己的新闻理想——到一家创业公司做"新媒体"的主编。仅用了一个多月,就写出了一篇阅读量达到几十万的文章,这篇文章让一家冷清之极的火锅店营业额一夜之间翻了六倍,并让老公成为河南新媒体的风云人物,为河南新媒体树立了一个标杆。

而当所有人以为他又站在了高山之巅时,他却敢于为自己归零,再次辞职,选择了自己创业。

我现在经常反思一个问题:老公有这么多的优点,而我为什么现在才看到? 我们本应该早就成为有钱人,为什么到现在才开始?

原来,是因为我不在妻子和妈妈的位置,我不懂得如何做妻子和妈妈,家里本来就只有两个位置:"男人位"和"女人位",而我一直霸占着老公的位置,和老公抢着去拼搏、去挣钱。

老公经常会说:"你永远叫不醒一个装睡的人。"仔细想想,我还挺幸运的,遇到了周虹老师,遇到了虹汇,她们叫醒了我,帮我敲开了财富的大门。

现在,我只有一个念头:跟随老公,回归自己的位置。我每天发自内心地感受着生活,洋溢着幸福,家中处处充满着爱的能量。公婆也会经常主动来住上一段时间,享受一家人的幸福团聚,他们看见了我们小夫妻之间的恩爱,看到我把孩子和家庭照顾得这么好,逢人便夸:"我们老陶家真是有福,儿子能干有本事,媳妇孝顺……"

感恩公婆对我们的爱,培养出一个优秀的儿子做我的老公。我深知,我需要学习的东西还有很多,我对金钱的认识和对金钱的链接还远远不够,但我觉知了、醒悟了,并且愿意在虹汇一直学习下去,所以,我心里充满希望。

感谢上苍,一切都是最好的安排!

甩掉骨子里的"穷"

关于金钱,我与周虹老师有过这样一次谈话。

"老师,我有时很会花钱,买东西不讨价还价。比如去商场买衣服,有时一感性会一下子买很多,想着接下来很长一段时间都不用逛街了。可是往往刚到家,有的就不喜欢了,常常是几个衣柜里塞满衣服,却老觉得没有可穿的。有时我又很抠门,几元、几十元钱都要算算……老师,有八个亲戚或朋友都跟我借了钱,他们现在都不还……"

周虹老师淡淡一笑:所以你穷得叮当响呀?

"我穷得叮当响?"我很惊讶,"不至于吧? 我至少有房有车,并且房子不止一套呢。"

周虹老师仍笑着:"你那是穷到另一极端,甚至穷得连孩子都不敢生。"

我顿时陷入了迷惘和深思。

我对金钱有"看法"

周虹老师说我"穷到骨子里",沉思过后,还真是有道理,我对金钱有"看法"。

我曾经认为钱不是好东西,它让多少人、多少家庭因为它而痛苦

啊——钱少了窘迫困苦,钱多了也烦恼无尽。

我认为挣钱不容易,挣到钱要很勤奋很辛苦,一分汗水才有一分收获。

我认为做生意的人都不是好人,斤斤计较、唯利是图、奸诈欺骗。

我认为做销售挣钱的人都油嘴滑舌、脸皮厚、左右逢源。

我认为有钱人都容易变坏,很多人没钱时日子过得还算安生,有钱了反而家庭出问题了;没钱时还和朋友经常交往,有钱了就不认识了一样。

我认为有钱人都高傲虚伪。

我认为钱多时就多花,钱少时就少花,从未规划,于是手头有钱时花钱如流水;手头紧张时,又千般算计,垂头丧气。

我认为我绝不会是个守财奴,所以当亲戚朋友张口借钱时,总会想尽办法筹措。

我认为男人大脑简单,对钱没概念。名牌大学金融管理专业毕业的老公不会投资理财,所以必须要干涉。

……

所有这些"认为"就像中彩票一样,全都符合周虹老师讲的"穷人的金钱观"。

所以,老师说我"穷到骨子里了"!

我真的是穷得"叮当响":在物质上,总是没有财富安全感,经常紧紧巴巴的,不敢自由消费,对未来总是焦虑担忧。

在精神上,我更是"穷人",我甚至不愿生孩子,觉得孩子来到世上就是受罪,一辈子辛苦挣钱,却不一定能老有所依,最后又糊里糊涂离开人世,还不如就别来到世上。我不是穷到骨子里,怎么会有这么绝望的想法,想到这里我不禁倒吸一口冷气。

认识母亲　认识金钱

走进虹汇,我上的第一节课就是与金钱链接的家排课,在做的过程中我心里还嘀咕:这么玄乎? 通过家排就能看到与金钱的关系? 看这个有用? 可是别说,还真神奇,金钱的代表笑眯眯地看着我,我很木然,对她没有一点儿感觉,并且用很鄙夷的眼神看向她,最后就僵在那里。周虹老师说:"你知道你为什么穷了吧? 因为你从不尊重金钱,对它满是怀疑和不信任! 你相信你的穷人归属了吧?"

听周虹老师表达金钱:我喜欢金钱,有钱我可以买自己喜欢的衣服和食物;可以玩自己喜欢的运动项目;可以买自己喜欢的饰品、摆件;可以收藏自己喜欢的古玩字画;可以游遍祖国大好河山,还可以出国旅游,欣赏异国风光,感受异国风情……

这时,我也会沉浸在有钱的享受和陶醉中,有钱确实好。但是,以前的那些金钱观是怎么来的呢? 我怎么会对金钱有破坏力呢? 我怎么那么没有规划,没有节制? 跟随周虹老师学习,这些问题的答案一一浮出水面。

在我印象里,我在成长过程中看到很多家庭过得很窘迫。我邻居家同岁女孩家里很穷,没吃没穿的。我小时候,家里还挺富裕,但是,父母常吵架打架,我的生活一点儿都不幸福。

所以我认为钱多、钱少都有痛苦。父母也常常认为,有钱人家总为钱花到哪里争执,甚至有钱了男人就容易花心出轨。没钱人家也可怜,很多好东西都享受不了。我看到过好多生意人在钱上算计,比如我小姨做生意,常见她短斤少两,盘算收入,做生意只求利润,没有人情。我们家都认为小姨太精明,会算计,只考虑好处不考虑人情,她对

亲戚也是唯利是图,精于算计。所以我很鄙视生意人、有钱人。

通过在虹汇的学习,我理清了很多关系,转变了很多观念。我知道了金钱需要得到人们正确的表达,总说"钱不是好东西",只会让金钱远离自己。我认识到金钱没有好坏善恶之分,关键是金钱的主人怎么看待和利用它。我明白了金钱本身有价值,我们尊重它才能体现它的价值。我理解了钱是流动的,越花才会越多。我理解了金钱有归属,只有与它链接,看到它,它才会愉悦地留在主人身边。我领悟到赚钱不是辛苦困难的事,金钱有灵性,是被吸引来的,当你做好自己,目标清晰,做事就高效……

在虹汇课堂上,周虹老师常说:一个人与金钱关系不好说明她与妈妈的关系不好,与妈妈关系的好坏决定与金钱关系的好坏。

我的妈妈是一个情绪化的女性,急躁,爱抱怨,挑剔,要求。记得小时候我有段时间咳嗽,天天夜里咳得都睡不成觉,我跟妈妈睡在一头,每当夜咳时,妈妈就会不耐烦,抱怨指责我,吓得我很紧张,觉得妈妈不爱我。还记得7岁那年,有一次因为我不会钉扣子不会针线活,妈妈怎么教我都不会,又急又气的妈妈恨铁不成钢似的,拿针扎我、骂我,我咬牙切齿反击,最后我俩厮打起来。我恨妈妈,我跟妈妈的对抗伴随我的成长,直至成家都不断,不能好好沟通说话,总是用训斥、争吵的形式互动交流。听周虹老师说到与妈妈关系不好,在金钱上就会有破坏力,家里有钱就会借给别人,手头有钱就会倒腾出去,总是不能让金钱安心住下。

周虹老师说,对金钱的认识实际上源于对妈妈的认识,我是这样看待妈妈,所以我是这样对待金钱。

金钱可以给我们带来许多保障,甚至是安全感,就像在孩子的世界里,妈妈就是保障就是安全感。但如果妈妈对孩子非打即骂、挑剔、指责、限制，那么在孩子的眼里这个保障、这份安全感就变得可怕，心生恐惧、厌恶。

进入成人世界后，金钱似乎成了妈妈的替罪羊：当钱多的时候，我不是马上会借出去，就是出去大买一通，不论它们是否真的有用。在我潜意识里绝对不能钱多，钱多就急呀，急着让他们走！我的这个"急"非同一般，我恨妈妈，妈妈急躁愤怒地对待我，我也这样对待金钱。是虹汇让我看清自己从上到下透着的"急"。

我刚进入虹汇时，师傅李霞就交代我进主持人组，还要准备报名虹汇导师。我心想：这就是"小菜一碟"，我自己当了8年老师，天天在讲台上讲课，这对我太容易了，根本用不着锻炼！

谁知第一次主持那天，本想着是很轻松平常的事，谁知拿着话筒对着周虹老师和姐妹们时，我一下懵了，大脑空白，紧张得不知道说什么，只好快速念完主持流程稿。当时，就听到有些姐妹说我跟赶集似的。周虹老师乐呵呵地看着我说："那么急？上气都不接下气，'慢'才是高贵优雅的表现，那么急，金钱敢往你这里流吗？那么急，孩子敢往你这里投胎吗？"想想也是，富贵的人都是优雅淡定、有条不紊的。穷人才会惊慌失措、手忙脚乱、心神不定、焦虑着急。

现在我和妈妈活得一样了：暴躁、愤怒、急急忙忙的。孩子来到这个世上受不到呵护，没有安全感，那么还来世上干什么？原来"不生孩子"是我对得不到呵护与安全感而感到绝望的写照，是恨父母生养我的写照。我对自己的否定达到了极点，这种破坏力太大了！

非常感恩能来到虹汇，让我知道还有另一种父母，母亲可以温柔、包容、接纳。我想学着做这样的母亲。

我动手能力很差，小时候我想干活或好奇想动手时，我妈妈总怕我搞乱或干不好，不让我干。女孩子特别爱漂亮，我总想找衣服搭配

穿,可妈妈从不允许我这么做,我穿什么必须要按妈妈的意愿来,上初中了妈妈还管我穿什么,我自己的事情很难有机会自己做主。家里的东西更是如此,东西放哪个地方,都必须按妈妈说的,稍不整齐,就得挨训、重来。直到现在,妈妈来我家里边,厨具怎么放,妈妈还是一定按她的方式摆放,动一下她还要再整理。我就像妈妈的物品,必须要按她的样子来。我哪里做得不合她心意,就只能挨骂。妈妈对我的否定脱口就来:"你有啥用? 办不了啥事!""憨、笨、不机灵,连这都不会!"

我知道自己并不像妈妈说的那么没用、那么笨,正如周虹老师在课堂上给我们讲的,妈妈是一个伟大的称号,她是把孩子扶上马的那个人,她不能插手干预太多,要给孩子创造成长的时间和空间,否则孩子无法做自己,无法为自己负责。我在家里谈不上什么成长的空间和时间,我的生活、我的一举一动,被妈妈盯得很死,我不需要有什么规划,甚至都不需要为自己负责。做规划、为自己负责对我来说是种奢侈,也是徒劳。即便是这样,我也不想"束手就擒"地完全按妈妈的意志来,我会反抗,和她对抗,和她吵,所以我也脾气暴躁,也不知道节制是何物。

结婚之后,当我可以离开妈妈,手里又有了钱后,我仍然不知如何去规划,只是想有钱了那就花吧。就像周虹老师说的,一个孩子被限制太多,当某天他有机会自己去获取时,会饥不择食,漫无目的地去释放自己的欲望,这是一种报复性的反击! 我就是这样,钱一多就狂买,管它合不合适呢? 比如衣服,感觉顺眼,一股劲买回家,最后好多觉得不合身或不好看,就总是一直放那里,有的甚至一次都没穿出去过。感觉手头紧时,我又会节衣缩食,什么也不敢消费了,不开心又恐惧没钱花。我现在才意识到,这样做没有让金钱在我这里受到尊重,体现它的价值。

在虹汇课堂上,我慢慢地了解自己,重新认识自己,甚至还要创造新的自己。我已经是成人了,我要为自己的未来负责。

爱上金钱

在虹汇学习一段时间后,我的金钱观有了颠覆性的改变,对金钱有了准确的认知。

首先,与妈妈和解,减少对金钱的破坏力。

师傅李霞引领我跟妈妈和解,接纳妈妈的生活方式,也接纳妈妈对待我的方式,明白了从小妈妈那样对待我,妈妈也有自己的原因。今生我要活得跟她不一样,不对抗、不发飙、不急不躁、放下掌控。我祝福妈妈,也请妈妈祝福我。接着,连着一个月我都在朋友圈每天写一条妈妈的美德,母亲节时给妈妈洗脚,做这些功课的过程中,我感觉自己对妈妈没那么多恨和抱怨了,我开始看到她的苦和她的好了。妈妈曾经也和我一样,从小不能自由做主,所以结婚后可以自己做主时,就一切都要尽在掌握中。我在与妈妈的交流互动中,对抗和争执越来越少了,更多是倾听和接纳。我突然发现妈妈并不像我以前认为的不能好好沟通了,她也不抱怨指责了,我们没有了纠缠和相互抱怨。我和妈妈和解后,在生活中愉悦和喜乐也多了,跟家人相处也和谐了,能相互理解了。

最重要的是,我发现自己"长大"了,在对待金钱和对人的态度、认识上都发生了变化。我不对抗金钱了,以前的金钱观也颠覆了,我觉得挣钱不再是难事,而是容易、轻松的了。金钱是有能量的,它喜欢跟喜乐的人在一起;生意人并不坏,他们比寻常人对金钱更加认真地投入感情,且对金钱很专一;人有了钱不一定就会变坏,有钱人是让人尊重的人,有钱能过高品质生活……

一次课堂上,周虹老师给我们安排了一场向同伴不断说出"要"和"不"的游戏,我在练习时既不敢说"要",也不会说"不",最后大声痛哭。周虹老师让我透过游戏看看自己有多么"不配得"和"怕拒绝",有多么"求认可"而不敢说"不"。生活中我一直做"好人",从不会拒绝,从不敢要求,我怕失去关系,怕别人不喜欢我,甚至经常委屈自己而让别人舒服,事实上自己压抑了很多。我没有活出自己,也没法守住自己,所以在有人借钱或求帮助时,我总是随手就借钱出去,或放下自己就去"救人"了。

透过这个游戏,我明白了一定要守住自己,随意借钱是对生命的破坏。针对自己的这个问题,我还不断地听虹汇电台关于财富的节目,比如《留不住的财富》《随意借钱是对生命力的破坏》等,从生命系统开始了解自己、了解妈妈、了解我的家族,让我明白了要做好自己。我现在有能力给自己呵护与安全感,有能力和信心与自己的金钱在一起共同创造价值,有能力甩掉那些穷人的思维,也终于学会了拒绝,让金钱在我这里感觉到爱和安全。

其次,我从乱花钱、没规划,变得会花钱、有规划了。

周虹老师常说"枕边有高人",我的先生就是个很有品位的人。他常对我说,消费要有价值,要快乐、享受地消费,别乱买些没用的东西堆在家里,要买有品质的。他常让我买品牌,我还说他"烧包",还总抱怨他一双鞋动不动就几百上千,而且没穿几个月就不穿了。现在看来,品质消费是尊重金钱,体现它的价值。如今,我也会理性、有规划地消费,让消费更有价值,我爱上了金钱消费的感觉和过程,不再一边消费,一边抱怨、焦虑、纠结了。金钱真的很有价值,让我的生活更美好！

虹汇的场域给了我很大的帮助，在虹汇姐妹的影响下，我很快就知道自己该往哪里走了。

在虹汇，我看到大家都是"仙衣"飘飘如仙女一般的，师傅李霞说让我也买长裙穿。穿长裙多不方便？走路得小心翼翼，多耽误事儿？何况听姐妹们说，她们衣服价格都几百几千的，不禁心里嘀咕：就这个皱皱的棉麻上衣，值上千元？那宽得没型的拖着地的裤子也值几百上千元？跟钱过不去吗？多'烧包'！不是傻子嘛？不过慢慢地，我越看大家穿的越顺眼，倒觉得自己穿的是另类了。终于有一天，我第一次跟着李霞师傅去买了一件"仙衣"，轻飘飘感觉没多少实在东西，却花去两千多元。刚开始还不太适应，慢慢竟喜欢上了，随后又买了第二件、第三件……也不再感觉花钱不值了，倒是钱花到哪里，哪里舒服。

我开始每天觉察自己，听从自己内心的呼唤。学着规划钱的进进出出，有时仍然会出现买错的情况，但是，带着觉察，下回再买时就会特别注意，买错的情况变得越来越少。现在看来，品质消费是尊重金钱，体现它的价值，也是为自己负责。

再次，我将学到的对金钱的正确认识付诸实践。我开始除工作之外，"微创业"来创富。我开始看到生意和企业的社会价值。现在透过微创业互联网推广，我也收获了工作之外的创富收入，并且自由而轻松。

周虹老师讲到财商教育，讲到知识只有"变现"才有价值。我读了20多年书，受了20多年学校教育，又在学校教学8年，知识可以说很充足了。我貌似什么都懂，可是我也看到，好多知识分子清高又清贫。以前总认为知识人体面，那些做生意做企业的大多不务正业、尖酸刻薄、唯利是图。做销售的多是巧舌如簧、脸厚如墙。当听到周虹老师

说她自己学历低时，我很吃惊，难道她天赋才能、灵性通透？原来，周虹老师会让知识"变现"。她常说，钱到处都是，关键看你要不要。也是机缘巧合，常常给我的生活提供指导的生活顾问，让我跟她合作教育机构，利用互联网推广提升人们生活品质的产品。这让我感受到，我原来自己也可以不仅仅是教书匠，也可以做教育的生意。我把学习知识的劲头用到学习产品上，研究产品能解决人们什么问题，在哪方面帮助生活品质提升，也开始用知识变现价值、创造财富了。

最后，我学会了跟随老公。

之前我不理财，也不懂怎么理财。我的先生是名牌大学毕业的金融才子，他对经济和消费很通达，可我总认为男人嘛，大脑简单，不爱操心，不懂家庭经济的长远经营，也从不信任和祝福他，对他常常教育和抱怨，几次他都气急败坏说不想听我唠叨，不想回家了。周虹老师说，这种情况也是源于父母的沟通模式。记忆中，小时候父母关系不好，经常吵架甚至打架，母亲经常情绪不好，爱使性子。母亲常说："你爸没一点儿用，要他干啥！"父亲会回句："你妈这辈子没救了，改不了了。"我总是不想在家，感觉家里没温暖又令人恐惧紧张。家庭文化是会传承的，我的父母这样经常吵吵闹闹，我也学会了这种沟通方式，在与自己先生沟通的时候只会打压、吵闹、抱怨、唠叨。

先生几次想投资房产，都被我百般干涉阻止，我总说："买那么大那么贵的房子干什么？还要贷款，给银行掏利息，多不划算？"所以，好多商机都因我而错过了。其实，我哪里懂得投资理财呀？周虹老师说，纠缠于自己的原生家庭，就是选择泡在苦海里。我要和自己的父母不一样，我要选择幸福，选择相信、跟随自己的先生。如今，我看到了先生的金融投资优势，在投资理财上不再盲目干涉。这不，先生又投资了，短短3个月就已经增值很多。我只选择跟随，不再质疑他，没想到竟有这么大收获,并且房子户主还是我的名字呢!

周虹老师常说,女人是家里的风水。和谐幸福的夫妻关系会让家庭减少摩擦成本,财富就能安在。当我真心地去相信、崇拜先生,学着"闭嘴",学着倾听和跟随后,先生现在也多了笑脸,也愿意与我分享他生活、工作的事了,家庭多了欢乐和幸福的感觉。

如今,我是真的爱上了金钱,因为我值得拥有金钱。

我可以自豪地说:"我越来越富有了,因为我开始尊重金钱了,金钱在我这里越来越能够体现它应有的价值了。"

随着金钱观的改变,我看到金钱和财富在我家开始自由、愉悦地流动!我再不想做一个穷到骨子里的可怜人了,感恩妈妈给予的生命,今生我要稳稳地回归我的富人行列。

从保姆到女主人

我把自己活成了保姆

这么晚了,你还在忙着生意上的应酬,不回家！钱钱钱,要那么多钱干什么？我不要那么多钱,我要你回来陪我！我这样想着,拿起电话问老公在哪儿？和谁在一起？在做什么？我一个接一个电话追问,最后,老公关机了！

好,那我就等你晚上回来接着审问。可是我们一次次争吵,而老公依然应酬不减。

他还总把我当小孩子看,出门凡事都给我交代好,让我觉得没有自我,心里很不服,有时还会故意跟他对着干。

我一心为孩子,可孩子偏偏也不听我的,跟我对着干,我又气又委屈。

姐姐在家帮我带孩子,我做什么她都要管着我,我觉得她管得太多了,抢了我的位置。

……

虹汇课堂上,我说:"老师,我的问题是……"我刚张口想问周虹老师我一肚子的问题,周虹老师就打断了我:"等等,先等等,大家先看一下,她像不像个保姆？"周虹老师毫不留情地说。

当时,我的头"嗡"的一下,什么也听不清楚了,心里特别难受:我像个保姆吗？我一米六七的个头,身材高挑,五官端正俊美。和老公

272

刚认识时,他就在做生意,2004 年把生意做到了郑州,2008 年成立了自己的公司,在白酒行业一做就是 20 年,企业越做越好。我以前在银行工作,2006 年辞去工作跟随老公来到郑州,在郑州东区买了房,开上了宝马车。我怎么会像个保姆呢? 我扭头看看姐妹们穿的,飘逸的长裙,像仙子,又像贵妇。再看看自己穿的,感觉有些不好意思——开衫毛衣、牛仔裤,整个穿着又宽又短,跟她们在一起,实在是不搭,可不就像个保姆吗? 我怎么就把自己活成了保姆呢?

记得刚来郑州那会儿,老公说要给我买衣服,我怕他让我买那些穿着很不舒服的品牌衣服,就自己去买了一套三百多块钱的"三件套"。回来问老公好看吗,老公不吭声,我就知道他不喜欢。他认为去不同的场所,应该穿不同的衣服,希望我穿衣服讲品质上档次。而我从没有把他说的话当回事,觉得那些衣服虽然看着好看,但是穿上去很别扭,喜欢穿舒服随意的、容易打理的衣服。我赌气地对老公说:"是我穿衣服,又不是你穿,你管我那么多干什么?"

老公很不高兴,渐渐地,他对我买什么、穿什么也不管不问了。几年前有了二宝宝以后,我几乎就不给自己买衣服了,整天就是围着老公和儿子转,给他们买好的,吃好的、穿好的,自己则随随便便只图省事。我一心为了这个家,可他们居然都这样对我?

我想不通,课后向周虹老师请教,周虹老师说:"你们家有自己的家族企业,很多钱就在你们面前,你是这个企业的女主人,可你却把自己穿得像个保姆,整天随随便便的一点也不讲究。你说'我不要钱,我要你回来陪我',这哪里像一个妻子说的话? 就是一个执拗的小女孩,小女孩当然不需要这么多钱,而是要爸爸妈妈陪她。

老公和你姐姐为什么要管你? 就是因为你是个没长大的孩子。儿子为什么和你对抗? 一个没长大的孩子怎么能教育好儿子?

金钱是有灵性的,看你像个小女孩,不能承担,它会想,你还是个孩子,不需要也掌管不了这么多财富。你看,钱就在你们家门口,而你只是一个保姆、一个孩子,你怎么能迎接、守住这些财富呢?即使有钱,也会让你以这样或那样的方式折腾出去。你可是有两个儿子啊,你把财富都挡在了家门外,你还想不想让你儿子成功有钱啊?如果想,那就要看你能不能回到女主人这个贵位上来,成为一个真正的妻子和妈妈。"

经过老师的一番点拨,我好像有点明白了:想起这些年,我先后借出去十几万块钱,到现在都没有收回来。前段时间,老公一个朋友找他借钱,想再买一套房子,老公就把保险柜里的 5 万港币借给了他,过后他对我说起这事,我很生气:"这钱你不是说要带我和孩子去香港玩吗?他买房子关你什么事?人家又不是没地方住了,他买的可是第二套房子。你说给就给了,连个招呼都不打……"难道这就是我对金钱的破坏力吗?反正我"不需要",它就去找更需要的人。在老公意识深处,是不是没有感觉到为我挣钱、花钱的价值?既然朋友更需要,那还不如借给朋友好了——原来是这样啊,怪不得我有时仿佛看见一座金山就在我前面,而我就是不想拥有它们,是因为那座金山是属于这个家的女主人的,怎是一个保姆、一个小女孩所能拥有的?我不要再做保姆和小女孩了,我要做回女主人,迎接属于我、属于我们家族的财富!

回归女主人的位置

可是该怎样做回女主人,回到妻子位、妈妈位呢?师傅毛帆告诉我,首先要从外形上开始,要舍得给自己花钱,把自己打扮得优雅高贵，爱上自己，自己生命里就有爱了，才有可能给予老公和孩子爱，真正像个妻子和妈妈。

我请周虹老师帮我参谋买衣服，她帮我挑了套2000多元的长裙，我其实觉得这衣服不值这么多钱，也不适合我穿，不想买，可又怕周虹老师说我抠门儿，所以只好硬着头皮买了下来。

回到家，我穿给老公看，他说："真好看，以后就这样穿吧！"来郑州这么长时间了，老公还是第一次夸我买的衣服好看呢，心里美滋滋的。可我心里一直不踏实，晚上睡觉的时候还在想，要还是不要？这是我穿的衣服吗？我能穿出去吗？那么贵，还是不要了吧？犹豫了几次，终于又把它退了回去。谁知几天后，老公要我跟他去应酬，想要我穿那件衣服，就问："你的那件衣服怎么不穿呀？"我只好又赶紧跑去把它重新买了回来。穿上后，大儿子看见了说："妈妈，你穿这衣服真好看，你就应该穿这样的衣服。那种短裙子早就不适合你了。"在儿子的鼓励下，我终于穿了出去，随着长裙的飘动，仿佛自己的内心也跟着灵动自由了。穿着款款长裙，脚步不由自主就慢了下来，我缓缓跟着老公对朋友们点头微笑，他们也都夸我的衣服好看，那一刻，我突然有了夫贵妻荣的感觉，明白了老公为什么一直希望我穿高品质的衣服了，因为他一直希望身边有个优雅高贵的妻子，能给他加分，也给我们的的企业加分。

周虹老师知道了我衣服买了退，退了又买回来的波折以后，在课堂上对我点评："当你把衣服退回去的时候，你觉得你不配，你还穿回原来的衣服，内在还是个保姆。你老公和儿子能量高，他们把你往'贵位'上拉。当你把衣服重新买回来，穿上去，你就开始往贵位上移动了。所以，人生就是这样，有好多的位置，必须站准自己的位置啊。"

从小到大，我的记忆里从来没有缺过钱，之前我在银行上班，大把

大把的金钱经过我的手,我却对他们一点儿感觉也没有,对花钱也很随性。其实我的很多衣服价钱也很高,但我只买穿着轻松、随意、舒服的,像牛仔裤、短裙之类,从没想过:这些衣服适合不适合我的年龄?和我的身份搭不搭?有没有像个有着家族企业的女主人?周虹老师常说:"你就是你穿的!"我穿着保姆的衣服,就是来干活的呀,就是说,我不是你们家的人,我和你们不在一个层级,我不能享受跟你们一样的品质生活。如果我把自己放在保姆的位置上,那孩子和老公在潜意识里也会把我当成保姆。老公、孩子和家里那些让我烦心的问题,又岂是一个保姆能解决的?

我回想起穿上长裙时老公和儿子的赞赏,这才是他们想要的妻子和妈妈——从外到内地美丽优雅。当那件衣服几经周折最终真正穿到我身上时,我认为自己配得上这些有品质的、漂亮的、美好的衣服,这才是我这个女主人应该穿的衣服。从此,我开始注意自己的形象,开始关注自己的需要,给自己买回了更多不同款式、色彩、风格的漂亮衣服,每天早上对着镜子扮靓自己,让自己美丽、开心。

40岁起开始爱自己

为了不再像一个保姆,我给自己报了形体课,每周抽时间去上课,跟着舒缓的音乐,练习站姿、走姿、形态、仪态、微笑等,一节课下来大汗淋漓,神清气爽。通过练习我发现自己颈椎病也好了很多。看着群里上课时的照片,突然发现自己真好看,开始喜欢上了自己。生活中我有意改变自己的一些错误想法,把学到的一些动作运用到生活中来。我发现自己这么美,内心变得喜悦而丰盈……慢慢地,心中的委屈、抱怨、焦虑减少了——原来我也可以和老公、儿子一样享受金钱带给我们家的美好生活。

做家务时,我会一边收听虹汇电台中姐妹们录制的节目,一边有意踮起脚尖练习一些动作,一段时间后,感觉自己又长高了呢,内心也越来越轻盈,也不再掌控老公和儿子的生活,伸手向他们要关注了。

现在,我想要的,我可以自己给予自己,我是被赞美的、愉悦的、富足的。我也更加关注老公和孩子的需要,更懂得怎样去给予他们爱了。现在,老公在外面应酬,我能理解他,不再抱怨;也不再紧盯着儿子的学习,不停地唠叨。慢慢地,老公应酬少了,回家也早了。他还给自己规定,每周日专门陪小儿子和我,经常带我们去游乐园、动物园、温泉等地方玩。一次,他带我和孩子去泡温泉,我以前只是在电视和电影里见过有这样舒服惬意的地方,既可以泡澡,还可以吃饭、休息和娱乐,没想到自己现在也能和老公、儿子一起来享受这样美好的生活。

学做美丽女人的同时,我也开始努力做个有用的女人。记得小儿子的满月酒结束,客人走后,我哭了,老公心疼地问我怎么回事,我说:"月嫂走了,你爸妈也非得走,你又那么忙,我跟孩子怎么办呢?"我姐看见了说:"我不会让你受委屈的,我先帮你带吧。"于是,我一边让姐姐暂时帮忙,一边开始找保姆。找了一段时间,也没有找到合适的,就这样,我姐帮我一带就是两年多。姐姐不让我干任何家务,一开始,我很享受姐姐给我带来的方便,可时间长了,我做什么事姐姐都要管,我就开始不胜其烦。记得有一次我给孩子买衣服,姐姐看到价格后,说小孩没必要穿那么贵的衣服。从那以后她会经常给孩子买一些衣服回来,她买的衣服,我看不上,又不好说什么,心里很不舒服。

我经常买些鲜花回家,她会说:"这么贵,买这干啥?净浪费。"有时我急了,就会跟她吵。我进虹汇学习,把新学到的教育理念用到小儿子身上,并让姐姐照我说的做。她不满意我花这么多钱去学习这些

在她看来一点用也没有的东西,就对我说:"我看你现在是中邪了,我必须得制止你,免得你越陷越深。"我觉得她太过分,管得太多了,我的委屈气愤一下子爆发了:"我花钱学习是为了什么?还不是想让孩子更好!现在倒好了,你整天跟我吵,也不怕吓着孩子,你不照我说的带孩子,你就走吧。"姐姐生气地走了,可第二天一早她又来了,说担心我带着孩子吃不上饭。这样的事发生了好几次,我很苦恼,就去请教周虹老师。周虹老师说:"你太弱,守不住自己的位置。所以,你们家的序位是混乱的,你姐倒更像女主人,这样下去,孩子会出现认亲错误,连金钱也找不到谁是女主人了。"

于是,我下决心亲自带孩子!我把周虹老师的话告诉了老公。老公担心我一个人带孩子太累了,怕我受不了。但我必须要自己带孩子,勇敢地承担起一个妈妈的责任。我要成长、要做回女主人,迎接我们家的财富。我的两个儿子将来一定会成为有钱人,我们家里面的金钱是安全的,老公挣的钱会越来越多。金钱一直就等在我们家门口,等着交给一个能够驾驭住自己金钱的女主人。我要通过自己把财富传递给儿子,给他们种下财富的种子。

经过一段时间的思想斗争,我不顾家人的反对,做了一个以前想都不敢想的决定:自己带小儿子。

小儿子当时两岁多,正淘气的时候,还没有上幼儿园。我过惯了有人给我做饭、打扫卫生,困的时候有人帮我带孩子让我睡觉的生活,刚开始几天,我顾头不顾脚,正忙着,儿子却一会要这一会儿要那……我像个陀螺似的,整个人都快疯了,累得腰酸背痛想发火。我不禁想放弃,不想承担,又想做小女孩了。姐姐不放心,经常过来帮我买买菜。可是为了这个家,为了孩子,我一定要坚持。我想起课堂上老师讲的,跟儿子口头商量了一些约定,儿子做到了,就奖励他一样喜欢的东西。一开始孩子做不到，我就耐心等待，偶尔做到了，就赶紧亲亲抱抱，夸奖、奖励儿子。慢慢地，儿子能越来越多地遵守约定了，得到的奖品也越来越多。他会拿着他的奖品，跟人说"这是我去幼儿园不哭，妈妈奖的。这是我遵守约定，妈妈奖励的……"儿子开心的笑容里满是快乐、自信和富足，好像在说："瞧，我是个好孩子，我很富有、很幸福，我值得这些奖品。"

每天晚上讲完故事，孩子就会亲我一下说："晚安，妈妈我爱你。"我也以同样的方式回馈孩子。他美美地入睡，早上醒来会说："妈妈早上好！"伴着儿子的问候，我们的生活变得越来越有序了。

我不再手忙脚乱，姐姐也来得越来越少，后来几乎不来了。老公出门时也不再忙着为我们安排一切，嘱咐这嘱咐那了，他越来越支持我自己带孩子了。一天，老公回到家躺到床上，我看着他关心地说："老公你很累，辛苦了！"老公欣慰、知足地说："你看到我累了。"是呀，以前我只觉得自己很辛苦很累，不停地向他要，对他抱怨，从不曾看到他为这个家付出的辛苦，不但没有关心过他，还经常找茬吵架。现在，我要让他放心地在外打拼：每天早上，我把自己收拾得漂漂亮亮的，为老公和孩子准备好饭菜，开开心心地送老公出门，送上我的祝福。他要为这个家去挣钱了！我在家带好孩子、做好饭，把家里的一切打理好，让他安心、放心工作。我把家收拾得干干净净、宽敞明亮，喜迎老公带着更多的财富回家。晚上回来，我帮他脱下外套，端上热茶、热饭；他累了，就帮他按按摩、洗洗脚，第二天，他又精神饱满地去公司了。

女人是家里的风水，一个好女人就像潺潺溪水，无言地滋养着男人和孩子，无声地托起老公和孩子，成就他们的辉煌。一个执拗强势的女人，老想掌控老公和孩子，就会造就一个懦弱的老公和无能的儿

子,阻碍他们的成功。我曾经就是一个这样的女人。

几年前,老公做了一个项目,花费了一个多月的时间和精力,前期工作全准备好了。他找到一位合伙人,这位合伙人又找了一个朋友一起投资。我对合伙人找的这个朋友有很大的成见,觉得他人品不好,大家对他的普遍评价是"只认钱不认人"。我坚决不让老公跟他合作,非常固执地说:"你辛辛苦苦忙这么长时间,准备好的项目,为什么要和他合作?如果你一定要跟他合作,咱就离婚!"经过几番周折,最后,老公痛苦地放弃了这个项目,让他的朋友做了。后来的发展证明,老公的眼光很好,这个项目很有市场,这个品牌已经成为河南的著名品牌,做得非常成功。

现在我才认识到,自己对老公的不信任、自己的倔强和掌控,对老公的事业造成了这么大的破坏。这种执拗和掌控还是一种小女孩般的恐惧,害怕失去,结果,我把老公辛辛苦苦拿到家门口的一大笔财富推出家门、拱手让人。尽管如此,老公也没有抱怨责怪我。事实上,老公不仅会做生意,他就是周虹老师课堂上讲的"白马王子",帅气、讲究品质、能挣钱,政界、商界都有朋友。更可贵的是,如此优秀的他,任我这么多年一直折腾、闹腾,却始终对我呵护照顾、不离不弃。我一直看不到,也不懂珍惜,现在,我才真正看到了。我要全心地相信他、支持他、祝福他,不再对他的事干涉破坏,彻底从公司的事务中退了出来,安心在家做好后勤。

大儿子高中时想出国,但是他考了几次英语,成绩都不理想。我就催促他多努力,可他觉得在学校学了,回家就是要放松的。我一看他玩电脑就很生气,对儿子说:"还不如你多努把力,辛苦一下,考一个好成绩。到时候你想怎么玩我都不管,如果考不好,我就不让你走。"儿子就恼了,认为学习是他的事儿,不让我管,觉得出国就是为了长见识，经历就是财富，跟上多好的学校没有多大关系。他甚至认为，如果有好的机会，不一定非要大学毕业，就可以去工作、创业。虽然周虹老师在课堂上也讲，学历和成功、金钱没有必然的关系，可我心里就是直打鼓，觉得这怎么能行呢？周虹老师说儿子的能量远在我之上，我根本驾驭不了，要我一定放手。我想，儿子要出国，也确实要多锻炼，就试着放手，结果儿子学习倒自觉起来。孩子要到外地去考试，我只要给他足够的费用就行，订房间，买机票，联系学校、中介，都是他一个人操办。回来后，他会向我汇报，一共花了多少钱，都花在什么地方了，还剩多少钱，并把剩余的钱交给我。我把服装费给他后，他会去专卖店买些打折的品牌衣服，从不买质次价廉的衣物。想独处时，或想看书、写东西时，他会去咖啡厅，买一杯咖啡，一个人静静地品味，或读书、写东西。我看出儿子的有序和品质，越来越相信他。他出国的时候，我们把他送到机场，心里满是喜悦、坚定和祝福。儿子一到美国就给我们发微信说已经安顿好了，准备第二天去看学校，我感觉孩子一下子长大了。圣诞节放假，他出去玩了一段时间，回来后还有一个星期才开学，就自己找地方打工，还挣了几百美元，非常开心！他让我每个月只给他固定的生活费就行了，如果他想要更高品质的生活，会自己去挣。

周虹老师说："你看，你一放手，儿子的生活马上就富有起来了——他能独立，他是个有价值的人，他甚至能养活自己了。这就叫富有丰盈的人生。"暑假时，儿子找了一份工作，第一个星期老板给的工资，他没要，说这算他交的学费，第二个星期领到工资后，他请同事们一起吃了顿饭。一个月挣了1000多美元，开学时他对老板说："我要以学习为主，以后只有周末才能来了。平时你这儿如果忙了，就给我打电话，我有时间就过来帮忙，不要工钱。"我看到儿子的格局是如

此之大,更加坚信儿子将来一定会拥有更多的财富,是一个干大事的人。

现在我才真正明白了周虹老师说的:"你们的老公都是极品男人,孩子都是高能量的宝贝。"明白了周虹老师为什么要我们放下掌控,学会跟随。母亲节那天,我们一家和周虹老师去参加一个活动。在路上,周虹老师跟我老公说:"你一个人在外面打拼也挺不容易的。"小儿子在后面说道:"老师,我们是一家人。"看,3岁多的小儿子已经把自己当成一个主人要给予爸爸力量了。他知道我们一家人团结在一起,爸爸不是一个人在孤单奋斗。儿子的话让我又惊又喜,我们是一个有能量的家庭,儿子是高能量的孩子,这是对在外面打拼的老公最好的支撑和祝福,相信他会挣越来越多的钱,会给家人带来越来越多的财富!周虹老师对我说:"以后你的方向是跟随你们家这三位高能量的男人,他们的成功都是你的荣耀。"

我眼含热泪,原来我是那么的幸福和富足,我终于找到自己的位置了,作为这个家的女主人,我只需跟随这三个男子汉,成就他们的成功和荣耀。

我怀着爱和喜悦,去爱自己、爱老公、爱孩子,决心将自己真正修炼成富贵吉祥的女人。

现在,小儿子每个月都有固定的零花钱、玩具费,还有看电脑时间。他看见给他发钱就很高兴,会大喊一声:"我喜欢钱!"然后开心地把它们放在他的大金猪存钱罐里,抱着大金猪说:"我是个有钱人,我可以用钱去买玩具和书。"

前段时间,大儿子放假回来,用自己打工挣的钱给我们买回国外的特色食品,给爸爸买了带有他祝福和签名的定制火机,给我买了香水,那种香型我好喜欢,给弟弟买了喜欢的玩具。我们一家人用爱的方式紧紧凝聚在一起。

老公对金钱也有了新的看法,金钱是有灵性的,更加尊重和爱护我们家的钱。他说:"下一步,我想投资一个能有固定收益的项目,将来我们即使不做白酒生意了,也能有很高的固定收入⋯⋯"原来,他早已有了更长远的打算。

我看见老公的企业蒸蒸日上,财源滚滚!

我看见大儿子学业顺利,事业有成!

我看见小儿子快乐成长,前途似锦!

我更看见自己温柔如水,幸福着他们的幸福,荣耀着他们的荣耀!

我是王氏家族的女主人,我为王氏族群祈祷祝福!

财富的秘密

周虹老师说，我的人生诠释了关于财富的秘密。

课堂上，她曾经问过我们几个问题，也请读者朋友闭上眼睛、凝神静气地想一想：

你的父母在内心是肯定还是否定你的财富能力？

你的伴侣在内心是信任还是质疑你的赚钱能力？

你的孩子在内心是认可还是讨厌你的工作？

有一种说法：不被父母祝福的人生是注定失败的。意思是，很多人从小就被父母钉在了穷困潦倒的十字架上。如今，更多父母在无意识中都在质疑孩子的各种能力，亲人之间的很多沟通都是在潜意识中的，父母、伴侣、孩子对我们的起心动念是成就我们人生真正的物质力量：

茫茫人海中，我是幸运的那个人；

我的父母始终祝福我相信我；

我的老公一直认为我是干大事儿的人；

我在孩子眼里，不仅会做饭，更是个会挣钱的妈妈。

……

在 20 世纪的最后几年里，当绝大多数中国人还在按部就班地拿着几百块钱的工资度日时，我们家就有 200 万元人民币的存款了。

2005 年,当国内房地产行业刚刚苏醒的时候,我就自信地开始一套接着一套地买房子:住宅、商铺,大大小小买了十几套。我们家住上了新房子,后来还搬进了大别墅,开的车也越来越好。我还不到 40 岁,财富之神却对我宠爱有加,让我年纪轻轻就收获满满。

对此,我也曾经得意扬扬,我觉得这一切都是我自己打拼而来的。后来,追随周虹老师学习才知道:我的人生之所以如此富足,是因为我的生命从小就得到了持续不断的真诚祝福——不仅来自我的父母、我的伴侣,还来自于我的孩子们……

周虹老师鼓励我把自己的故事,尤其是关于财富的"秘密"写出来,让更多的人靠近财富、拥抱金钱。这也和我一直以来想帮助更多人的想法不谋而合。

我最想分享给大家的是:我能有今天的财富人生,其实就是被一股股强大的信念支撑着,这股信念就是周围的亲人对我从小到大的信任和祝福。

父母对我除了信任还是信任

我很幸运,很小就开始与金钱打交道了:我从小生活在农村,父母都不识字。小小年纪的我,被认为是家里唯一了不起的"文化人儿",是绝对可以委以重任的。

9 岁,放暑假时,我随父母卖西瓜,他们非常信任地把"算账"的大权交给我,不管算对算错,只要是我算过的账,他们就认为是对的,是可以放心的!在父母的信任和赞扬中,我的自信也在一天天地增长。

13 岁,爸妈给我设了个地摊儿,卖汽水、香烟之类的东西。他们闲暇的时候,就在旁边笑眯眯地看着我收钱、找钱,目光中尽是满足和

骄傲。

15 岁,家里开了个小超市,从进什么货到怎么定价、怎么销售,父母统统不干预,全然放手让我去做。他们就是傻傻地相信我会做好,从来不去干涉我的经营。

16 岁,我放弃了超市,印象中是赔钱了,可妈妈没有怨我,闭口不谈赔钱的事。

17 岁,妈妈又重新帮我开了一家面条店。妈妈说:"这'入口的'东西啊,谁家都离不了。你这么爱干净、又能干,一定会做得很好。"于是,我就在我的面条儿店里迎来送往,小小的生意竟然真的如妈妈所愿,一天比一天好起来!

19 岁,我手里就已经有 7000 多元钱了,而那时,一个普通人家的存款也不过几百块钱。

妈妈就是这样,没有缘由地喜欢我、看重我,出去办事也总会把我带在身边。妈妈的交际能力超强,她特别看重礼节,不管再忙,只要亲戚谁家有个事情,我妈妈第一时间就带着我赶过去,嘘寒问暖。包括现在,她都会叮嘱我常去看看亲人,叮嘱我孝顺公婆。夫妻之间的琐事,妈妈也颇有她的智慧和办法,她总让我从自己身上找问题。记得有次我跟老公吵架回娘家,原本想着妈妈会生气去找老公吵他一通,没想到我妈竟然说:"婚姻是你自己选的,出了问题,你自己想办法解决。"从此我和老公再有矛盾,都不会回娘家告状了。

我从小就被父母祝福着,从小听着他们的这句话长大:"俺家燕子有本事,俺老了会享这妞的福。"从小我就是父母眼中最能干懂事的孩子,家里不管大事小情,父母都会放手放心地让我去做,每次都把我推到第一位,毫无条件地成就我、夸我!而在我的身边,经常有父母们"恨铁不成钢"地打击否定孩子、有意无意地伤害孩子。我才深深地意识到自己有多么幸运与幸福。虽然我的父母不识字，却从来不否定我，以至于后来我勇敢地往前冲，生意越做越大，潜意识里不知道"害怕"二字是什么，都要归功于我的父母，深深地感谢他们成就了我骨子里的自信和诚信。

感恩父母对我的起心动念，满满的都是爱和祝福！

老公说我是天生的富贵命

情窦初开的年龄，一个男孩儿闯入了我的生活，他就是我现在的老公。他稳重成熟，心细如发；话不多，却很有能力，不管发生什么事情，没有他解决不了的。

我喜欢上了他，20 岁我俩就结婚了。婚房不像我想象的那样漂亮温馨——黑乎乎的土屋都没有刷白，屋里只有一张没有床垫的木床，感觉有些凄凉。直到这个时候，我才有了想哭的感觉。

婚宴后，亲人们都散了，本想着责问他几句，为啥新房如此简陋，但话未出口，看到他疲惫的样子，一切抱怨都化作了心疼和不忍。婚后第二天，我开始置办一些漂亮的小饰品布置婚房，仅仅一天，小屋就改头换面、焕然一新了。现在我俩还会拿此事调侃，反而成了我们的一段美好回忆。

婚后，老公和别人合伙做生意，3 年后散伙，老公除了大把的经验，没有分到一分钱，那时候大儿子已经两岁了。我把大儿子送到幼儿园后，开始和老公一起白手起家从零做起！

我负责主内，老公负责外围市场。我相信他的大本事，老公也非常看好我，从不怀疑我这个"外行"会把生意搞砸。家里方方面面的细枝末节也都放心地交给我打理。

　　我俩在当地的口碑非常好,因为诚信,即使我们不付款欠着商户,商户们也都愿意把货物留给我们。有的外地商家一定要从我们这里拿货,因为他们最信任我们。

　　1998年初到1999年底年,我和老公仅仅做了两年的时间,除了一场地堆积如山的货物以外,银行存款还有将近200万元。

　　2000年,老公在郑州又打开一条去向成功致富的大门,而我也在这一年顺利生下了我们可爱的小儿子珠宝。

　　在郑州,我们的生意如日中天,不管大小生意都是一帆风顺。别人接货会赔钱,我们接货却是赚钱!记得当时有一大批黄色"面的",都不敢接收,我和老公一商量,虽然不赚钱,只当是给工人们找个赚钱的差事儿吧!就接收了。没想到我们接收后,废钢价格就开始猛涨。我和老公便忙活起来,我们再次默契配合:他主外,每次都是凯旋归来;我主内,财务、发货、所有员工的"吃喝拉撒",都是我在打理。老公从不干涉我的管理,我们的公司越来越良性运转。

　　老公相信我疼爱我,在心里一直祝福着我,相信我天生就是富贵命。他总是让我用最好的东西,认为我们都值得享受最好的生活。

妈妈有"吸金魔法"

　　我有4个孩子:生了两个儿子,收养了两个女儿。

　　认识我的人没有不震撼的,和老公一起做生意的同时还要把家照顾好。朋友们都说:"养一个孩子我们都要疯了,4个你是怎么带的呀?其实,养4个孩子也没有想象的困难。我爱他们,他们也爱我,我甚至是儿子心目中的女神。

　　大儿子常说:"找媳妇要找像妈妈一样的,不管家庭和事业,都能助我一臂之力。"小儿子常说："我妈妈身上有魔法,她会吸引钱!"

几年前一个偶然的机会,我结识了虹汇和周虹老师。经过一年的观察和学习,我从不认可周虹老师到完全臣服于她。周虹老师有一个工作方式是进行"家庭文化重塑辅导"——周虹老师陪伴一个家庭一起外出旅游,在旅游中观察这个家庭的互动模式,给出针对性强的成长方向。这样的课程,我是最受益的。和周虹老师近距离在一起,我无时无刻在观察老师和她女儿之间的互动关系,经常发现她们玩笑中都是财富。

在迪拜,导游安排大家退房,我们在大厅闲暇无事,这是五星级酒店,大厅有一架超豪华钢琴。

周虹老师对女儿说："你去弹一曲吧?"

女儿说："不可以,人家不让弹。"

周虹老师说："机会难得啊,弹一曲给你100元?"

女儿说："不行,不能随便乱弹的……"

周虹老师："300元?"

女儿说："我考虑一下,嗯……好吧。"

小姑娘从容优雅地走到钢琴旁边坐下,开始弹琴。弹到一半,不远处一个大堂经理满脸焦急,可能因为钢琴曲太优美不敢贸然打扰正在弹琴的小姑娘,他在大厅里团团转,后来他走过来问我们："小姑娘来自哪里?"这时周虹老师很淡定地说："怎么了,要她下来吗?""是的,是的,多谢您了!"只见周虹老师很慢很慢地走过去,来到女儿身边,这时整支曲子也就只剩下尾声了,直到弹完,她拉着女儿的手一起优雅地走下来。

真是服了她们两个了,妈妈无时无刻不在成就孩子。回想起来,我的妈妈也是这样成就我的。

有一次我正在工作，一个阿姨带着一个3岁左右的孩子来到店里，我们都没太在意。小孩子看到机器转动着，有些好奇，就将小手伸向了机器的轮子里……听到孩子的哭声，我赶紧把机器总闸关闭，可是孩子的小手已经挤破皮了，孩子的妈妈赶紧抱起他去医院检查。当时我好害怕，对面开药方的老板说："你先回家吧，一大早弄个这事挺倒霉的。"我回家后把过程对我妈说完，我妈说："你营业去吧，有事我顶着。"

母亲就是这样支持我，永远做我坚强的后盾，让我不管遇到任何困难、挫折都不放弃，也不管、不在乎别人的眼光，只要我坚持到底。

在我们的旅途中，吃饭时间周虹老师只是坐着，一会儿工夫，桌子上饭菜玲琅满目，都是女儿端过来的，周虹老师只负责吃。我很迷惑："这是你亲闺女吗？你不去照顾她反而让她来照顾你！"老师一脸得意扬扬：她有能力的，孩子了解我，知道我爱吃什么。

当时我就在想，从小我妈不就这样对我吗？为此我还经常抱怨她。现在我才知道，妈妈正是用这样的方式成就了我的财富人生。我的父母原来都是高人！

从迪拜回来，我也更加懂得珍惜生命，感恩父母！慢慢地，我也懂得学会女人如何换位：

在父母面前是女儿位；

在公婆面前是儿媳位；

在老公面前是妻子位；

在孩子面前是妈妈位。

把家庭的位置归位后，我的生活渐渐焕发了更多的光彩！就像我的爸爸妈妈无条件信任我一样，我也无条地信任老公，把生意上的事情完完全全交给老公打理。和老公在一起的时候，我越发喜悦和开心,怎么看都觉得他好——那么高、那么帅、那么优秀、那么有担当、那么有责任心、那么会赚钱、那么疼爱我……在我心里,天底下再找不到第二个像他这么好的男人了,我怎么这么有福气啊!哈哈……

神圣的祝福代代相传

我对孩子们也是充满信心的,对他们的能力从不怀疑。大儿子中学独自去新加坡求学。一个 12 岁的孩子,语言不通,一个人从郑州到厦门,再转机到新加坡,一路 8 个小时,到新加坡后和寄宿家庭取得联系,再到入住,一周后自己去学校报到入学,整个过程非常顺畅,完全一个人搞定!

与我的父母相信我一样,我祝福亲爱的儿子成功、健康、幸福,在成长的路上发挥优势,找到安身立命之处顺畅发展!

感恩亲爱的周虹老师,让我看到了亲人之间祝福的力量,看到了我拥有的无价财富,看到了所有人对我的爱,看到了我的幸福,又让我把真诚的祝福带给我的孩子们。

在虹汇课堂,我也看到了父母对我的养育方式在社会上是少有的,大多数父母对子女都是很多担忧和否定,很少有父母对孩子的富有深信不疑。穷与富的文化传承由此而来。

跟着周虹老师和虹汇一起前行。我们约定,一起走到白发苍苍!现在,我的家庭、事业双丰收。我开始花更多的时间在我喜欢的事情上,比如插花、茶艺、古琴、香道、服装、蜜蜡和我喜欢的虹汇课程……它们都让我心生欢喜,更加珍惜身边的人,珍惜每个当下,享受和家人在一起的日子。我全然地享受生活,回归家庭;全然地祝福老公,事业蒸蒸日上。真诚地感恩财富对我们的垂爱!

亲爱的朋友，一个人是否有钱，生活是否幸福，取决于身边的人对自己是祝福还是担心、质疑甚至诅咒。

小时候，妈妈说我有本事，看好我，到老要跟我享福，其实这都是对我坚定的信任，是满满的祝福。朋友，你是这样的父母吗？

步入婚姻后，我和老公都觉得对方是金钵钵，他觉得我旺他，我觉得他有财运，所以，我坚定不移地爱他，他把我当宝贝似地宠着，我们是彼此最信任的人。现在很多女人都把老公看成是窝囊废，那也许他真的就成窝囊废了。作为伴侣，我们对另一半的定位就是当下伴侣的财运啊！

朋友，你们的伴侣关系是哪一种？你想起伴侣时是祝福还是质疑？

与孩子的关系也关乎我们与财富的关系，当我们只顾拼命赚钱置孩子于不顾，孩子会恨我们的工作、事业，甚至迁怒于金钱。当夫妻合理分工、优化、平衡工作与家庭，母亲持续学习良性文化养育孩子，家永远像家，孩子就会喜欢甚至感恩父母的工作，财富会蒸蒸日上。

亲爱的朋友们：你的孩子在内心是如此祝福你的吗？"起心动念"是真正的物质力量，亲人之间美好的祝福成就生活的富有繁荣。

作为父母，在潜意识中我们对孩子人生的定位就是孩子未来的财运。

最后，祝福每一位读者朋友都享有自己的财富人生！

编后记

　　虹汇的"女人经"系列已经出版了两本——《女人精 女人经》《养孩经 女人经》,虹汇电台的节目我也收听了大半,自以为对虹汇女人的故事已经了然于心,比如情节的走向脉络,体现的观点、方法、精神,抒发的情绪、情感……自以为,该见识的、感受的、感动的、感慨的、震撼的,都已经见识、感受、感动、感慨、震撼过了。所以,刚收到《家庭财富》的书稿时,我心中并没有多少波澜,只当它是又一部"虹汇式"励志故事集,甚至对它的期待没有前两本高,因为我觉得现实生活中,女人们对于婚姻、家庭、亲子教育的关注和迫切程度高于财富,包括我自己。

　　但投入书稿的编辑工作中后,我很快发现,这场关于财富的故事探索之旅出乎意料的丰富和精彩。每一个故事的讲述者,都竭尽真诚和无私,倾诉着,甚至是用尽全力呐喊出对金钱、对爱、对幸福那种真实而强烈的渴望。我不由自主地更加沉浸其中,苦着她们的苦,忧着她们的忧,乐着她们的乐,悟着她们的悟,见证和欣喜着她们以及自己的顿悟、成长、收获……

　　可以说,本书的故事是生动的,情感是充盈的,精神是可贵的,但这些并不是它的核心价值。

　　书中,几乎每一位作者都讲到"穷人"和"富人"的归属,讲到金钱

具有灵性,讲到应该如何与金钱进行良好链接,讲到爱和祝福对财富的影响……这些看似另类但并不十分深奥的道理,无一不在向你揭示"穷"与"富"、"穷人"与"富人"的真相。

然而真相有时真的有些残酷。读过本书,有些人会发现,自己虽然不是很穷,但其实是穷人;另一些人会发现,自己不仅真的很穷,而且是彻头彻尾的穷人。而你,也许不幸正是这其中的一员。你还会发现,一个人是穷人还是富人,与他现在或曾经的穷与富没有多少关系,却自始至终都影响甚至决定着他的财富状况,以及他的生活质量和幸福程度,乃至他整个的人生命运!

记得在电影《一九四二》里,张国立演的地主在逃荒路上说了一句话:"我知道咋从一个穷人变成财主,不出十年,大爷我还是你们的东家!"他为什么、凭什么这么自信?!用本书的观点来解释,是因为他坚定地把自己归属为富人,并拥有"富人思维和能力"。

在另一部电影《华尔街之狼》里,一个专门骗穷人的股票经纪人有句台词说:"我们把垃圾卖给垃圾人,因为钱在我们手里,总比在他们手里更能发挥价值。"看,当穷人把"便宜的东西更有吸引力"的思维惯性带到投资中,就比其他人更容易成为"垃圾股"的目标客户,成为"垃圾人"。

当今社会,穷人和富人之间的差距越来越悬殊,而悬殊的不仅仅是财富!《家庭财富》中的大部分主人公,也都曾经站在"穷人的行列",受"穷人思维"的左右,犯着诸如热衷"大减价"、只买便宜货、囤积无用的东西、不断借钱给别人、只图眼前利益、羞于谈钱、不相信自己能富有等错误。怎么样?这些错误是否似曾相识?是否也曾发生在你的身上?

虹汇关于财富有一项独特的作业——清理,大家都在完成作业的过程中扔掉了大量的破烂。其实,"穷人归属和思维"才是越留越穷、最应该扔掉的破烂。真正的穷不是缺钱,而是困在"穷人归属和思维"的怪圈中走不出来。

当你面对上述这些真相的时候,可能如受当头一棒,冷汗涔涔。但我相信,在一时的懊恼沮丧之后,你会转而去认真思考,会被故事中蕴含的思想、观点、方法等所折服和启迪,也会被故事主人公的经历和精神所激励,从而坚定地选择"富人归属",努力甩掉"穷人思维",奋力迈向真正的富有与幸福。这,才是本书的真正意义和价值所在。

始于书,不止于书。祝愿亲爱的读者朋友们,以本书为起点,早日成为喜乐、智慧、幸福的"大富翁"。